测绘科技应用丛书

历史文化名城保护规划地理信息系统的建设与实践

Construction and Practice of Geographic Information System for Conservation Planning of Historical City

陈云波　周昱　周立　著

U0832117

测绘出版社

·北京·

内容简介

本书将历史文化名城保护规划与地理信息系统建设结合起来,围绕历史文化名城保护现状、意义、标准规范体系进行了深入研究,对历史文化名城保护规划地理信息系统建设、系统实践等进行了论述。全书共分为十章,内容包括:历史文化名城保护规划地理信息系统的标准规范体系、系统建设总体思路、系统实施步骤、建设系统框架、关键技术、功能总体设计等。

图书在版编目(CIP)数据

历史文化名城保护规划地理信息系统的建设与实践 / 陈云波,周昱,周立著. -- 北京 : 测绘出版社, 2021.12

(测绘科技应用丛书)

ISBN 978-7-5030-4186-0

Ⅰ. ①历… Ⅱ. ①陈… ②周… ③周… Ⅲ. ①地理信息系统－应用－文化名城－保护－研究－中国 Ⅳ. ①TU984.21

中国版本图书馆 CIP 数据核字(2021)第 253136 号

责任编辑	侯杨杨	**封面设计**	刘海涛
责任印制	陈姝颖		

出版发行	测绘出版社	**电　话**	010－68580735(发行部) 010－68531363(编辑部)
地　址	北京市西城区三里河路 50 号	**网　址**	www.chinasmp.com
邮政编码	100045	**经　销**	新华书店
电子信箱	smp@sinomaps.com	**印　刷**	北京建筑工业印刷厂
成品规格	169mm×239mm	**字　数**	408 千字
印　张	20.5	**印　次**	2021 年 12 月第 1 次印刷
版　次	2021 年 12 月第 1 版	**定　价**	98.00 元
印　数	001－600		

书　号 ISBN 978-7-5030-4186-0

前　言

随着地理信息系统(GIS)的发展越来越成熟,其应用深度和广度也在不断拓展,地理信息系统与城市建设管理、规划管理、国土信息管理等诸多领域的结合已十分紧密。基于地理信息系统技术的各种行业专题信息系统应运而生,信息化手段的应用对行业管理水平的提高起到了巨大的支持和推动作用。昆明是国务院首批公布的历史文化名城之一,至今已有1200余年的建城历史。昆明市规划编制与信息中心(加挂昆明市历史文化名城保护办公室)的核心职能,就是承担并开展昆明市历史文化名城保护的相关工作。我们在近20年的历史文化名城保护工作实践中,积累了大量的信息和数据,为更好地利用信息资源,实现规划编制和政府决策的科学性,提高行政效能,我们开发了历史文化名城保护规划地理信息系统。

在城市发展的演变过程中,人们不但保留了具有时代特色的历史建筑,还产生了大量的具有时空性的历史文化名城海量数据。这些数据是我们日常历史保护工作中的宝贵财富,同时,我们也在历史文化名城保护工作中不断地创造着新的数据。数据是我们历史文化名城保护规划地理信息系统建设的核心。传统的历史文化名城保护信息主要通过文本、图片、音频、视频等数据载体展现,无法系统地将数据进行存储、组织、查询和分析。随着计算机技术、互联网技术、云计算、大数据等的不断发展和应用,地理信息系统日趋社会化、大众化、网络化、集成化和智能化。昆明市规划编制与信息中心结合工作实际,在历史文化名城保护领域借助地理信息系统强大的数据处理和分析功能,建设了昆明市历史文化名城保护规划地理信息系统,为昆明市自然资源和规划局日常审批管理提供了强大的技术支撑,取得了较好的成效。

本书从昆明市历史文化名城保护工作的实际出发,借鉴了国内外诸多历史文化名城的地理信息系统建设经验,分别从历史文化名城保护、历史文化街区、文物保护单位、历史建筑、法律法规和历史保护数据采集、数据建库、分析查询、二维和三维实景展示等方面进行系统的开发建设,结合大量的工作实例,介绍了在该领域工作中取得的研究成果和建设经验。本书可作为地理信息系统、测绘工程、城市规划、地图制图等专业技术人员的参考书,也可作为大中专院校相关专业学生的专业图书。

本书专业性较强,涵盖了测绘地理信息中的空间数据采集技术和方法、信息系统开发运维、城市规划信息化建设，以及历史文化名城保护的相关内容。本书是昆明市规划编制与信息中心在历史文化名城保护工作中多年努力的结果，参与本书撰写的其他成员有车勇、张莉婷、王于嘉、高翔、凌春丽、刘海涛、宁德怀、黄田、李忠林、李洪武、刘小燕、杨克明、谢涛、孙静雯、唐军、朱升良。本书参考了大量的国内外教材、专著、论文和资料，努力跟踪历史文化名城保护规划地理信息系统建设方面的新发展、新技术，并有选择性地把它们纳入昆明市的历史名城地理信息系统建设和实践思考之中。

由于笔者水平、时间和精力有限，书中不足之处在所难免，敬请各位读者批评指正。

目　录

第1章 概 述

1.1 国外历史文化名城保护

国际上有关历史文化保护的理论从对古物的收藏赏玩发展到历史城镇、文化线路等体系的保护，经历了复杂渐进的历程：从古物到建筑、从单体到区域和城镇、从人工环境到自然环境、从孤立的遗产到跨区域的遗产等发展历程，保护理念逐步得到深化拓展。

欧洲对历史建筑和文物遗产的保护，可以追溯到古罗马时期。18世纪末，人们对历史遗产的保护和修复工作开始重视；19世纪中叶，开始逐步探索关于保护和修复的基本理论、原则和方法；20世纪前叶，国际上对于历史遗产的保护主要局限于针对单体进行的个体保护行为；20世纪后半叶，逐步扩展到对历史地段、历史城镇和地区的整体保护，以及对一定空间范围内物质文化遗产、非物质文化遗产、自然遗产等交融一体的混合遗产保护；进入21世纪，国际遗产保护理论逐步拓展到非物质文化遗产、文化遗产所处环境、跨区域遗产的保护。

1.1.1 英 国

1. 历史文化遗产保护制度的演变

英国的历史文化遗产保护经历了古迹保护、登录建筑(listed buildings)保护、保护区(conservation area)的发展阶段和历程。其保护体系是以登录建筑和保护区为主要内容，并不强调历史古城。

英国的历史文化遗产保护制度与城乡规划法的演变相互交融，其最早的保护制度可追溯到1882年出台的《古迹保护法》。该法在20世纪初进行了修正与扩展，并于1913年出台《古迹强化与修改法》以完善古迹保护的法律框架。此后，在1923年颁布的《住宅法》中提及“可以通过规划来保存现有的特色和保护现存的地方外貌，控制建筑开发量、建筑高度和外观”。而首次提及在城镇规划中需包含古迹保护内容的法律规划则可追溯到1931年修订的《古迹保护法》。在1932年、1944年两次对《城乡规划法》修订时，将法定保护范围扩展至古迹以外的具有特定建筑历史或艺术价值的建筑，并首次提出在国家层面建立“登录建筑制度”。

1947年修订的《城乡规划法》赋予了地方规划机构颁布“历史建筑保护令”的权力。直到1968年调整的《城乡规划法》才正式开始对登录建筑实施开发控制。

保护区的概念则伴随1967年颁布的《城市宜人环境法》应运而生，其规定了“对风貌特征突出的地区通过划定保护区实施整体保护”。1974年再次修订的《城乡规划法》提出了对保护区内非登录建筑的保护规定。之后，1979年的《古迹和考古地区保护法》提出应划定“有考古价值的地区”。1983年的《国家遗产法》则提出建立一个非政府的遗产保护咨询机构。

进入20世纪90年代，英国的历史文化遗产保护从《城乡规划法》中分离并形成了《登录建筑和保护区规划法》。此后颁布的政策强化了古迹、登录建筑和保护区的保护控制，并对前者及周边地区的保护规划提出了指导。

2. 巴斯古城的历史文化保护

巴斯位于伦敦以西156千米，隶属萨默塞特郡的巴斯-东北萨默塞特区，是郡内最大的城市，人口近9万，城市规模约29平方千米。巴斯城中古建筑众多且集中连片，又是风景优美的旅游城市，其连同奇切斯特(Chichester)、切斯特(Chester)和约克(York)被英国环境保护部认定为四座全国重点保护的历史古城，也是英国唯一列入世界文化遗产的城市。

巴斯被誉为英国最漂亮典雅的城市之一，其历史可追溯至凯尔特时期。罗马时期的浴场、16世纪重建的巴斯修道院至今耸立。18世纪因温泉闻名遐迩的巴斯得到空前发展，大量建设使得如今城内充满了乔治亚时期的建筑风格。作为代表性的建筑物包括罗马浴场(Roman Baths)、巴斯修道院(Bath Abbey)、圆形广场(The Circus)、皇家新月楼(Royal Crescent)、普尔特尼桥(Pulteney Bridge)、大水泵房(Grand Pump Room)等。

3. 历史文化遗产保护

巴斯城中遗存大量18、19世纪建设的优秀建筑，它们保存完好，被赋予现代生活与功能的同时，建筑的历史厚重感与独特韵味被完整保留了下来，这无疑归功于英国历史文化遗产保护制度。如今的巴斯，城中共有列级的登录建筑4 900多座，划分了6个保护区。

在巴斯古城，如需对城中建筑进行改建或拆除，均须在6个月前向当地政府提出申请，并且任何新建筑的设计必须符合巴斯当地特点及风貌。对城中成组的建筑(有的虽不是登录建筑，但对整体效果起重要影响作用)进行修缮的计划必须经环境部的建筑师批准，而对登录建筑的修缮则需要履行更为复杂、严格的程序。在巴斯，任何未经许可而对登录建筑进行拆毁、改建、扩建等行为均属刑事犯罪，将有被判处两年以内监禁和罚款的可能，罚款金额没有上限。

巴斯于1987年被联合国教科文组织授予世界文化遗产称号。在社会力量与政府力量的一轮轮协作与博弈中，巴斯走到了今天，可以说无论哪一方都贡献良多。没有政府的政策和财政的投入，就没有巴斯良好的社会环境服务水准和古城保护资本；但没有市民的自我意识和抗争精神，没有社会力量的持续关注和积极介入，也许巴斯早已沦为了资本的赚钱工具而名不副实。力量的博弈或许会影响发展的效率，但却让发展更加沉稳扎实。

1.1.2 法 国

1. 历史文化遗产保护制度的演变

法国是世界上最早呼吁对文化遗产进行保护的国家之一，其第一部文化遗产保护法梅里美《历史性建筑法案》颁布于1840年，这也是世界上最早的一部文物保护方面的法律。此后，1887年又颁布了历史文物建筑保护法，即《纪念物保护法》。这部法律明确重申了作为法国文化遗产传统建筑的保护范围与标准，并组建了一个由建筑师组成的古建管理委员会，负责法国文化遗产的选定及保护工作。1906年又通过了第一部《历史文物建筑及具有艺术价值的自然景区保护法》，除建筑外，树木、瀑布、悬崖峭壁等具有艺术价值的自然景观，也被纳入了法律保护范围内。

在诸多法案中，1913年颁布的《历史古迹法》最为特殊，其中包含了现行文化遗产保护制度所遵循的法律规则。根据这一法案，国家可以在不得到资产拥有者同意的情况下，将该资产列为历史遗产或文物进行保护，历史古迹在尚未列入遗产保护名录的等待期间也可以得到国家的保护。《历史古迹法》成为法国文化历史遗产保护法律制定的依据和标杆，在这部法律的基础上，法国陆续出台了一系列法律法规作为补充，即除了将19世纪和20世纪的建筑物等都列入保护范畴，保护的范围也不再局限于一栋楼或一座城堡，还包括它们周边的环境。

1930年颁布的《景观保护法》将历史建筑保护拓展到景观地的列级保护和注册登记，使得埃菲尔铁塔所在的战神广场也成为受保护的历史古迹；1943年将历史建筑周围半径500米的区域列入保护范围，在这个范围内的建设活动开始受到严密监控。此外，法国政府还鼓励历史古迹向公众开放，以便发挥其最大的社会效益，让法国人民在进一步了解国家文化遗产的同时，更多地参与到文化遗产的保护中来。

20世纪50年代后，受“二战”因素影响，法国很多城市都遭受到不同程度的损毁。战后，人们纷纷开始重建家园，“拆旧楼、建新楼”的思想一度充斥法国的大城市。不过，人们很快意识到，像巴黎这样的城市，它的核心价值就是其在经历不同时代后形成的独具特色的历史街区和古建筑。在这种情况下，1962年，法国推出了《马尔罗法》，使遗产保护的对象首次扩大到城市的整个街区，将城市列入保护对象。

时任法国文化部部长安德烈·马尔罗表示，保护一个历史街区要同时保护其外立面，并更新其室内，而修复的具体实施方法必须与街区特有的风格保持一致，使得在保护历史文化遗产、保留城市魅力的同时，也改善法国人的生活环境。《马尔罗法》除了进一步强调对历史文化古迹的保护，还详细规定了涉及居民安置、补偿、义务等方面的问题。在该法的影响下，截至2013年，共有104个区域、678个建筑及景观领域被列入“保护区域”，得到了很好的保护。

2. 里昂的历史文化保护

里昂至今仍完好地保留着12至16世纪建筑的古街巷区，区内有250栋保护建筑，如12世纪的大教堂，大量的住宅、商铺古建筑构成了古老街区的历史风貌。在19世纪以后建设的建筑，在风格上也与古建筑十分协调，从而使整体风貌古香古色。这里不但保护了古老的文物建筑，还保护了后世不同时期建造的与之相协调的其他建筑，以及当地居民的生活习俗。当初，政府为了保护这个历史街区，在改善居民生活环境、增加地区活力方面开展了一系列工作：首先对住宅进行整修，将20世纪的纺织厂及工人的住宅作为历史景观加以保护，按原样整修，外部加以粉饰，室内加建厨房、卫生间，通过改善居住条件使其居住功能得以延续，并留住了原来的居民；接着改善交通，围绕老城区修建环路，建设停车场截留外来车辆，减少古城区的交通量，只允许居住在老城区的居民可以开车进城；另外，通过修建地铁、交通管制，减少地面交通，提高通行效率，而又不拓宽古街道，保留了老城区原有的空间格局。

可以看出，法国里昂的城市建设与历史文化遗产保护的成功，主要得益于政府的高度重视、法规的完善和严格执行、新旧建筑共融共生、基础设施完善、原住民生活习俗得以延续等多方因素的共同作用和影响。

1.1.3 瑞士

1. 历史文化遗产保护状况

瑞士联邦位于欧洲中南部，全国划分为26个州。瑞士文化受到四种语言（德语、法语、意大利语和拉丁罗曼语）的影响，限制了瑞士本国统一文化的发展，呈现出独特的多样性。因此，尊重和保护多种语言和文化、促进各语区文化的发展和交流就成为瑞士文化政策的重要内容。

根据联邦宪法，联邦政府没有全国统一的文化遗产保护政策和法规，只是在电影、自然保护和文物保护三个方面具有全国立法权和一定的管理权。联邦政府在历史文化遗产保护方面推行自由开放政策，各州在文化发展方面有自治权，在联邦政府整体政策的框架下，各州制定具有地方特点的文化遗产保护法律、法规，并由政府部门负责实施。从政府部门在历史文化和自然遗产保护的职权划分来看，联邦环境署负责自然与风景保护，联邦文化署负责落实遗迹和考古发掘保护，联邦道路署负责传统街巷保护，各州在此基础上设立相应的管理部门。

瑞士各州设立有文物保护专家委员会，负责对本州的历史文化遗产进行调查，并定期向州政府汇报。根据文化遗产的实际情况，联邦政府给予各州政府文物保护部门以适当的经费补贴，各州均可自行组织各类文化活动和对外交流，并不完全执行联邦的决定。这是联邦制在瑞士文化政策上的反映，也是与欧洲其他国家在文化政策方面的主要区别。经历多年的文化遗产保护发展检验，该政策符合瑞士国情，在实际运行中行之有效。

瑞士国土以山地居多，耕地和可建设土地资源有限。即便如此，瑞士各地在城镇扩建的过程中，均保留了古色古香的老城区，使得新老城区相映生辉。为了达到整体保护的最佳效果，有些城市文物保护部门与规划部门进行了合并。当地居民对政府的文物保护措施予以积极的配合，如果他们认为自己的住宅属于文物保护对象，往往会主动打电话与文物保护部门取得联系。而政府部门一旦认定某处私人住宅为文物保护建筑，也会做出严格规定，不允许居民私自毁损和拆除。

为了保护文物古迹，各州制定的法律对于老城区特别是在文物古迹附近的新建或改扩建行为极为慎重，对建设高层建筑进行严格限制，做出"不能影响和破坏文物古迹整体观赏效果"的明确法律规定。老城区的新建项目及其设计方案，不但要受到法律的约束，而且要接受当地全体市民的监督，在老城区新建一座四或五层的楼房，往往要进行全民公决。

在老城保护和新城建设两者关系处理上，各州政府部门特别注重老城区传统风貌的保护，对历史文化遗产的保护理念是：整体保护。即不是把分散的历史遗存看作孤立的保护对象，不是逐个去保护一块砖、一片瓦、一座桥、一栋房，而是将遗产连成线、扩成片，尽最大努力进行区域保护，以维护历史的原貌和其依存的整体环境。各地城镇建设过程中，既创造了新景观，适应了当代发展需求，又保留了历史街巷的原汁原味，使得新老城区相映生辉。

当然，瑞士的历史文化保护并非一帆风顺，在"二战"结束后的一段时期，为满足城市发展和人口增长需求，各州也出现过对"有碍发展进程"的老建筑进行拆除，使一些有价值的文化遗产逐渐消失。但瑞士人很快意识到，文化遗产是传承历史的纽带，遗产拆除后不可能再生，不能因为"现代发展进程"而中断历史文明。不仅如此，随着保护意识的加强，瑞士人从过去对历史遗产的个别保护，发展到如今对整个历史街区、整座城镇的整体保护。

值得一提的是，瑞士人对于创立博物馆有着浓厚的兴趣，虽然全国仅有700多万人口，却拥有900多座博物馆，是世界上人均拥有博物馆最多的国家。精明的瑞士人认识到博物馆在保护文物、印证历史、传承文化、启迪国民素质等方面所具有的社会功能。瑞士是个多民族、多语言、多文化混杂的联邦制国家，每个州都拥有自己的历史文化和独特的民俗风情，博物馆成为保存、展现和推介本州历史文化遗产的最佳场所。

瑞士许多大型博物馆馆藏十分丰富，具有浓郁的地方特色。位于苏黎世的瑞士国家博物馆于1898年创建，收藏有大量瑞士自新石器时代以来各个历史时期的文物。洛桑奥林匹克博物馆常年对外开放，是全球最具权威的奥林匹克运动发展史的展览场所。日内瓦万国宫博物馆将联合国80多个成员国政府的一万多件(套)著名作品展示出来，使之成为欧洲面积最大的"艺术博物馆"之一。

2. 城镇历史文化保护

瑞士联邦至今仅有700余年的历史文明，但其历史文化和自然遗产非常丰富。有的城镇仍完整保留了中世纪的城墙和建筑，乃至古罗马时期留下的文物古迹，具有浓郁中世纪风格的老城至今仍是城市重要的商业和娱乐街区，风格独特的中世纪凸肚悬窗(阳台)在现今的欧洲已绝无仅有，漫步其间，就如同欣赏一幅徐徐展开的历史画卷，浓郁的人文气息扑面而来，真实再现了当地几百年前的古朴民风和景象。

3. 日内瓦

日内瓦坐落于莱芒湖畔，山丘上分布的古朴典雅的建筑群与新城区现代化的楼房形成了鲜明的对比，清晰地反映出这个中世纪古老城镇发展成为一座现代国际化大都市的历史进程。

为了保护文物古迹和大自然赐予的天堂美景，无论老城区还是新城区的建筑物高度都受到严格控制。日内瓦联合国总部大楼不过六层，而与之隔街相望的国际红十字会总部只有四层。州政府办公楼也是利用古老建筑，只有门外飘扬的州旗才彰显出政府部门的特征。

我国加入世界贸易组织后，在日内瓦湖畔新建的办公楼只有两层，也是因为位置临湖，当地政府限定了办公楼的高度。对于楼高的限制不仅仅是日内瓦，穿行于瑞士的大小城镇，人们很难看到十层以上的楼房，更不用说成片的高层建筑群了。由于建筑限高，承载着浓厚文化气息的古老建筑得以显山露水，人们漫步街头，就能把名胜古迹和自然山水格局尽收眼底。

4. 伯尔尼

瑞士首都伯尔尼被认为是充满中世纪神秘情调的城市。伯尔尼老城原为木质结构的建筑，中世纪的几次大火，把木质建筑全都烧毁，后采用砖石结构重建，至今保持完好。圆石铺就的光亮街道、街道两旁彼此相连的拱廊、红瓦白墙相映生辉的古老房屋、各有典故的街心彩柱喷泉、16世纪的钟塔及始建于1421年的哥特式大教堂等，使伯尔尼老城显得历史底蕴深厚，充满中世纪的神秘色彩。因此，伯尔尼老城被联合国教科文组织列为世界文化遗产。

世界上许多政治、文化、艺术和体育名人在瑞士生活和居住过，许多"名人故居"被开辟成博物馆，可供人参观，弘扬历史文化。如著名物理学家爱因斯坦在伯尔尼联邦专利局工作期间，在克拉姆大街49号三层住过七年，并发表了惊世之作"相对论"。这个街区保留着爱因斯坦的住所，并把它开辟为博物馆。

老城那些穿街而过的旧式有轨电车、洋溢着力学之美的雕像及众多的名人故居，给游人留下了深刻的印象。而那条有着拱形长廊和圆石铺就的中世纪上下两层的老街道、鳞次栉比的商店、琳琅满目的商品、喧嚣的闹市仿佛在诠释着过去，又好像在引领着未来。伯尔尼老城正因为保护的整体完好性才被联合国教科文组织列为世界文化遗产。

5. 卢塞恩

卢塞恩是瑞士的一座历史文化名城，古城被罗伊斯河分为河南、河北两个城区。在罗伊斯河入湖口处，即南、北城区城墙的临河处，建有两座木质廊桥——著名的卡贝尔桥（又名"教堂桥"）和斯普罗伊尔桥（又名"磨坊桥"）。卡贝尔桥始建于1333年，是欧洲最古老的木质廊桥，具有古城水上城墙的功能，该桥长200多米，设有两个转弯节点，廊桥顶部每隔几米就有一幅绘制于17世纪的彩画，反映了古城的历史风貌和历史英雄人物的故事，木桥已成为卢塞恩的象征之一。很不幸的是，木桥的大部分毁于1993年的一场大火。

随着罗伊斯河南岸城墙的拆除，卡贝尔桥和斯普罗伊尔桥"水中城墙"的功能日益被人们淡忘。为了保持历史规划的原貌，卡贝尔桥在1993年后又按原样进行了复建。卡贝尔桥的复建，真正体现了历史遗迹保护的真谛——复建某一个历史建筑，不是在仿制一件假文物，而在于反映和揭示历史的整体原貌。复建的历史建筑，能否被市民、游客认同，关键在于它是否构成历史整体原貌中不可或缺的一部分或一个环节。卡贝尔桥的复建，保持了卢塞恩古城城墙规划走向的完整性，充分反映出古代卢塞恩人的筑城智慧。

许许多多世界顶级作家和艺术家在卢塞恩古城获得了不尽的灵感，托尔斯泰、雨果、歌德和音乐家瓦格纳都曾在此生活和写作，留下了许多不朽的名篇华章。为了能够达到成片保护文物古迹的目的，卢塞恩州文物古迹保护局做了大量艰苦细致的工作，对于文物的分布及现状进行了详细调查，并一一登记造册，制成了图文并茂、便于查索的音像资料予以保存和展示。从音像资料中不但可以清晰分辨出属于什么类型的文物，它所处的地理位置，还可以区分它的重要程度。经过普查，在卢塞恩十万处建筑中，有一万多处被列为具有保护价值的文化遗产，文物古迹保护局采取了整体保护措施，并把其中的一千多处列入了重点项目，实施重点保护。

正是得益于整体保护的政策措施所取得的成效，卢塞恩既具有21世纪的现代化，更具有中世纪所特有的美、和谐及生命力。

1.2　国内一些城市的历史文化名城保护

中国历史源远流长，文化底蕴深厚，是一个历史文化不断延续至今的文明古国。但一直到清代，我国对于历史文化的保护仍然局限于可移动文物，即有关金石、古董、艺术典籍等。

在封建王朝时期,“匠人营造”的古建筑、街区、城镇遗产等往往受到漠视,由于“革故鼎新”的观念根深蒂固,历史遗产在朝代更迭时期屡遭损毁、破坏。近代时期,因外国列强的入侵,各类历史遗产都遭受到严重的掠夺和毁坏。国民政府时期,受到国外历史文化保护观念的影响,历史遗产保护逐步受到重视,陆续建立起保护法规制度,遗产保护体系也涵盖了城镇、街巷、建筑、雕塑、各类艺术等,并与国际文化遗产保护基本处在同水平。

新中国成立初期,我国的历史遗产保护主要集中在文物领域。随着改革开放,历史遗产保护得到迅速发展,在文物保护基础上,开始扩展到历史文化名城、历史地段的保护,逐步形成了文物古迹、历史地段、历史文化名城三个保护层次。如今,我国的历史遗产保护已逐步与国际接轨。

目前,我国的历史文化名城为,经国务院批准公布的保存文物特别丰富并且具有重大历史价值或者革命纪念意义的城市。第一批中国历史文化名镇、名村名单如表 1.1 所示,第二批中国历史文化名镇、名村名单如表 1.2 所示,第三批中国历史文化名镇、名村名单如表 1.3 所示,第四批中国历史文化名镇、名村名单如表 1.4 所示,第五批中国历史文化名镇、名村名单如表 1.5 所示,第六批中国历史文化名镇、名村名单如表 1.6 所示,第七批中国历史文化名镇、名村名单如表 1.7 所示。

表 1.1 第一批中国历史文化名镇、名村名单

第一批共 22 个(2003 年 10 月 8 日公布)	
历史文化名镇共 10 个	历史文化名村共 12 个
山西省灵石县静升镇	北京市门头沟区斋堂镇爨底下村
江苏省昆山市周庄镇	山西省临县碛口镇西湾村
江苏省吴江市同里镇	浙江省武义县俞源乡俞源村
江苏省苏州市吴中区甪直镇	浙江省武义县武阳镇郭洞村
浙江省嘉善县西塘镇	安徽省黟县西递镇西递村
浙江省桐乡市乌镇	安徽省黟县宏村镇宏村
福建省上杭县古田镇	江西省乐安县牛田镇流坑村
重庆市合川县涞滩镇	福建省南靖县书洋镇田螺坑村
重庆市石柱县西沱镇	湖南省岳阳县张谷英镇张谷英村
重庆市潼南县双江镇	广东省佛山市三水区乐平镇大旗头村
	广东省深圳市龙岗区大鹏镇鹏城村
	陕西省韩城市西庄镇党家村

表1.2 第二批中国历史文化名镇、名村名单

第二批共58个(2005年9月16日公布)	
历史文化名镇共34个	历史文化名村共24个
河北省蔚县暖泉镇	北京市门头沟区斋堂镇灵水村
山西省临县碛口镇	河北省怀来县鸡鸣驿乡鸡鸣驿村
辽宁省新宾满族自治县永陵镇	山西省阳城县北留镇皇城村
上海市金山区枫泾镇	山西省介休市龙凤镇张壁村
江苏省苏州市吴中区木渎镇	山西省沁水县土沃乡西文兴村
江苏省太仓市沙溪镇	内蒙古土默特右旗美岱召镇美岱召村
江苏省姜堰市溱潼镇	安徽省歙县徽城镇渔梁村
江苏省泰兴市黄桥镇	安徽省旌德县白地镇江村
浙江省湖州市南浔区南浔镇	福建省连城县宣和乡培田村
浙江省绍兴县安昌镇	福建省武夷山市武夷乡下梅村
浙江省宁波市江北区慈城镇	江西省吉安市青原区文陂乡渼陂村
浙江省象山县石浦镇	江西省婺源县沱川乡理坑村
福建省邵武市和平镇	山东省章丘县官庄乡朱家峪村(现属“济南市章丘区”)
江西省浮梁县瑶里镇	河南省平顶山市郏县堂街镇临沣寨(村)
河南省禹州市神垕镇	湖北省武汉市黄陂区木兰乡大余湾村
河南省淅川县荆紫关镇	广东省东莞市茶山镇南社村
湖北省监利县周老嘴镇	广东省开平市塘口镇自力村
湖北省红安县七里坪镇	广东省佛山市顺德区北滘镇碧江村
湖南省龙山县里耶镇	四川省丹巴县梭坡乡莫洛村
广东省广州市番禺区沙湾镇	四川省攀枝花市仁和区平地镇迤沙拉村
广东省吴川市吴阳镇	贵州省安顺市西秀区七眼桥镇云山屯村
广西灵川县大圩镇	云南省会泽县娜姑镇白雾村
重庆市渝北区龙兴镇	陕西省米脂县杨家沟镇杨家沟村
重庆市江津市中山镇	新疆鄯善县吐峪沟乡麻扎村
重庆市酉阳土家族苗族自治县龙潭镇	
四川省邛崃市平乐镇	
四川省大邑县安仁镇	
四川省阆中市老观镇	
四川省宜宾市翠屏区李庄镇	
贵州省贵阳市花溪区青岩镇	
贵州省习水县土城镇	
云南省禄丰县黑井镇	
甘肃省宕昌县哈达铺镇	
新疆鄯善县鲁克沁镇	

表 1.3 第三批中国历史文化名镇、名村名单

第三批共 77 个(2007 年 5 月 31 日公布)	
历史文化名镇共 41 个	历史文化名村共 36 个
河北省永年县广府镇	北京市门头沟区龙泉镇琉璃渠村
山西省襄汾县汾城镇	河北省井陉县于家乡于家村
山西省平定县娘子关镇	河北省清苑县冉庄镇冉庄村
黑龙江省海林市横道河子镇	河北省邢台县路罗镇英谈村
上海市青浦区朱家角镇	山西省平遥县岳壁乡梁村
江苏省高淳县淳溪镇	山西省高平市原村乡良户村
江苏省昆山市千灯镇	山西省阳城县北留镇郭峪村
江苏省东台市安丰镇	山西省阳泉市郊区义井镇小河村
浙江省绍兴市越城区东浦镇	内蒙古自治区包头市石拐区五当召镇五当召村
浙江省宁海县前童镇	江苏省苏州市吴中区东山镇陆巷村
浙江省义乌市佛堂镇	江苏省苏州市吴中区西山镇明月湾村
浙江省江山市廿八都镇	浙江省桐庐县江南镇深澳村
安徽省肥西县三河镇	浙江省永康市前仓镇厚吴村
安徽省六安市金安区毛坦厂镇	安徽省黄山市徽州区潜口镇唐模村
江西省鹰潭市龙虎山风景区上清镇	安徽省歙县郑村镇棠樾村
河南省社旗县赊店镇	安徽省黟县宏村镇屏山村
湖北省洪湖市瞿家湾镇	福建省晋江市金井镇福全村
湖北省监利县程集镇	福建省武夷山市兴田镇城村
湖北省郧西县上津镇	福建省尤溪县洋中镇桂峰村
广东省开平市赤坎镇	江西省高安市新街镇贾家村
广东省珠海市唐家湾镇	江西省吉水县金滩镇燕坊村
广东省陆丰市碣石镇	江西省婺源县江湾镇汪口村
广西壮族自治区昭平县黄姚镇	山东省荣成市宁津街道办事处东楮岛村
广西壮族自治区阳朔县兴坪镇	湖北省恩施市崔家坝镇滚龙坝村
海南省三亚市崖城镇	湖南省江永县夏层铺镇上甘棠村
重庆市北碚区金刀峡镇	湖南省会同县高椅乡高椅村
重庆市江津市塘河镇	湖南省永州市零陵区富家桥镇干岩头村
重庆市綦江县东溪镇	广东省广州市番禺区石楼镇大岭村
四川省双流县黄龙溪镇	广东省东莞市石排镇塘尾村
四川省自贡市沿滩区仙市镇	广东省中山市南朗镇翠亨村
四川省合江县尧坝镇	广西壮族自治区灵山县佛子镇大芦村
四川省古蔺县太平镇	广西壮族自治区玉林市玉州区城北街道办事处高山村
贵州省黄平县旧州镇	贵州省锦屏县隆里乡隆里村
贵州省雷山县西江镇	贵州省黎平县肇兴乡肇兴寨村
云南省剑川县沙溪镇	云南省云龙县诺邓镇诺邓村
云南省腾冲县和顺镇	青海省同仁县年都乎乡郭麻日村
西藏自治区乃东县昌珠镇	

续表

第三批共77个(2007年5月31日公布)	
历史文化名镇共41个	历史文化名村共36个
甘肃省榆中县青城镇	
甘肃省永登县连城镇	
甘肃省古浪县大靖镇	
新疆维吾尔自治区霍城县惠远镇	

表1.4　第四批中国历史文化名镇、名村名单

第四批共94个(2008年10月14日公布)	
历史文化名镇共58个	历史文化名村共36个
北京市密云县古北口镇	河北省涉县偏城镇偏城村
天津市西青区杨柳青镇	河北省蔚县涌泉庄乡北方城村
河北省邯郸市峰峰矿区大社镇	山西省汾西县僧念镇师家沟村
河北省井陉县天长镇	山西省临县碛口镇李家山村
山西省泽州县大阳镇	山西省灵石县夏门镇夏门村
内蒙古自治区喀喇沁旗王爷府镇	山西省沁水县嘉峰镇窦庄村
内蒙古自治区多伦县多伦淖尔镇	山西省阳城县润城镇上庄村
辽宁省海城市牛庄镇	浙江省龙游县石佛乡三门源村
吉林省四平市铁东区叶赫镇	安徽省黄山市徽州区呈坎镇呈坎村
吉林省吉林市龙潭区乌拉街镇	安徽省泾县桃花潭镇查济村
黑龙江省黑河市爱辉镇	安徽省黟县碧阳镇南屏村
上海市南汇区新场镇	福建省福安市溪潭镇廉村
上海市嘉定区嘉定镇	福建省屏南县甘棠乡漈下村
江苏省昆山市锦溪镇	福建省清流县赖坊乡赖坊村
江苏省江都市邵伯镇	江西省安义县石鼻镇罗田村
江苏省海门市余东镇	江西省浮梁县江村乡严台村
江苏省常熟市沙家浜镇	江西省赣县白鹭乡白鹭村
浙江省仙居县皤滩镇	江西省吉安市富田镇陂下村
浙江省永嘉县岩头镇	江西省婺源县思口镇延村
浙江省富阳市龙门镇	江西省宜丰县天宝乡天宝村
浙江省德清县新市镇	山东省即墨市丰城镇雄崖所村
安徽省歙县许村镇	河南省郏县李口乡张店村
安徽省休宁县万安镇	湖北省宣恩县沙道沟镇两河口村
安徽省宣城市宣州区水东镇	广东省恩平市圣堂镇歇马村
福建省永泰县嵩口镇	广东省连南瑶族自治县三排镇南岗古排村
江西省横峰县葛源镇	广东省汕头市澄海区隆都镇前美村
山东省桓台县新城镇	广西壮族自治区富川瑶族自治县朝东镇秀水村
河南省开封县朱仙镇	四川省汶川县雁门乡萝卜寨村
河南省郑州市惠济区古荥镇	贵州省赤水市丙安乡丙安村

续表

第四批共 94 个(2008 年 10 月 14 日公布)	
历史文化名镇共 58 个	历史文化名村共 36 个
河南省确山县竹沟镇	贵州省从江县往洞乡增冲村
湖北省咸宁市汀泗桥镇	贵州省开阳县禾丰布依族苗族乡马头村
湖北省阳新县龙港镇	贵州省石阡县国荣乡楼上村
湖北省宜都市枝城镇	云南省石屏县宝秀镇郑营村
湖南省望城县靖港镇	云南省巍山县永建镇东莲花村
湖南省永顺县芙蓉镇	宁夏回族自治区中卫市香山乡南长滩村
广东省东莞市石龙镇	新疆维吾尔自治区哈密市回城乡阿勒屯村
广东省惠州市惠阳区秋长镇	
广东省普宁市洪阳镇	
海南省儋州市中和镇	
海南省文昌市铺前镇	
海南省定安县定城镇	
重庆市九龙坡区走马镇	
重庆市巴南区丰盛镇	
重庆市铜梁县安居镇	
重庆市永川区松溉镇	
四川省巴中市巴州区恩阳镇	
四川省成都市龙泉驿区洛带镇	
四川省大邑县新场镇	
四川省广元市元坝区昭化镇	
四川省合江县福宝镇	
四川省资中县罗泉镇	
贵州省安顺市西秀区旧州镇	
贵州省平坝县天龙镇	
云南省孟连县娜允镇	
西藏自治区日喀则市萨迦镇	
陕西省铜川市印台区陈炉镇	
甘肃省秦安县陇城镇	
甘肃省临潭县新城镇	

表 1.5 第五批中国历史文化名镇、名村名单

第五批共 99 个(2010 年 7 月 22 日公布)	
历史文化名镇共 38 个	历史文化名村共 61 个
河北省涉县固新镇	北京市顺义区龙湾屯镇焦庄户村
河北省武安市冶陶镇	天津市蓟县渔阳镇西井峪村
山西省天镇县新平堡镇	河北省井陉县南障城镇大梁江村
山西省阳城县润城镇	山西省太原市晋源区晋源镇店头村

续表

第五批共99个(2010年7月22日公布)	
历史文化名镇共38个	历史文化名村共61个
上海市嘉定区南翔镇	山西省阳泉市义井镇大阳泉村
上海市浦东新区高桥镇	山西省泽州县北义城镇西黄石村
上海市青浦区练塘镇	山西省高平市河西镇苏庄村
上海市金山区张堰镇	山西省沁水县郑村镇湘峪村
江苏省苏州市吴中区东山镇	山西省宁武县涔山乡王化沟村
江苏省无锡市锡山区荡口镇	山西省太谷县北洸镇北洸村
江苏省兴化市沙沟镇	山西省灵石县两渡镇冷泉村
江苏省江阴市长泾镇	山西省万荣县高村乡阎景村
江苏省张家港市凤凰镇	山西省新绛县泽掌镇光村
浙江省景宁畲族自治县鹤溪镇	江苏省无锡市惠山区玉祁镇礼社村
浙江省海宁市盐官镇	浙江省建德市大慈岩镇新叶村
福建省宁德市蕉城区霍童镇	浙江省永嘉县岩坦镇屿北村
福建省平和县九峰镇	浙江省金华市金东区傅村镇山头下村
福建省武夷山市五夫镇	浙江省仙居县白塔镇高迁村
福建省顺昌县元坑镇	浙江省庆元县松源镇大济村
江西省吉安市青原区富田镇	浙江省乐清市仙溪镇南阁村
河南省郏县冢头镇	浙江省宁海县茶院乡许家山村
湖北省潜江市熊口镇	浙江省金华市婺城区汤溪镇寺平村
湖南省绥宁县寨市镇	浙江省绍兴县稽东镇冢斜村
湖南省泸溪县浦市镇	安徽省休宁县商山乡黄村
广东省中山市黄圃镇	安徽省黟县碧阳镇关麓村
广东省大埔县百侯镇	福建省长汀县三洲乡三洲村
重庆市荣昌县路孔镇	福建省龙岩市新罗区适中镇中心村
重庆市江津区白沙镇	福建省屏南县棠口乡漈头村
重庆市巫溪县宁厂镇	福建省连城县庙前镇芷溪村
四川省屏山县龙华镇	福建省长乐市航城街道琴江村
四川省富顺县赵化镇	福建省泰宁县新桥乡大源村
四川省犍为县清溪镇	福建省福州市马尾区亭江镇闽安村
云南省宾川县州城镇	江西省吉安市吉州区兴桥镇钓源村
云南省洱源县凤羽镇	江西省金溪县双塘镇竹桥村
云南省蒙自县新安所镇	江西省龙南县关西镇关西村
陕西省宁强县青木川镇	江西省婺源县浙源乡虹关村
陕西省柞水县凤凰镇	江西省浮梁县勒功乡沧溪村
甘肃省榆中县金崖镇	山东省淄博市周村区王村镇李家疃村
	湖北省赤壁市赵李桥镇羊楼洞村
	湖北省宣恩县椒园镇庆阳坝村
	湖南省双牌县理家坪乡坦田村

续表

第五批共 99 个(2010 年 7 月 22 日公布)	
历史文化名镇共 38 个	历史文化名村共 61 个
	湖南省祁阳县潘市镇龙溪村
	湖南省永兴县高亭乡板梁村
	湖南省辰溪县上蒲溪瑶族乡五宝田村
	广东省仁化县石塘镇石塘村
	广东省梅县水车镇茶山村
	广东省佛冈县龙山镇上岳古围村
	广东省佛山市南海区西樵镇松塘村
	广西壮族自治区南宁市江南区江西镇扬美村
	海南省三亚市崖城镇保平村
	海南省文昌市会文镇十八行村
	海南省定安县龙湖镇高林村
	四川省阆中市天宫乡天宫院村
	贵州省三都县都江镇怎雷村
	贵州省安顺市西秀区大西桥镇鲍屯村
	贵州省雷山县郎德镇上郎德村
	贵州省务川县大坪镇龙潭村
	云南省祥云县云南驿镇云南驿村
	青海省玉树县仲达乡电达村
	新疆维吾尔自治区哈密市五堡乡博斯坦村
	新疆维吾尔自治区特克斯县喀拉达拉乡琼库什台村

表 1.6　第六批中国历史文化名镇、名村名单

第六批共 178 个(2014 年 2 月 19 日公布)	
历史文化名镇共 71 个	历史文化名村共 107 个
河北省武安市伯延镇	北京市房山区南窖乡水峪村
河北省蔚县代王城镇	河北省沙河市柴关乡王硇村
山西省泽州县周村镇	河北省蔚县宋家庄镇上苏庄村
内蒙古自治区丰镇市隆盛庄镇	河北省井陉县天长镇小龙窝村
内蒙古自治区库伦旗库伦镇	河北省磁县陶泉乡花驼村
辽宁省东港市孤山镇	河北省阳原县浮图讲乡开阳村
辽宁省绥中县前所镇	山西省襄汾县新城镇丁村
上海市青浦区金泽镇	山西省沁水县嘉峰镇郭壁村
上海市浦东新区川沙新镇	山西省高平市马村镇大周村
江苏省苏州市吴江区黎里镇	山西省泽州县晋庙铺镇拦车村
江苏省苏州市吴江区震泽镇	山西省泽州县南村镇冶底村
江苏省东台市富安镇	山西省平顺县阳高乡奥治村
江苏省扬州市江都区大桥镇	山西省祁县贾令镇谷恋村

续表

第六批共178个(2014年2月19日公布)	
历史文化名镇共71个	历史文化名村共107个
江苏省常州市新北区孟河镇	山西省高平市寺庄镇伯方村
江苏省宜兴市周铁镇	山西省阳城县润城镇屯城村
江苏省如东县栟茶镇	吉林省图们市月晴镇白龙村
江苏省常熟市古里镇	上海市松江区泗泾镇下塘村
浙江省嵊州市崇仁镇	上海市闵行区浦江镇革新村
浙江省永康市芝英镇	江苏省苏州市吴中区东山镇杨湾村
浙江省松阳县西屏镇	江苏省苏州市吴中区金庭镇东村
浙江省岱山县东沙镇	江苏省常州市武进区郑陆镇焦溪村
安徽省泾县桃花潭镇	江苏省苏州市吴中区东山镇三山村
安徽省黄山市徽州区西溪南镇	江苏省高淳县漆桥镇漆桥村
安徽省铜陵市郊区大通镇	江苏省南通市通州区二甲镇余西村
福建省永定县湖坑镇	江苏省南京市江宁区湖熟街道杨柳村
福建省武平县中山镇	浙江省苍南县桥墩镇碗窑村
福建省安溪县湖头镇	浙江省浦江县白马镇嵩溪村
福建省古田县杉洋镇	浙江省缙云县新建镇河阳村
福建省屏南县双溪镇	浙江省江山市大陈乡大陈村
福建省宁化县石壁镇	浙江省湖州市南浔区和孚镇荻港村
江西省萍乡市安源区安源镇	浙江省磐安县盘峰乡榉溪村
江西省铅山县河口镇	浙江省淳安县浪川乡芹川村
江西省广昌县驿前镇	浙江省苍南县矾山镇福德湾村
江西省金溪县浒湾镇	浙江省龙泉市西街街道下樟村
江西省吉安县永和镇	浙江省开化县马金镇霞山村
江西省铅山县石塘镇	浙江省遂昌县焦滩乡独山村
山东省微山县南阳镇	浙江省安吉县鄣吴镇鄣吴村
河南省遂平县嵖岈山镇	浙江省丽水市莲都区雅溪镇西溪村
河南省滑县道口镇	浙江省宁海县深甽镇龙宫村
河南省光山县白雀园镇	安徽省泾县榔桥镇黄田村
湖北省钟祥市石牌镇	安徽省绩溪县瀛洲镇龙川村
湖北省随县安居镇	安徽省歙县雄村乡雄村
湖北省麻城市歧亭镇	安徽省天长市铜城镇龙岗村
湖南省洞口县高沙镇	安徽省黄山市徽州区呈坎镇灵山村
湖南省花垣县边城镇	安徽省祁门县闪里镇坑口村
广东省珠海市斗门区斗门镇	安徽省黟县宏村镇卢村
广东省佛山市南海区西樵镇	福建省龙岩市新罗区万安镇竹贯村
广东省梅县松口镇	福建省长汀县南山镇中复村
广东省大埔县茶阳镇	福建省泉州市泉港区后龙镇土坑村
广东省大埔县三河镇	福建省龙海市东园镇埭尾村

续表

第六批共 178 个(2014 年 2 月 19 日公布)	
历史文化名镇共 71 个	历史文化名村共 107 个
广西壮族自治区兴安县界首镇	福建省周宁县浦源镇浦源村
广西壮族自治区恭城瑶族自治县恭城镇	福建省福鼎市磻溪镇仙蒲村
广西壮族自治区贺州市八步区贺街镇	福建省霞浦县溪南镇半月里村
广西壮族自治区鹿寨县中渡镇	福建省三明市三元区岩前镇忠山村
重庆市开县温泉镇	福建省将乐县万全乡良地村
重庆市黔江区濯水镇	福建省仙游县石苍乡济川村
四川省自贡市贡井区艾叶镇	福建省漳平市双洋镇东洋村
四川省自贡市大安区牛佛镇	福建省平和县霞寨镇钟腾村
四川省平昌县白衣镇	福建省明溪县夏阳乡御帘村
四川省古蔺县二郎镇	江西省婺源县思口镇思溪村
四川省金堂县五凤镇	江西省宁都县田埠乡东龙村
四川省宜宾县横江镇	江西省吉水县金滩镇桑园村
四川省隆昌县云顶镇	江西省金溪县琉璃乡东源曾家村
贵州省赤水市大同镇	江西省安福县洲湖镇塘边村
贵州省松桃苗族自治县寨英镇	江西省峡江县水边镇湖洲村
陕西省神木县高家堡镇	山东省招远市辛庄镇高家庄子村
陕西省旬阳县蜀河镇	湖北省利川市谋道镇鱼木村
陕西省石泉县熨斗镇	湖北省麻城市歧亭镇杏花村
陕西省澄城县尧头镇	湖南省永顺县灵溪镇老司城村
青海省循化撒拉族自治县街子镇	湖南省通道侗族自治县双江镇芋头村
新疆维吾尔自治区富蕴县可可托海镇	湖南省通道侗族自治县坪坦乡坪坦村
	湖南省绥宁县黄桑坪苗族乡上堡村
	湖南省绥宁县关峡苗族乡大园村
	湖南省江永县兰溪瑶族乡兰溪村
	湖南省龙山县苗儿滩镇捞车村
	广东省广州市花都区炭步镇塱头村
	广东省江门市蓬江区棠下镇良溪村
	广东省台山市斗山镇浮石村
	广东省遂溪县建新镇苏二村
	广东省和平县林寨镇林寨村
	广东省蕉岭县南磜镇石寨村
	广东省陆丰市大安镇石寨村
	广西壮族自治区阳朔县白沙镇旧县村
	广西壮族自治区灵川县青狮潭镇江头村
	广西壮族自治区富川瑶族自治县朝东镇福溪村
	广西壮族自治区兴安县漠川乡榜上村
	广西壮族自治区灌阳县文市镇月岭村

续表

第六批共178个(2014年2月19日公布)	
历史文化名镇共71个	历史文化名村共107个
	重庆市涪陵区青羊镇安镇村
	四川省泸县兆雅镇新溪村
	四川省泸州市纳溪区天仙镇乐道街村
	贵州省江口县太平镇云舍村
	贵州省从江县丙妹镇岜沙村
	贵州省黎平县茅贡乡地扪村
	贵州省榕江县栽麻乡大利村
	云南省保山市隆阳区金鸡乡金鸡村
	云南省弥渡县密祉乡文盛街村
	云南省永平县博南镇曲硐村
	云南省永胜县期纳镇清水村
	西藏自治区吉隆县吉隆镇帮兴村
	西藏自治区尼木县吞巴乡吞达村
	西藏自治区工布江达县错高乡错高村
	陕西省三原县新兴镇柏社村
	甘肃省天水市麦积区麦积镇街亭村
	甘肃省天水市麦积区新阳镇胡家大庄村
	青海省班玛县灯塔乡班前村
	青海省循化撒拉族自治县清水乡大庄村
	青海省玉树县安冲乡拉则村

表1.7 第七批中国历史文化名镇、名村名单

第七批共271个(2019年1月21日公布)	
历史文化名镇共60个	历史文化名村共211个
山西省长治市上党区荫城镇	河北省井陉县南障城镇吕家村
山西省阳城县横河镇	河北省蔚县南留庄镇南留庄村
山西省泽州县高都镇	河北省蔚县南留庄镇水西堡村
山西省寿阳县宗艾镇	河北省蔚县宋家庄镇宋家庄村
山西省曲沃县曲村镇	河北省蔚县宋家庄镇大固城村
山西省翼城县西闫镇	河北省蔚县涌泉庄乡任家涧村
山西省汾阳市杏花村镇	河北省蔚县涌泉庄乡卜北堡村
内蒙古自治区牙克石市博克图镇	河北省怀来县瑞云观乡镇边城村
上海市宝山区罗店镇	河北省沙河市册井乡北盆水村
江苏省苏州市吴中区光福镇	河北省沙河市柴关乡西沟村
江苏省昆山市巴城镇	河北省沙河市柴关乡绿水池村
江苏省高邮市界首镇	河北省邢台县南石门镇崔路村
江苏省高邮市临泽镇	河北省邢台县路罗镇鱼林沟村

续表

第七批共 271 个(2019 年 1 月 21 日公布)	
历史文化名镇共 60 个	历史文化名村共 211 个
浙江省慈溪市观海卫镇(鸣鹤)	河北省邢台县将军墓镇内阳村
浙江省平阳县顺溪镇	河北省邢台县太子井乡龙化村
浙江省湖州市南浔区双林镇	河北省武安市午汲镇大贺庄村
浙江省湖州市南浔区菱湖镇	河北省武安市石洞乡什里店村
浙江省诸暨市枫桥镇	河北省涉县固新镇原曲村
浙江省临海市桃渚镇	河北省磁县陶泉乡南王庄村
浙江省龙泉县住龙镇	河北省磁县陶泉乡北岔口村
安徽省六安市裕安区苏埠镇	山西省大同市新荣区堡子湾乡得胜堡村
安徽省东至县东流镇	山西省阳高县马家皂乡安家皂村
安徽省青阳县陵阳镇	山西省阳泉市郊区荫营镇辛庄村
福建省永安市贡川镇	山西省平定县冠山镇宋家庄村
福建省晋江市安海镇	山西省平定县张庄镇桃叶坡村
福建省永春县岵山镇	山西省平定县东回镇瓦岭村
福建省南靖县梅林镇	山西省平定县娘子关镇上董寨村
福建省宁德市蕉城区洋中镇	山西省平定县娘子关镇下董寨村
福建省宁德市蕉城区三都镇	山西省平定县巨城镇南庄村
江西省修水县山口镇	山西省平定县巨城镇上盘石村
江西省贵溪市塘湾镇	山西省平定县石门口乡乱流村
江西省樟树市临江镇	山西省盂县孙家庄镇乌玉村
山东省淄博市周村区王村镇	山西省盂县梁家寨乡大汖村
山东省泰安市岱岳区大汶口镇	山西省长治市上党区荫城镇琚寨村
湖北省当阳市淯溪镇	山西省平顺县石城镇东庄村
湖南省浏阳市文家市镇	山西省平顺县石城镇岳家寨村
湖南省临湘市聂市镇	山西省平顺县虹梯关乡虹霓村
湖南省东安县芦洪市镇	山西省黎城县停河铺乡霞庄村
广西壮族自治区阳朔县福利镇	山西省沁源县王和镇古寨村
广西壮族自治区防城港市防城区那良镇	山西省高平市河西镇牛村
重庆市万州区罗田镇	山西省阳城县凤城镇南安阳村
重庆市涪陵区青羊镇	山西省阳城县北留镇尧沟村
重庆市江津区吴滩镇	山西省阳城县润城镇上伏村
重庆市江津区石蟆镇	山西省阳城县固隆乡府底村
重庆市酉阳土家族苗族自治县龚滩镇	山西省阳城县固隆乡泽城村
四川省崇州市元通镇	山西省阳城县固隆乡固隆村
四川省自贡市大安区三多寨镇	山西省泽州县大东沟镇东沟村
四川省三台县郪江镇	山西省泽州县大东沟镇贾泉村
四川省洪雅县柳江镇	山西省泽州县周村镇石淙头村
四川省达州市达川区石桥镇	山西省泽州县晋庙铺镇天井关村

续表

第七批共271个(2019年1月21日公布)	
历史文化名镇共60个	历史文化名村共211个
四川省雅安市雨城区上里镇	山西省泽州县巴公镇渠头村
四川省通江县毛浴镇	山西省泽州县山河镇洞八岭村
云南省通海县河西镇	山西省泽州县大箕镇陟椒村
云南省凤庆县鲁史镇	山西省泽州县南岭乡段河村
云南省姚安县光禄镇	山西省陵川县西河底镇积善村
云南省文山市平坝镇	山西省沁水县中村镇上阁村
西藏自治区定结县陈塘镇	山西省沁水县嘉峰镇尉迟村
西藏自治区贡嘎县杰德秀镇	山西省沁水县嘉峰镇武安村
西藏自治区札达县托林镇	山西省沁水县嘉峰镇嘉峰村
甘肃省永登县红城镇	山西省山阴县张家庄乡旧广武村
	山西省晋中市榆次区东赵乡后沟村
	山西省太谷县范村镇上安村
	山西省平遥县段村镇段村
	山西省介休市洪山镇洪山村
	山西省介休市龙凤镇南庄村
	山西省介休市绵山镇大靳村
	山西省灵石县南关镇董家岭村
	山西省寿阳县宗艾镇下洲村
	山西省寿阳县西洛镇南东村
	山西省寿阳县西洛镇南河村
	山西省寿阳县平舒乡龙门河村
	山西省稷山县西社镇马跑泉村
	山西省翼城县隆化镇史伯村
	山西省翼城县西闫镇曹公村
	山西省翼城县西闫镇古桃园村
	山西省霍州市退沙街道许村
	山西省吕梁市离石区枣林乡彩家庄村
	山西省交口县双池镇西庄村
	山西省临县三交镇孙家沟村
	山西省临县安业乡前青塘村
	山西省柳林县三交镇三交村
	山西省柳林县陈家湾乡高家垣村
	山西省柳林县王家沟乡南洼村
	山西省交城县夏家营镇段村
	辽宁省沈阳市沈北新区石佛寺街道石佛一村
	江苏省常州市武进区前黄镇杨桥村
	江苏省溧阳市昆仑街道沙涨村

续表

第七批共 271 个(2019 年 1 月 21 日公布)	
历史文化名镇共 60 个	历史文化名村共 211 个
	浙江省建德市大慈岩镇上吴方村
	浙江省建德市大慈岩镇李村村
	浙江省桐庐县富春江镇茆坪村
	浙江省宁波市海曙区章水镇李家坑村
	浙江省宁波市鄞州区姜山镇走马塘村
	浙江省慈溪市龙山镇方家河头村
	浙江省余姚市大岚镇柿林村
	浙江省义乌市佛堂镇倍磊村
	浙江省磐安县尖山镇管头村
	浙江省磐安县双溪乡梓誉村
	浙江省江山市凤林镇南坞村
	浙江省江山市石门镇清漾村
	浙江省龙游县溪口镇灵山村
	浙江省龙游县塔石镇泽随村
	浙江省临海市东塍镇岭根村
	浙江省天台县平桥镇张思村
	安徽省歙县北岸镇瞻淇村
	安徽省歙县昌溪乡昌溪村
	安徽省池州市贵池区棠溪镇石门高村
	安徽省绩溪县上庄镇石家村
	安徽省绩溪县家朋乡磡头村
	福建省福州市仓山区城门镇林浦村
	福建省永泰县洑口乡紫山村
	福建省永泰县洑口乡山寨村
	福建省大田县桃源镇东坂村
	福建省宁化县曹坊镇下曹村
	福建省泉州市泉港区涂岭镇樟脚村
	福建省永春县五里街镇西安村
	福建省晋江市龙湖镇福林村
	福建省南靖县书洋镇石桥村
	福建省南靖县书洋镇塔下村
	福建省南靖县书洋镇河坑村
	福建省邵武市金坑乡金坑村
	福建省政和县岭腰乡锦屏村
	福建省龙岩市永定区下洋镇初溪村
	福建省长汀县古城镇丁黄村
	福建省长汀县濯田镇水头村

续表

第七批共271个(2019年1月21日公布)	
历史文化名镇共60个	历史文化名村共211个
	福建省长汀县四都镇汤屋村
	福建省龙岩市永定区抚市镇社前村
	福建省龙岩市永定区洪山乡上山村
	福建省连城县莒溪镇壁洲村
	福建省福安市社口镇坦洋村
	福建省福安市晓阳镇晓阳村
	福建省福安市溪柄镇楼下村
	福建省福鼎市管阳镇西昆村
	福建省古田县城东街道桃溪村
	福建省古田县吉巷乡长洋村
	福建省古田县卓洋乡前洋村
	福建省寿宁县下党乡下党村
	江西省浮梁县蛟潭镇礼芳村
	江西省浮梁县峙滩镇英溪村
	江西省贵溪市耳口乡曾家村
	江西省龙南县里仁镇新园村
	江西省寻乌县澄江镇周田村
	江西省安福县金田乡柘溪村
	江西省泰和县螺溪镇爵誉村
	江西省金溪县合市镇游垫村
	江西省金溪县合市镇全坊村
	江西省金溪县琅琚镇疏口村
	江西省金溪县陈坊积乡岐山村
	江西省乐安县湖坪乡湖坪村
	江西省婺源县江湾镇篁岭村
	江西省婺源县思口镇西冲村
	山东省济南市章丘区相公庄街道梭庄村
	山东省淄博市淄川区洪山镇蒲家庄村
	山东省招远市张星镇徐家村
	山东省昌邑市龙池镇齐西村
	山东省邹城市石墙镇上九山村
	山东省巨野县核桃园镇前王庄村
	河南省宝丰县李庄乡翟集村
	河南省郏县薛店镇冢王村
	河南省郏县薛店镇下宫村
	河南省郏县茨芭镇山头赵村
	河南省修武县云台山镇一斗水村

续表

第七批共271个(2019年1月21日公布)	
历史文化名镇共60个	历史文化名村共211个
	河南省修武县西村乡双庙村
	河南省三门峡市陕州区西张村镇庙上村
	湖北省大冶市金湖街道上冯村
	湖北省阳新县排市镇下容村
	湖北省大冶市大箕铺镇柯大兴村
	湖北省阳新县大王镇金寨村
	湖北省枣阳市新市镇前湾村
	湖北省南漳县巡检镇漫云村
	湖北省红安县华家河镇祝家楼村
	湖北省通山县闯王镇宝石村
	湖南省醴陵市沩山镇沩山村
	湖南省汝城县文明瑶族乡沙洲瑶族村
	湖南省汝城县土桥镇永丰村
	湖南省汝城县马桥镇石泉村
	湖南省新田县枧头镇龙家大院村
	湖南省道县清塘镇楼田村
	湖南省蓝山县祠堂圩镇虎溪村
	湖南省沅陵县荔溪乡明中村
	湖南省中方县中方镇荆坪村
	湖南省永顺县灵溪镇双凤村
	广东省汕头市澄海区莲下镇程洋冈村
	广东省云浮市云城区腰古镇水东村
	广东省郁南县大湾镇五星村
	广西壮族自治区南宁市江南区江西镇同江村三江坡
	广西壮族自治区宾阳县古辣镇蔡村
	广西壮族自治区阳朔县高田镇朗梓村
	广西壮族自治区岑溪市筋竹镇云龙村
	广西壮族自治区灵山县新圩镇萍塘村
	广西壮族自治区玉林市福绵区新桥镇大楼村
	广西壮族自治区玉林市玉州区南江街道岭塘村(硃砂垌)
	广西壮族自治区陆川县平乐镇长旺村
	广西壮族自治区兴业县石南镇庞村
	广西壮族自治区兴业县石南镇谭良村
	广西壮族自治区兴业县葵阳镇榜山村
	广西壮族自治区兴业县龙安镇龙安村
	广西壮族自治区贺州市平桂区沙田镇龙井村
	广西壮族自治区富川瑶族自治县古城镇秀山村

续表

第七批共271个(2019年1月21日公布)	
历史文化名镇共60个	历史文化名村共211个
	广西壮族自治区钟山县回龙镇龙道村 广西壮族自治区钟山县公安镇荷塘村 广西壮族自治区钟山县公安镇大田村 广西壮族自治区钟山县清塘镇英家村 广西壮族自治区钟山县燕塘镇玉坡村 广西壮族自治区天峨县三堡乡三堡村 贵州省贵阳市花溪区石板镇镇山村 云南省沧源县勐角乡翁丁村 云南省泸西县永宁乡城子村 西藏自治区普兰县普兰镇科迦村 甘肃省兰州市西固区河口镇河口村 甘肃省静宁县界石铺镇继红村 甘肃省正宁县永和镇罗川村

1.2.1 天 津

1. 历史沿革

公元1404年,明朝永乐二年,天津初设卫。公元1406年,明朝永乐四年,开始建筑天津城,最初只是夯筑土垣。1493年至1494年,以砖石重修天津城。城平面为长方形,南北宽约900米,东西长约1 570米,现今南马路、北马路、东马路、西马路即为城墙旧址。城中心十字街口建有鼓楼,城墙四面设门,后来惯称的天津卫从此出现。1900年,八国联军侵华战争后,城垣被强迫拆毁,改筑为环行马路,墙基仅残存于地面以下。

自1860年开埠后,天津租界区逐渐形成,最早出现的是在紫竹林一带的英、法、美租界。1894年后,英法租界进一步扩大,日、德、俄、奥、意、比也先后划定租界区。各国租界区面积之和相当于旧城的8倍,在全国设有租界的城市中面积最大。自此,天津城市的空间结构与发展方向均受到租界影响。从城市形态上看,租界区构成了天津中心城市的基本轮廓,而且是重要的城市活动空间;从经济结构上看,租界中的工业经济发展迅速,加速了天津的经济发展,使得天津成为近代中国发展的一个缩影。随之一些军阀、买办资产阶级在租界区里建筑私人别墅、公馆,租界区内陆续出现了各种建筑形式的建筑物,这些都构成了天津城市独特的人文景观。

2. 历史街区保护发展历程

新中国成立初期,为了适应新的生活、生产与社会环境的需要,天津开始了大规模的城市建设活动,整修拓宽旧城内的街道,很多老旧建筑被拆毁。“文革”期间，对历史街区的人为破坏达到极点。

1976 年唐山大地震中，许多历史文化建筑遭到不同程度的破坏，在修建过程中，又存在一些“破坏式”修复。在这一时期，天津市对历史街区的保护规划工作主要还停留在保护单体建筑的层面上，由于对历史街区的整体保护价值认识不足，部分历史文化街区遭到破坏，造成不可挽回的损失。

1986 年，天津被列为国家第二批历史文化名城。同年的总体规划明确 1949 年以前的建成区为历史城区，面积约 53 平方千米。代表传统风貌的老城厢地区与原九国租界区是天津独特历史文化风貌的两个重要组成部分。1987 年，天津市人民代表大会通过了《天津市文物保护管理条例》，这是天津市第一个地方文物保护条例。

1996 年的城市总体规划中编制了历史文化名城保护专项规划，划定了中心城区 11 个风貌保护区，标志着天津市历史街区的保护开始逐步走上法治化、规范化的道路。

2003 年起，天津开始了“旧城改造”建设，原估衣街、老城厢等传统风貌的历史街区有不少建筑相继被成片拆除。而海河两岸的快速建设，对海河沿岸的意租界、德租界、奥租界的空间环境也造成了一定程度的破坏，历史街区保护面临着严峻的挑战。

2004 年天津市政府初步确定了天津市近期历史风貌建筑开发保护的实施方案，在中心城区原八国租界地区划定了“5 区、5 带、8 点”的保护范围，简称“558 工程”。其中，5 区包括一宫、中心公园、奉化道、平安街和五大道历史风貌保护区；5 带包括鞍山道、泰安道、赤峰道、解放北路、和平路历史风貌建筑保护带；8 点包括马场道 188 号、西站前街 1 号、解放路 273 号、浦口道 6 号、南开四马路 20-22 号、十一经路 88 号、狮子林大街 292 号、西宁道 9-11 号等八处历史风貌保护建筑。

2005 年 9 月，《天津市历史风貌建筑保护条例》正式实施，该条例对历史风貌建筑的保护和利用进行了详细的规定，成为天津历史文化遗产保护的直接地方性法规依据。同年的天津市总体规划包含了历史文化名城专项规划，其中规定了建立历史城区、历史文化街区和文物古迹三个层次的保护体系，划定了中心城区 9 个历史文化保护区和 5 个历史文化风貌保护区，提出了对历史街区相应的保护内容和保护策略。

2006 年，对中心城区的文物古迹、历史风貌建筑和历史文化街区划定了紫线保护范围，开始对历史风貌建筑进行挂牌保护。

为适应新的保护要求，天津市在现有规划成果的基础上，开始编制名城保护总体规划、历史城区保护分区规划、历史文化街区及名镇名村保护规划和历史建筑保护图则，建立“总体、分区、控规和建筑”四个层面的保护规划体系。同时着手制定《天津市历史文化街区保护规划编制技术标准》和《天津市历史文化名镇名村保护规划编制技术标准》。

2009 年，为加强历史文化街区的保护力度，天津市对中心城区历史文化街区的保护范围进行了重新确定和调整，将总体规划中划定的9个历史文化保护区和5个历史文化风貌保护区统一确定为14个历史文化街区，并重新调整了14个历史文化街区的保护范围，划定了核心保护范围和建设控制地带，保护面积由8.5平方千米增加到9.93平方千米，并且核实了保护范围内文物、历史建筑等保护建筑的准确位置及现状情况。

1.2.2 平遥古城

1. 历史沿革

位于山西的平遥古城，是一座具有2700多年历史的文化名城，是我国目前保存最为完整的四座古城之一，也是目前我国唯一以整座古城申报世界文化遗产获得成功的古县城。平遥旧称为"古陶"。明朝初年，为防御外族南扰，始建城墙。洪武三年(公元1370年)在旧墙垣基础上重筑扩修，并全面包砖。以后景泰、正德、嘉靖、隆庆和万历各代进行过十次补修和修葺，更新城楼，增设敌台。康熙四十二年(公元1703年)，因皇帝西巡路经平遥，而筑了四面大城楼，使城池更加壮观。平遥城墙总周长约为6 163 m，墙高约为12 m，古城面积约为2.25平方千米，城墙内外是两个风格迥异的世界。城墙以内街道、铺面、市楼保留明清形制；城墙以外称作新城。这是一座古代与现代建筑各成一体、交相辉映、令人遐思不已的佳地。

2. 历史价值

平遥古城历史悠久，文物古迹众多。它完整地体现了17—19世纪的历史面貌，为明清建筑艺术的历史博物馆。其古建筑及文物古迹，在数量和品位上均属国内罕见，对研究中国古代城市变迁、城市建筑、人类居住形式和传统文化的发展具有极为重要的历史、艺术和科学价值。这座坚实完整的砖石城池，数百年来在军事防御和防洪挡险等方面发挥了很大的作用。城内街道、古建衙门、市楼、商店、民居等还保留原有的明代形制，是全国重点文物保护单位。1997年12月联合国教科文组织认定平遥古城为世界文化遗产。

3. 历史文化遗产保护与发展

平遥被列入《世界遗产名录》后，古城产生了翻天覆地的变化。为了完整保存平遥古城，山西各级政府部门做了大量的工作。1998年，山西省人民代表大会常务委员会颁布了《平遥古城保护条例》，随后平遥县据此编制了《平遥古城基础设施专项规划》《平遥古城环城地带修建性详细规划》等地方性保护规划，对古城进行了全面综合的保护治理工作。

为了改善环境质量，平遥县开展了"蓝天碧水"工程，从源头上控制污染企业，不符合环保政策的企业一律不准审批，同时，对一些污染严重的企业进行取缔；为改变古城内多年形成的基础设施落后、环境脏乱差的状况，当地政府先后投资数亿元，对古城内100余条中、小街巷进行了硬化改造，并完成了古城内主干街道的管线入地工程,改变了城内各种网线、电线杆如蜘蛛网密布的状况；为了保持古城的原汁原味，当地政府开展了有序的移民行动。居民搬迁后，原与古城风貌不相协调的建筑被拆除，古文庙、城隍庙、清虚观、日升昌票号等一系列具有文物价值的建筑和明清宅院相继受到保护，得到应有的原貌恢复。

为配合大规模居民搬迁，平遥县在古城外建了几个居民小区，同时推行集中供热、集中供气，使住在古城内取暖、用气不便的居民自行逐渐搬迁。另外，当地政府针对不同文化遗产的性质和特点制定相应的保护和开发措施，使古城在得到有效保护的前提下保持活力。例如为了保护性开发素有“古代中国华尔街”之称的西大街，使其既保存街道的古朴风貌,又延续自身的商业价值,政府将其辟为步行街，对其实行封闭式管理，禁止一切机动车辆行驶。西大街被划定为古城内的一级保护区，其街面建筑严格保持传统建筑的群体布局、空间风貌,形体色彩和建筑材料等在维护、修复、重建中也必须按原有风貌进行施工。如今，西大街不再拥有“华尔街”的地位,但却给平遥老百姓带来了可观的财富,成为保护和开发相得益彰的典范。

平遥历史文化遗产保护遵循保护和发展并重的原则,既使遗产得以保护,又要促进城市经济社会发展,改善城市基础设施,满足居民现代化生活需求。

1.2.3 南 京

1. 历史沿革

南京与北京、西安、洛阳并称为中国四大古都,具有近2500年的建城史。春秋时期的“冶城”和“越城”是南京历史上最早的城垣。南京又称“六朝古都”,自公元229年,东吴定都建业,此后的东晋、宋、齐、梁、陈,六朝先后定都于此。公元914年,南唐重建金陵城,并作为首都。明太祖朱元璋依北斗七星之势筑四重城墙,即外郭、内城、皇城、宫城,其中宫城和皇城尊礼制“前朝后寝、左祖右社”成为北京故宫的范本。明南京的城市建设达到了历史鼎盛时期,清代改江宁府,驻两江总督,成为东南地区的政治文化中心。

南京兴于南唐,盛于明初,颓于太平天国战乱,再兴于清末正式开埠至民国26年:太平天国战争对江宁造成了严重破坏,诸多文物古迹毁于战火,战争结束后,清政府进行了大规模的城市重建。民国定都南京后,修筑了中山大道等通衢大道,兴建了大量标志性建筑。日军攻占南京使南京遭破坏。抗战胜利后,国民政府对南京进行了一系列修缮、复建工程,但国民政府忙于内战,往昔繁华景象一去不复返。如今的南京城,历史上经历过三次重要城址变迁和多次战火洗礼,成为由多重历史积淀构成的城市。

2. 存在问题

在南京老城的城市建设和更新改造过程中,城南的历史街区面临着被逐步拆除的困境，名城保护工作任重而道远。早在1992年，南京将门东、门西、大百花巷、金沙井、南捕厅五处传统民居集中区域划定为历史街区给予保护，但由于种种原因，到了2002年，除了南捕厅历史街区外，其他几个已基本感受不到成片的传统街区格局和风貌。同时，丰富的地下遗产资源也受到严重威胁，一些建设单位盲目建设施工，导致地下文物遭到破坏的事件时有发生，宝贵的文物未能得到有效保护。此外，名城保护规划划入的保护区域不够全面，其保护范围和力度与南京古城的地位和影响力存在很大差距。

3. 历史文化名城保护规划的编制

自1982年南京市被公布为首批历史文化名城后，南京共编制了四版历史文化名城保护规划。

1)“1984版”保护规划

保护规划初步确定了名城的保护内容框架，提出建立名城保护网络体系，奠定了之后南京历史文化名城保护规划的基础。这版规划也存在一定的缺憾，如未对地下文物保护提出要求、对南京丰富的“隐形文化”和传统街巷格局重视不够、缺乏对近代优秀民国建筑的保护内容等。

2)“1992版”保护规划

针对“1984版”保护规划中对著名古都认识的不足，重点从突出古都格局与风貌，加强对地下文物资源的保护，以及重视对历史文化的挖掘和创新等方面，对上版规划进行补充和完善，形成了初步的保护规划框架体系。保护内容从地上扩充到地下，从显形文化扩展到隐形文化，突出了对现存的明代四重城郭的保护内容，并直接指导了后来编制的《明城墙风光带保护规划》。

在实际实施过程中，发现“1992版”保护规划也存在一些问题：①规划仅限于总体规划阶段，规划中描述性语言多、规定性条文少，难以直接作为规划管理、用地控制的依据；②对于明故宫地区等损毁的历史遗产的重要价值认识不足；③对南京城市特色缺乏系统性深入研究。

3)“2002版”保护规划

规划建立了较完善的保护框架，保护体系分为整体格局和风貌、历史地段与文物古迹三个层次的内容，规划内容全面，结构严谨，较切合实际。规划结合总体规划调整提出了“调整城市空间布局”的名城保护战略，指导了后期开展的《南京老城保护与更新规划》，有效缓解了城市发展中对老城保护的压力，并探索了当时我国大型历史文化名城保护与发展的初步构想，取得了较大成就。

但这版规划仍是附属于城市总体规划的专项规划，规划虽然建立了完善的保护框架，提出了合理的保护措施，但相较城市日新月异的更新改造和建设发展需求，仍不能适应，难以真正有效地实施和管理。城市传统轴线、街巷格局、河湖水系、历史街区、地下文物保护区等也缺乏明确细致的保护范围和保护要求，在建设中难以按规划具体操作。

4)“2010版”保护规划

保护规划依据《中华人民共和国城乡规划法》及相关法规制定,保护理念由单纯的历史文化资源保护利用拓展到城市文化空间网络的保护和延续;保护对策由单一保护上升到分层次保护控制;实施对策由规划论述转化为城市公共政策。总体而言,这版规划在规划理念、技术、方法等方面进行了积极的探索和尝试,相较前三版规划具有跨越式的提升,在国内历史文化名城保护领域也有着重要的开创性意义。

保护规划是随着2000年以来国家和地方一批新的法规政策陆续出台而进行的一次有益的规划探索,探索过程中除了收获,也不可避免地存在很多遗憾。最值得反思的是名城特色的保护和展现、历史街区和历史地段保护、政策制定、公众参与等方面,规划虽然重新审视了南京历史文化名城的价值特色,但对于南京最具特色的南朝陵墓石刻、民国时期建筑、城南民居、名人文化等历史文化的保护和展示不足;规划仅将城南、明故宫、鼓楼—清凉山三片区域划入历史城区范围,未将南京老城整体作为历史城区加以保护,弱化了老城整体保护功能,对老城保护相关政策的制定也未真正起到应有的基础支撑作用;对历史地段的保护偏重于理论研究,未对历史地段保护的基础性工作给予持续关注;编制过程中,未实行全过程的公众参与,专家学者参与的广度不够。

随着城市发展的不断深化,南京历版名城保护规划持续进行着积极的探索和创新,其体系得到逐步完善,内容得到逐步丰富,深度上得到逐步细化,较好指导了多年以来的南京名城保护工作,并在同时期国内规划中一直保持着创新性。当然,规划在很多方面还存在问题,如名城保护理念有待提升,编制方法有待更新突破,公众参与机制有待改进,规划实施工作有待进一步深化完善。

4. 名城保护成效

在南京名城保护的具体实施中,经过多年奋斗和努力,总体而言,取得的成效显著。1980年进行复建的夫子庙——秦淮历史风貌区已成为国家级5A景区;南京城墙、秦淮河等古都格局元素的环境整治提升成绩显著,2008年获得了“联合国人居奖”;2001年,在六朝建康城遗址上建立了六朝博物馆以展示六朝文化和建康城遗址;南朝陵墓石刻、明孝陵方城明楼和四方城等进行了加顶保护;一批文物古迹尤其是民国建筑结合公共空间的营造进行了很好的展示;阅江楼、大报恩寺塔等重要的历史文化景观得到了创新性展现;非物质文化遗产则通过在民俗博物馆和门东地区建立传承基地进行了有效的保护。

随着城市现代化进程的不断加快,城市经济的快速增长,南京主城的城市建设已趋饱和,城市功能开始外溢,城市建设走出主城、跨江发展已经成为现实需要。随着南京“一城三区”“一疏散、三集中”战略的实施,以长江为主轴、主城为核心,结构多元,间隔分布,多中心、轴向开敞式的现代化大都市空间格局的总体框架正在逐步形成，南京已经从“三山半落”于城内的金陵邑发展成为“二水中分”的现代化大南京。

1.2.4 广 州

1. 历史沿革及文化遗产概况

公元前214年，秦始皇统一岭南后，在广州地区设南海郡。当时南海郡尉任嚣在现中山四路旧仓巷附近修建城郭，称为“任嚣城”，广州为郡治所在地。自此，广州一直是郡治、州治、府治的行政中心，是华南地区的政治、军事、经济、文化和科教中心，是岭南文化的发源地和兴盛地。广州从3世纪30年代起成为海上丝绸之路的主港，是世界上唯一2000多年长盛不衰的大港，也是近现代民主革命的策源地和改革开放的前沿阵地。

广州历史底蕴深厚，文化遗产资源丰富。广州市现有各级文物保护单位720处，尚未核定公布为文物保护单位的不可移动文物3 090处；国家级历史文化名镇1个、历史文化名村6个，历史文化街区26个、历史风貌区19个，历史建筑721处、传统村落90个；广州市行政区域内共有博物馆61座（含省属博物馆）；第一次全国可移动文物普查上报文物176 439件（套）；各级非遗代表性项目340项，非遗项目代表性传承人452人；14家省级、33家市级非遗传承保护示范基地。

2. 历史文化保护发展历程

通过相关的重大标志性事件为节点，可以将广州历史文化保护历程概括为三个阶段。第一阶段以国务院颁布文物保护指示文件和第一次全国文物普查为标志，开展对老城区文物建筑的登记和保护；第二阶段始于首批国家历史文化名城的公布，以及广州在城市发展过程中探索对历史文化的保护法规；第三阶段以新一轮文化遗产普查、《广州市历史建筑和历史风貌区保护办法》和第一批历史建筑名单公布为契机，全面启动并明确了保护历史文化的新体系。

1）第一阶段：开展文物登记与保护

为更好地保护、管理文化遗产，文化部于1951年下发了《地方文物管理委员会暂行组织通则》，同年广州市成立文物管理委员会，并于次年对市区内历史建筑和革命史迹开展调查和登记。其后，国家先后发布《关于在基本建设工程中保护历史及革命文物的指示》和《关于在农业生产建设中保护文物的通知》等文件，广州市随即开展了一系列相应工作。

随着第一个五年计划和社会主义三大改造的推动，文物工作得到有序开展，“文物普查”和“确定文物保护单位”被明确提出，全国文物普查逐步开展起来。

广州市第一次文物普查工作以越秀、东山、荔湾、海珠四个老城区和羊城古迹相关地区为重点，对革命遗址、古城郭、宫阙、关塞、堡垒、陵墓、楼台、书院、庙宇、雕塑、石刻等历史遗产进行普查，共登记文物史迹90多处。

2)第二阶段:探索历史文化保护法规

自1982年广州市被国务院公布为首批国家历史文化名城之后,就开始制定相关规划及管理要求。广州历史文化名城保护经历了四个主要发展阶段:一是1983年的《广州历史文化名城保护与城市景观规划》提出了点、线、面结合的保护体系,划定了三处传统民居保护区;二是1987年的《广州市城市规划管理办法实施细则》规定应保护文物古迹、传统民居和制定相关的保护措施;三是1996年的《广州市城市总体规划》中明确提出了对历史空间环境景观保护、城市历史风貌区保护、历史文物古迹和近代革命事迹保护、城市近现代优秀建筑保护等内容;四是2003年起开展了《广州市历史文化名城保护规划》的编制工作。

在广州历史文化遗产的保护工作中,最早是单独针对文物的保护行为,之后因历史建筑被破坏损毁的事件频频发生,特别是20世纪90年代的快速城市化进程加剧了对历史文化的破坏,从而促进了对文化遗产内涵解读的延伸,间接推动了文化遗产保护的进程。

1988年广州市修建地铁一号线,拆除了中山四路、中山五路的骑楼,该事件引起了社会的广泛关注。1998年出台的《广州市历史文化名城保护条例》确定予以保护的主要内容有:具有历史特色的城市格局和风貌;体现传统特色的街区、地段、村寨等;文物古迹和近现代史迹;风景名胜;传统文化艺术、民俗风情、民间工艺的精华和著名传统产品。该条例确立了广州市历史文化名城保护委员会作为名城保护工作的协调、指导和监督机构。

2000年以来,随着国家和社会对历史文化关注度的提高,历史文化保护的管理机制逐渐形成,历史建筑的破坏大幅度减少。自2011年底市规划部门开始组织对历史城区2万余栋建筑进行实地普查、登记,建立了文化遗产基础数据库。2013年发生的金陵台强拆事件将人们对历史保护的关注度推向高峰,金陵台事件受到市政府公开调查处理。随后开展的城市论坛探讨了对历史建筑的保护,促进了管理办法和制度的尽快完善。该事件被认为是广州历史文化保护的里程碑事件。

3)第三阶段:明确历史文化保护体系

2014年,历经十年磨难的《广州历史文化名城保护规划》经批复实施,确定了广州历史文化名城的核心价值与特色,在空间上划分了三个保护层次:历史城区的保护、历史文化街区的保护,以及历史文化保护区和文物古迹的保护。其中,历史城区保护格局包括古城轮廓保护、建筑高度控制、城市传统中轴线保护、骑楼街保护。

与此同时,市政府先后公布了第一批、第二批、第三批历史建筑名单,共计566处历史建筑纳入历史文化名城保护战略体系。

另外,广州市积极开展了政策、法规的制定,为历史文化名城保护工作保驾护航:公布和实施了《广州历史建筑和历史风貌区保护办法》《广州市历史文化名城保护条例》《广州市历史建筑维护修缮利用规划指引(试行)》等相关政策和指引文件,明确了名城保护规划的保护对象,建立了保护名录制度,规定了历史建筑和历史风貌区的认定要求与保护要求,并明确了保护责任人和管理监督机构等。同时,扩大历史文化遗产普查的广度和深度,对市域范围内不可移动文物、历史建筑和传统风貌建筑、国有可移动文物、非物质文化遗产进行摸查,逐步健全了广州历史文化保护机制和体系,为广州市文化遗产保护事业起到了重大的保障和促进作用。

1.3 昆明历史文化名城保护

1.3.1 昆明历史文化名城保护概况

1982年,昆明被批准为第一批国家历史文化名城。历史文化名城的保护始终是昆明市发展建设的重要内容。为保护与抢救昆明丰富的历史文化遗产,继承和弘扬民族与地方优秀的文化传统,处理好城市保护与发展的关系,科学保护与合理利用名城及其历史文化遗存,历版城市总体规划都将历史文化名城保护规划纳入其中。2010年市政府组织编制了《昆明历史文化名城保护规划》,保护规划范围与城市总体规划范围一致,适用范围为整个昆明市域范围,面积约为21 011平方千米。其中,保护规划划定环滇池地区面积约为2 180平方千米,历史文化名城面积约为5.5平方千米,历史城区面积约为4.7平方千米。

保护规划在历史文化名城、历史文化街区和文物保护单位三个层次的基础上增加市域、环滇池地区、历史建筑及非物质文化遗产四个部分的保护内容。在1996版昆明市城市总体规划确定保护的文明街历史文化街区基础上,增补了南强街、晋城古镇上下西街2个历史文化街区,并提出了对龙泉宝云、翠湖周边、祥云等7个历史地段,以及市域、环滇池地区的多处历史村镇进行保护。

保护重点包括城市山水形胜、传统格局、历史地形、3个历史文化街区、7个历史地段和以太和宫金殿、地藏寺经幢、云南陆军讲武堂为代表的全国重点文物保护单位。

2011年8月,昆明市邀请云南省相关部门及省内专家召开了《昆明历史文化名城保护规划》专家论证会;2011年12月邀请中国城市规划学会历史文化名城保护学术委员会主任委员王景慧领衔的专家组,组织召开了保护规划的专家评审会;2013年12月保护规划在昆明城市规划展览馆、网站和报纸上进行公示,广泛征求社会各界意见;2014年4月该规划通过云南省住建厅组织的审查。2014年11月27日,云南省人民政府正式批复同意《昆明历史文化名城保护规划》。该规划项目荣获2015年度全国优秀城乡规划设计奖(城市规划类)二等奖。

1.3.2 历史文化名城保护机构背景

1. 国内外历史文化名城保护机构

1)中国

我国历史文化遗产中的文物保护由文物管理部门主管,历史文化名城、历史文化街区和历史村镇等与城市规划密切相关的保护管理工作是由规划部门与文物部门共同负责的。行政管理也实现国家及地方两级管理,即在中央由住房和城乡建设部(城乡规划司)与国家文物局主管,在地方则由相应的地方城建规划部门和文物部门负责,也有的地方设立专门的名城保护机构。

2)日本

日本的行政管理机构体系为阶梯形结构,根据法律实施管理和执行各种行政事务。与其历史文化遗产保护密切相关的行政管理主要由文物保护行政管理部门和城市规划行政管理部门这两个相对独立、平行的组织机构负责。与文物保护直接相关的事务归国家文部省文化厅,与城市规划相关的事务归国家建设省城市局。为了给政府决策提供高层次的参谋,使行政与学术有效地结合起来,地方政府机构中还设立法定的常设咨询机构——审议会,其作用是提供技术与监督。

3)英国

英国实行中央及地方两级管理体系。国家环境保护部是英国历史文化遗产保护的国家级行政机关,而有关法规、政策的实施及就保护问题向国家、地方和公众提供咨询与建议是由英国国家遗产委员会等国家组织机构和英国建筑学会等法定监督咨询机构负责。地方规划部门及保护官员负责落实保护法规和处理日常管理工作。中央和地方两级组织形式的保护网络主要是处理遗产保护中的突出问题。任何可能毁坏历史遗产的申请事件都必须通过国务大臣的最后把关。古城保护通过这些法律程序得以贯彻执行,使古建筑及保护区的拆除、改建项目的批准显得非常慎重。现在,英国已经逐步建立起由选定制度、建筑管理制度、保护官员制度、公众参与制度等多种制度构成的完善的保护管理体系。

2. 昆明历史文化名城保护机构

云南省住房和城乡建设厅会同省文物局负责历史文化名城(镇、村、街)的保护和监督管理工作。昆明市自然资源和规划局和昆明市文化广播电视体育局负责昆明历史文化名城保护和管理的具体工作。昆明市发展和改革、财政、住房和城乡建设、城市管理、国土资源、园林、交通、工商、民族、宗教、旅游、环保、公安等行政管理部门,按照各自职责做好昆明历史文化名城保护工作。

1.3.3 昆明市历史文化名城保护现状

昆明历史悠久,文物古迹众多,传统街区与老建筑风貌突出,人文内涵和历史文化内涵丰富,1982年被国务院公布为首批国家级历史文化名城之一。昆明拥有约3万年的人类活动史、约3000年的文明史、1250多年的建城史。滇池景色优美壮阔,自然景观与人文景观并重,现在的环滇池地区仍广泛存在各个历史时期遗留下来的文化遗存,它们构建了昆明丰富的历史文化网络,积淀深厚且影响巨大。以龙潭山遗址为代表的古人类遗址,以石寨山为代表的青铜文化,以益州郡、地藏寺经幢、东西寺塔、昆明砖城为代表的古代城市演进,以重九起义、护国起义、抗战史实为代表的近代文化等历史文化异彩纷呈。以阿诗玛、撒尼刺绣为代表的民族文化,以"金殿庙会""圆通樱潮"为代表的民间传统习俗,以滇剧和花灯为代表的民间艺术等民族民间传统文化交融荟萃,彰显出昆明历史文化底蕴深厚、民族民间传统文化丰富多彩的城市文化气质。

目前,昆明市共有已公布的省级历史文化街区1个、历史文化名村(名镇)2个和市级历史村镇1个、20个国家级传统村落;各级文物保护单位586项,其中,全国重点文物保护单位19项(20处)、省级55项、市级132项、县(市)区级380项,文物类型涵盖了古代文化遗存、近现代文化遗存、民族文化遗存、墓葬、石刻等多个类别,能够清晰地反映昆明历史文化的发展历程;共有各级非物质文化遗产名录项目589项,代表性传承人526人,其中,国家级非物质文化遗产项目7项、代表性传承人1人,省级项目30项、代表性传承人66人,市级项目230项、代表性传承人151人,县(市)区级项目196项、代表性传承人221人,石林糯黑、月湖和寻甸发嘎被命名为省级传统文化生态保护区,非物质文化遗产资源涵盖了传统文学、音乐、舞蹈、戏曲、美术、手工技艺、医药、节庆、体育等各个类别。此外,昆明市还有注册备案博物馆32个,其中包括国有文物类博物馆14个,国有行业类博物馆13个,非国有博物馆5个。

1.3.4 昆明市历史文化名城保护意义

昆明是国家首批公布的24个历史文化名城之一,是一个多民族聚居的地区,下辖7区1市6县和4个国家级、省级开发、度假、名胜园区,在昆明市域范围内有数量众多的历史文化遗产资源和丰富多彩的民族文化资源,共同构成了独具特色的历史文化名城资源体系,充分展现了昆明文化资源多元性、包容性、穿插性和新生元素不断涌现的特点。如何把历史文化名城保护利用与区域性国际中心城市建设结合起来,延续昆明历史文脉,彰显昆明文化形象,全面提升昆明历史文化名城城市品牌魅力,是摆在我们面前的重大课题。

昆明市政府对历史文化名城的保护及基于文化遗产的利用与建设工作持续开展,对于历史环境和基础设施的改善初见成效。一是对具有历史意义的生态环境进行治理与改善,如对滇池、长虫山生态公园、盘龙江滨江绿带、莲花池公园等具有重要历史意义的城市生态环境进行环境治理,使得城市历史空间环境要素得到有效的保护;二是对云南陆军讲武堂、官渡金刚塔、真庆观、灵源别墅、安宁八街文庙、圆通寺、石龙坝、北门书屋等文物保护单位的具有重要的历史文化价值的文物古迹进行保护修缮与利用,同时结合城市文化事业发展对其进行妥善利用,带来了较好的社会与经济效益;三是重点对昆明历史城区传统中轴线的历史环境加以改善,昆明市通过重建金马碧鸡坊、打通东西寺塔景观视廊、建设正义路步行街等措施,有效地改善了历史城区中轴线的空间环境,并拆除翠湖周边临时建筑和部分居住建筑,大力整治周边环境,改善了"小三山一水"的历史环境,提高城市品质;四是采用市、区两级政府共同出资的方式,对文明街历史文化街区的主要街道市政设施进行改造,大力改善了街区居民的生活条件,同时街区传统风貌得到较大改善;五是注重对历史文化街区和传统民居的保护、指导和管理。文明街小银柜巷 7 号的成功维修作为文明街片区传统民居维修示范项目,荣获 2001 年度联合国教科文组织亚太地区历史文化遗产保护奖。2003 年"文明街历史街区保护与利用"项目荣获原国家建设部颁发的"中国人居环境范例奖"。2014 年昆明文明街历史文化街区被云南省政府批准为省级历史文化街区。按照保留建筑传统风貌的原则,南强街历史文化街区的成片传统民居建筑、宝善街沿街历史建筑得到合理维修,恢复了街区原有历史风貌。

第2章　历史文化名城保护规划地理信息系统建设总体思路

2.1　需求分析

2.1.1　背　景

昆明是国务院1982年公布的首批国家级历史文化名城，具有1250多年的建城史，拥有丰富的历史文化资源。昆明市于1995年颁布施行、并于2004年和2011年先后两次修订实施了《昆明市历史文化名城保护条例》，充分体现了昆明市委、市政府对昆明历史文化名城保护工作的重视和支持。

昆明市自然资源和规划局是负责历史文化名城保护管理工作的核心部门。原昆明市规划局从2000年开始成立昆明历史街区与建筑保护办公室，将除文物保护单位以外的历史文化遗产保护工作纳入规划管理内容。在近十年来的历史文化名城保护和研究工作中，积累了大量的历史村镇、历史街区和历史建筑保护的研究成果。

2011年，原昆明市规划局提出构建昆明市历史文化名城保护规划地理信息系统，就是为了全面落实市委提出的"进一步细化保护措施，坚持统筹规划、有效保护、合理利用、科学管理原则，正确处理保护与利用、继承与发展的关系，最大限度地维护文化古迹的真实性和完整性，做到城市现代化进程与历史遗迹保护有机统一，现代建筑与历史建筑相得益彰，现代文明与历史文明交相辉映"的要求，从而实现昆明市历史文化名城保护规划工作"更具科学性、可行性和特色性，使之与经济社会发展规划、城市总体规划、控制性详细规划和土地利用规划相衔接"的管理目标。

原昆明市规划局从2000年开始就开展了规划信息化建设工作，目前已经建成成果丰富、审批系统完整、应用水平高的信息化格局。2008年完成了昆明市规划信息化发展的研究工作，为昆明市规划信息化工作奠定了坚实的基础。因此，昆明市历史文化名城保护规划地理信息系统的规划和建设工作应根据《昆明市规划信息化发展规划》的要求进行设计和实施。

2.1.2　目　标

历史文化名城保护规划作为规划管理的一项重要工作，为更好地解决工作过程中的各种实际问题，提升历史文化名城保护工作效率和管理水平，地理信息技术在历史文化名城保护工作中的应用显得尤为重要，建设历史文化名城保护规划地理信息系统迫在眉睫。完备的地理信息系统能方便工作过程中将各类数据完整地保存下来，在需要时能够及时快速查阅，并能结合规划业务审批数据快速做出历史文化名城保护规划决策。

从长远来看，还必须对今后的数据采集工作制订一个相对完善的标准，数据标准化能将零散数据整合统一。

2.1.3 需　求

(1)电子地图：提供可视化电子地图，方便用户在计算机上能够查看地理信息；查看过程中能实现缩放地图、浏览地图和地图定位等基本操作。

(2)查询：提供关键字和空间查询定位功能，方便用户快速查询并定位到所需数据；关键字查询须实现模糊查询，对定位到的数据能够查看数据的基本信息和相关的多媒体信息。

(3)统计：向用户提供历史文化名城保护规划中的所有统计数据，包括数量和面积。

(4)规划业务数据查看：提供对现有规划业务审批数据的查阅，辅助历史文化名城保护规划决策。

(5)辅助检查：提供点、线、面三种几何体空间的缓冲检查。

(6)CAD图叠加检查：提供配准KM87坐标的CAD图叠加到现有地图数据中，辅助用户检查。

(7)文档查阅：提供历史数据的pdf文档查阅和相关法律法规的文档查阅。

(8)数据管理：方便用户对基础地理信息数据、规划业务审批数据、多媒体资料及相关文档的增删改操作。

(9)权限管理：系统提供两种用户权限。一个是普通用户，只能使用数据，不能修改数据；二是管理员用户，可对数据进行增删改操作。

(10)数据标准化：根据现有数据整理归类，并整理得出要素集合和相关属性，形成标准化结构数据。

2.2 系统简述

2.2.1 目　的

昆明市历史文化名城保护规划地理信息系统的建设目的，是为开发者明确系统目标、完成编码提供详细参考。

2.2.2 系统名称

系统名称为“昆明市历史文化名城保护规划地理信息系统”。

2.2.3 系统功能

(1)建设历史文化名城保护规划数据管理平台,辅助历史文化名城保护规划的组织编制、规划方案及相关建筑修缮方案技术审查,对历史文化名城保护规划成果数据进行数据整理和建库,实现对相关已批准的、已上报的、已调查的历史城区、历史村镇、历史文化街区、历史地段、文物保护单位、已登记的不可移动文物、历史建筑建立基于地理信息系统(含地形图、规划数据和图形审批数据等)的可查询的电子档案,为历史文化名城保护提供更好的信息化管理和分析辅助决策技术支持。

(2)建立历史文化名城保护对外宣传与公众参与平台,支撑昆明市自然资源和规划局现有的网站平台,做好历史文化名城保护的宣传工作,并通过市民的参与和监督,提高昆明市历史文化名城保护的保护力度,使昆明市历史文化名城保护更具有历史意义,从而推进现代历史文化遗产保护工作的科学化、规范化和公开化,全面提高依法行政能力。

(3)在昆明市自然资源和规划局内部实现数据共建共享,与昆明市自然资源和规划局现有的规划审批系统、网站系统相结合,做到历史文化名城保护系统专题数据与规划审批数据的基础数据相互调用、完全共享,实现基础数据辅助历史文化名城保护系统进行保护规划编制、审批及决策等工作,实现历史文化名城专题数据辅助业务审批人员进行“一书两证”的日常审批工作。

(4)做好与市委办局相关专业信息系统的接口开发。

(5)完成相关标准制度建设,包括历史文化名城保护规划数据标准制定、系统运行相关制度建设,确保系统的顺利实施和运行。

2.3 技术路线

2.3.1 技术路线

(1)系统采用B/S结构,客户端采用Silverlight技术实现,通过Web方式访问系统。

(2)地理数据是用ArcGIS Server10将数据发布成相应的服务。

(3)其中数据维护功能通过ArcMap和ArcCatalog现有工具实现数据维护。

(4)规划管理系统数据导入和备份恢复工具则采用C/S结构实现,并以服务方式运行于服务器上。

2.3.2　系统接口

(1)与 ArcGIS Server 接口实现采用 ArcGIS Silverlight API 实现客户端调用地图数据。

(2)与 ArcSDE 接口实现采用 ArcObject 对象实现地理数据的操作。

(3)与 Oracle 数据库采用 Oracle 数据访问组件并结合 SQL 语句实现数据操作。

(4)其他接口实现均参考实际运用中的需求选择。

(5)与现有规划管理系统数据采用拷贝而不直接连接的方式访问。

(6)系统对外接口将采用 Web Service 方式发布公共访问接口。

2.4　系统架构

系统架构主要包括两个方面,即总体架构和业务系统功能架构。

2.4.1　总体架构

总体架构,如图 2.1 所示。

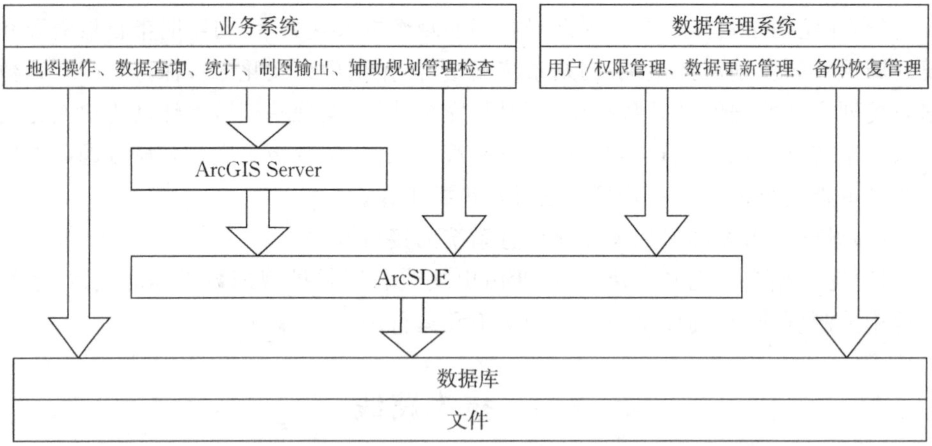

图 2.1　总体架构

2.4.2　业务系统功能架构

业务系统功能架构,如图 2.2 所示。

2.4.3　业务功能模块

1. 登录

用户在浏览器上输入正确的访问地址后,即可显示登录窗口,用户必须输入正确的用户名和密码并通过系统验证后才可进入系统。

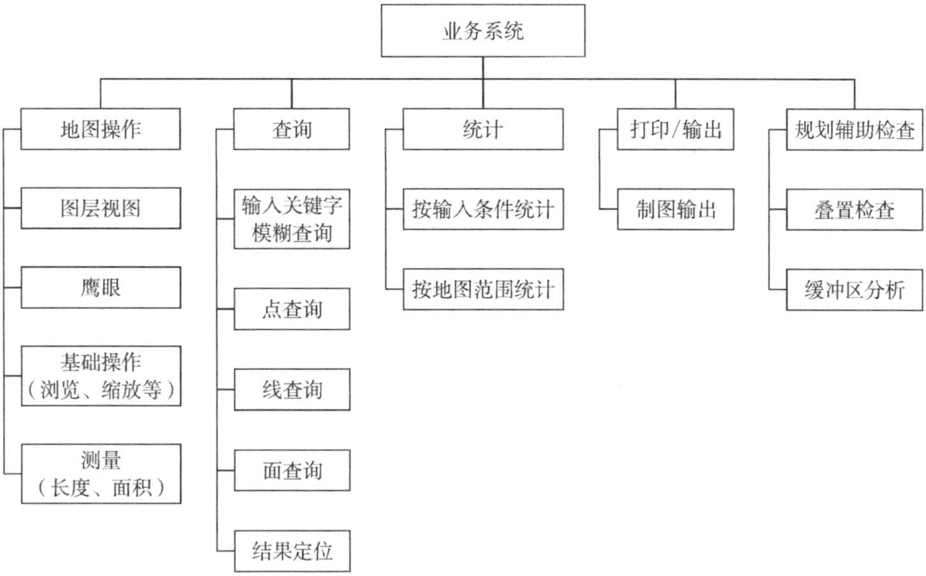

图 2.2　业务系统功能架构

(1)界面表现：用户名输入框、密码输入框和登录按钮(图 2.3)。

(2)约束条件：用户名不能为空，并且长度不能超过 10 个字符；密码不能为空，并且长度不能超过 20 个字符。

图 2.3　登录窗口

(3)操作：用户输入正确的访问地址后即可显示登录界面，待用户输入用户名和密码后按“Enter”键或鼠标左键点击“登录”按钮，系统自动进行用户信息验证。如果信息不完整，系统提示用户输入错误并显示信息为“用户名不能为空，并且长度不能超过 10 个字符”或“密码不能为空，并且长度不能超过 20 个字符”；如果用户输入信息经过系统验证后不正确，则提示用户“用户名或密码错误”；如果通过验证则跳转至系统主界面，如图 2.3 所示。

2. 地图相关操作

1)浏览

用户可按住鼠标左键在地图窗口中拖动鼠标来浏览地图，地图移动跟随鼠标移动一致。用户还可通过点击地图导航控件“上”“下”“左”“右”四个箭头，按箭头方向平移地图。

(1)界面表现：在主界面操作工具条中显示可选中状态的浏览按钮，地图左下角显示导航控件。

(2)约束条件:进入主界面初始状态为选中状态。

(3)操作:用户进入主界面后,在地图窗口中按住鼠标左键并移动,地图随鼠标移动方向做相应的移动。释放鼠标左键则停止移动地图。当用户点击导航控件中的“上”“下”“左”“右”四个箭头时,地图也随点击的箭头方向做相应的平移。用户选择其他操作按钮时,浏览按钮弹起,变成未选中状态,此时按住鼠标左键在地图上移动时,地图不会随鼠标移动而移动。

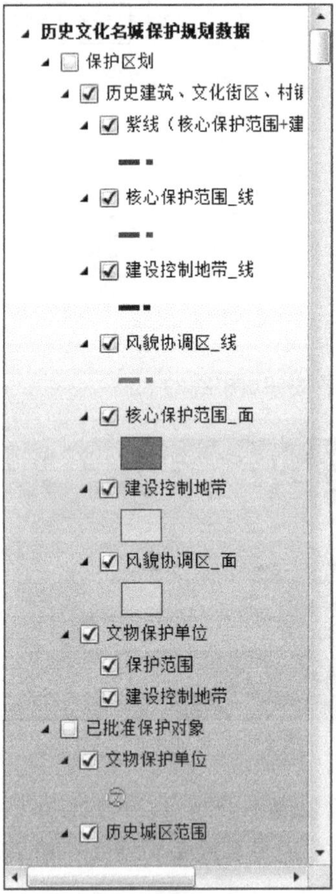

图 2.4　图层列表

2)图层控制

用户查看系统当前加载的图层视图,并可在视图中选择需要显示的图层。

(1)界面表现:地图窗口右侧显示图层视图树(图 2.4)。

(2)约束条件:初始化只选中影像图。

(3)操作:用户进入主界面后,如果图层尚未加载完成,则视图树显示加载进度。一旦加载完成后将展开所有图层节点,并只选中影像图。用户可随意选择要显示的图层(显示在地图窗口中),取消选择后,相应图层变为隐藏状态。

3)鹰眼

鹰眼视图提供用户在小比例尺下查看主视图在整体视图的相对位置,方便用户在整体视图中查看当前视图位置。

(1)界面表现:鹰眼视图以窗口形式浮动显示在地图右上角,显示区域以红色框表示,中心位置以红色“+”表示(图 2.5)。

(2)约束条件:鹰眼视图比例尺与主视图比例尺比例为 1∶4,鹰眼显示区必须与当前主视图显示区对应,当主图比例尺发生变化时,鹰眼视图比例尺随之变化,显示区红色框始终保持居中;红色矩形框和“+”号线宽 2px,颜色＃FFFF0000;初始化鹰眼窗口为关闭状态。

(3)操作:用户进入主界面后,点击“鹰眼”按钮,即可在地图右上角显示鹰眼窗口。用户放大地图时,鹰眼内视图随之放大。如果移动地图,鹰眼视图也随之移动。当用户按住鼠标左键选中鹰眼中的矩形框移动时,主视图地图也随之移动。以上操作中主视图和鹰眼的范围在移动和缩放时是对应的。其中红色矩形框即表示当前主视图的显示范围。

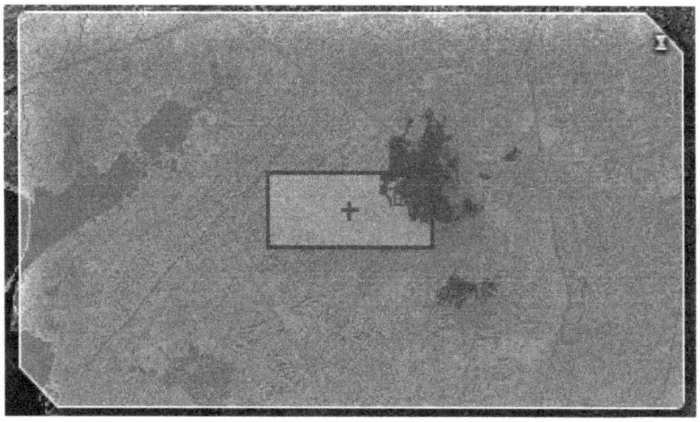

图2.5　鹰　眼

4)地图缩放

地图缩放是根据用户需求,满足用户将地图缩放到理想范围,方便用户查看地图信息的重要功能。

(1)界面表现:当用户缩放地图时,地图根据用户缩放意愿放大或缩小到用户满意的范围。

(2)约束条件:初始化显示全图,最大缩放比例不能超过1∶500,最小缩放比例尺不超过1∶500 000。

(3)操作:鼠标移动至地图窗口,向上滚动鼠标滚轮,地图随之放大,向下滚动鼠标滚轮,地图随之缩小。点击操作工具条中的"放大"按钮,按钮变为选中状态,随之将鼠标移动至地图窗口,按下鼠标左键,在地图中移动鼠标,即可在地图上划出指定大小的矩形框,放开鼠标左键后,地图随之放大至全部显示矩形范围,并移动地图到矩形框中心位置。如果点击操作工具条中的"缩小"按钮,按上述操作后地图缩小并移动到矩形中心位置。

5)全图显示

如果用户看到的地图比例尺比较大,并且不能看到全部地图,这时可以通过全图显示按钮将地图全部展现在地图窗口中。

(1)界面表现:操作工具条中显示全图显示按钮。

(2)约束条件:无。

(3)操作:点击"全图显示"按钮后,地图缩放至1∶500 000全部显示在地图窗口中,并且移动至窗口中央显示。

6)测量

系统为用户提供测量工具,方便用户对建筑物或道路的面积、周长、长度进行测量。系统提供两种测量工具,长度和面积测量,其中面积测量中同时显示面的周长。

(1)界面表现:辅助工具条中显示长度测量和面积测量两个按钮。

(2)约束条件：长度单位为米(m)，面积单位为平方米(m^2)。长度测量轨迹为2px宽蓝色实线，面积测量轨迹为2px宽的红色边线和红色半透明(＃33FF0000)填充面。

(3)操作：点击辅助工具条中的“长度测量”按钮，鼠标指针立刻变为手掌形状，将鼠标移动至地图窗口中，点击鼠标左键选择任意点作为起始点，然后移动鼠标至下一节点点击左键，依次绘制出测量轨迹，其中每相隔两点间显示线段长度在轨迹一侧，跟随鼠标的旁边显示当前绘制轨迹总长度，双击鼠标左键后停止测量，鼠标变为默认指针，并清除测量轨迹。点击辅助工具条中的“面积测量”按钮，鼠标指针立刻变为手掌形状，将鼠标移动至地图窗口中，点击鼠标左键选择任意点作为起始点，然后移动鼠标至下一节点点击左键，依次绘制出测量轨迹，鼠标位置会与起始点自动连接形成测量面，测量面边线每相邻的两点间显示线段长度，跟随鼠标的旁边显示当前绘制轨迹的面积，双击鼠标左键后停止测量，鼠标变为默认指针，并清除测量轨迹(图 2.6、图 2.7)。

图 2.6　长度测量

图 2.7　面积测量

3. **查询定位**

系统为用户提供两种方式查询相关历史文化名城信息，一是地图几何对象选择查询，二是关键字模糊查询。地图几何对象选择查询，即在地图上任意勾勒点、线、面的查询范围，系统自动将范围内包含的和与边界相交的保护对象查询出来。关键字模糊查询即用户可以任意输入关键字，查询出所有保护对象的名称、地址、编号、描述等属性中包含关键字的保护对象(图 2.8)。

1)几何对象选择查询

用户根据需要在地图中先勾勒出查询范围，然后查询出所有在范围内的和与范围边界相交的历史保护对象。

(1)界面表现：辅助工具条中显示点、线、面三个查询按钮。

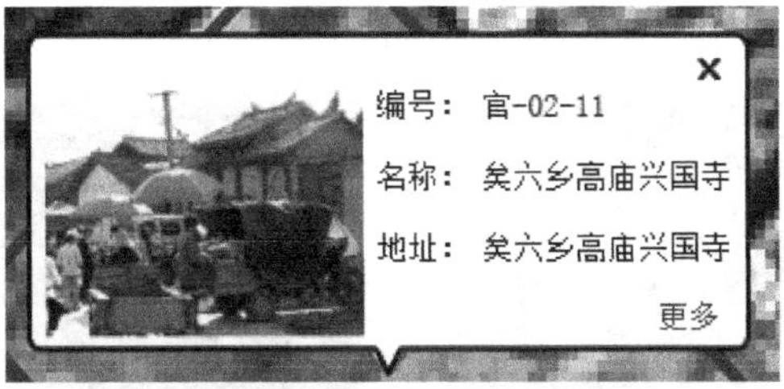

图 2.8　保护对象信息气泡

(2)约束条件：绘制的查询多边形必须是边线无交叉的单个多边形，多边形边界为 2px 宽红色实线，红色半透明(＃33FF0000)填充面；查询线为 2px 宽蓝色实线。

(3)点查询：点击辅助工具条中的"点查询"按钮，按钮变为选中状态，然后将鼠标移动至地图窗口中，在地图上点击鼠标左键选择有效的保护对象后，地图自动缩放到对象最大可视范围，对象上方立刻弹出气泡状说明信息，信息包括对象编号、名称、地址和图片信息(如果没有对应图片则不显示)。如果点击位置没有保护对象则不作任何反应。

(4)线查询：点击辅助工具条中的"线查询"按钮，按钮变为选中状态，然后将鼠标移动至地图窗口中，在地图上选择任意点作为起始点，点击后移动鼠标至下一点，依次绘制查询线轨迹，绘制完成后双击鼠标左键，查询按钮变成未选中状态。待系统查询出和绘制轨迹相交的保护对象后，所有相交保护对象会以列表的形式显示在右侧的查询结果窗口中，并在地图上按编号对应方式为所有查询结果添加编号标识，并自动缩放至所有对象的最大可视范围。选择其中一条后，地图自动缩放至选择的对象，并弹出上述所述气泡信息。如果没有相交对象则不作任何反应。

(5)面查询：点击辅助工具条中的"面查询"按钮，其操作和上述线查询一致。不过绘制轨迹是一个闭合多边形，查询结果为包含在面内和相交于面边界的所有保护对象。

2)关键字模糊查询

用户可随意输入查询关键字，系统自动搜索出与关键字匹配的所有保护对象。

(1)界面表现：图层视图下方显示关键字输入框和查询按钮。

(2)约束条件：关键字必须是有效的非空字符串。

(3)操作：在关键字输入框中输入要查询的保护对象的名称、地址或编号等关键字后，点击"查询"按钮，系统根据输入的关键字和所有保护对象的名称、地址、编号信息进行匹配，如果保护对象信息中包含关键字则视为匹配对象。查找完成后，系统将所有查询结果显示在查询结果列表中，并按查询结果编号，在地图中将所有保护对象标注出来，并缩放到所有匹配对象的最大可视范围。如果没有匹配对象，则不作任何反应。用户可在列表中选中其中一项，地图自动缩放到该项对应的保护对象的最大可视范围，并在地图上弹出信息气泡(图 2.9、图 2.10)。

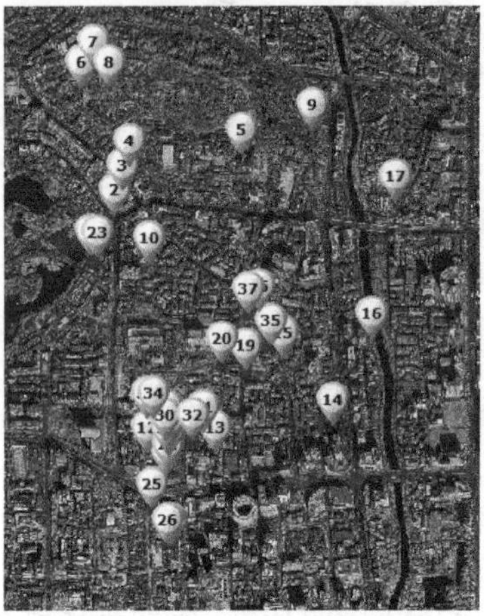

图 2.9 查询结果地图标注

图 2.10 查询结果列表

3)保护对象属性显示

查询出的保护对象中，除基本信息外，还可能有图片资料、视频资料等信息，用户可查看保护对象的所有相关信息。

(1)界面表现：弹出窗口，分为基本信息、图片资料、视频资料三个标签页；基本信息分为两列，根据对象基本信息显示，图片资料以翻页形式显示，视频资料列出所有视频信息并显示播放控件。

(2)约束条件：基本信息来源图层属性，根据图层属性和中文对照关系动态加载属性信息，其中要素编号、要素代码、标识码和 Shape 属性不显示。

(3)操作：用户查询出保护对象后，点击弹出气泡下方的“更多”，即可弹出该信息窗口，初始化显示当前对象所有基本信息；用户可随意选择标签切换到要查看的信息；图片资料显示模拟书本翻页效果，并显示所有页和当前页码；选择视频资料列表中的其中一项，即可播放当前选中的视频信息。如图 2.11 所示。

4)定位

为方便用户在地图中查看保护对象的地理位置，系统提供查询结果定位功能。

(1)界面表现：无。

(2)约束条件：点状对象定位时，缩放比例尺不能超过 1∶500；查询结果编号和定位标识一一对应。

(3)操作：用户查询结果为多项时，结果列表中的编号标识必须和标识在地图上的编号一一对应，并缩放到最大可视化范围内；点击结果查询保护对象时，地图自动缩放到最大可视化范围并将对象显示在地图中央并弹出气泡信息；标识对应如图 2.12 和图 2.13 所示。

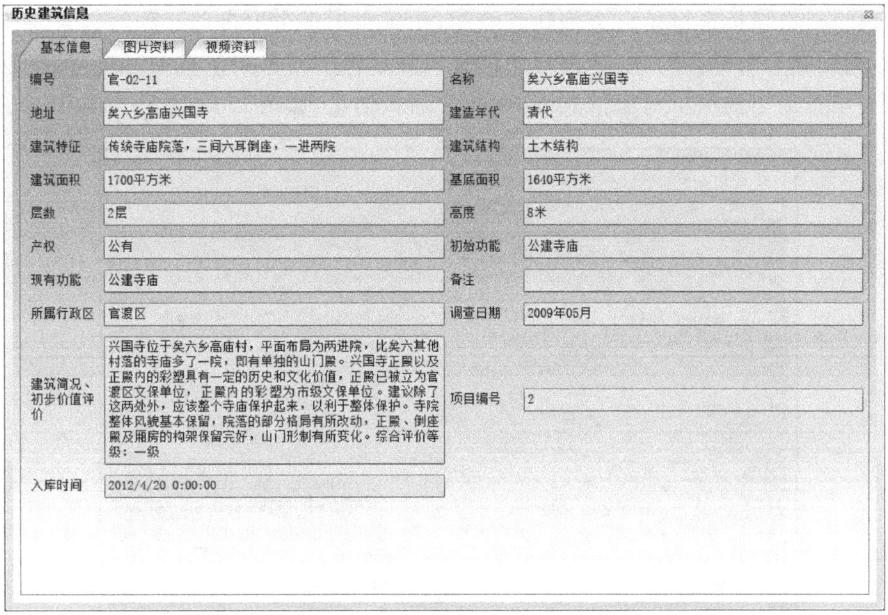

图 2.11　对象信息窗口

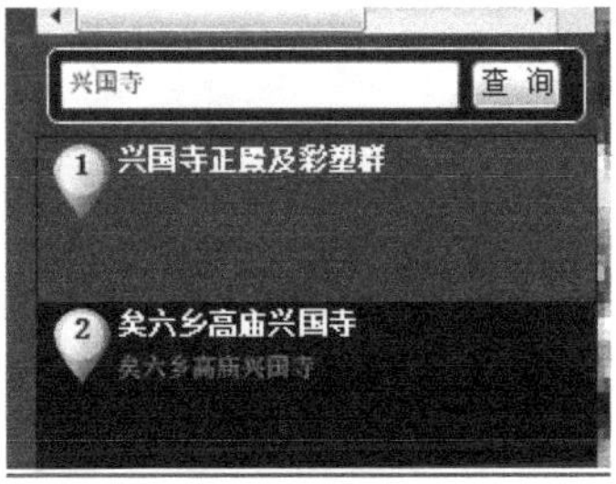

图 2.12　查询结果

图 2.13　地图标识

4. 统计

用户可自定义框选地图中的多边形区域，系统将区域中包含的和与边界相交的保护对象数据统计出来，以图表的方式展现，并可将数据导出。

(1)界面表现：统计图为饼图(图 2.14)，列表以分组的方式展现，显示导出按钮。

(2)约束条件：以地图中的要素对象为准算出其面积，如果是点状对象则面积为 0；如果查询无任何结果，则系统不作任何反应。

(3)操作：选择辅助工具条中的“统计(框选统计)”按钮，此时按钮变为选中状态，将鼠标移动至地图部分，按下鼠标左键选择多边形起始点，依次选择好所需多边形后，双击鼠标左键结束查询轨迹绘制，系统根据多边形自动计算出包含的和与边界相交的所有保护对象，并弹出统计窗口显示保护对象数量饼图，切换标签至列表，显示查询出的保护对象信息，其中包含面积信息，如图 2.15 所示。

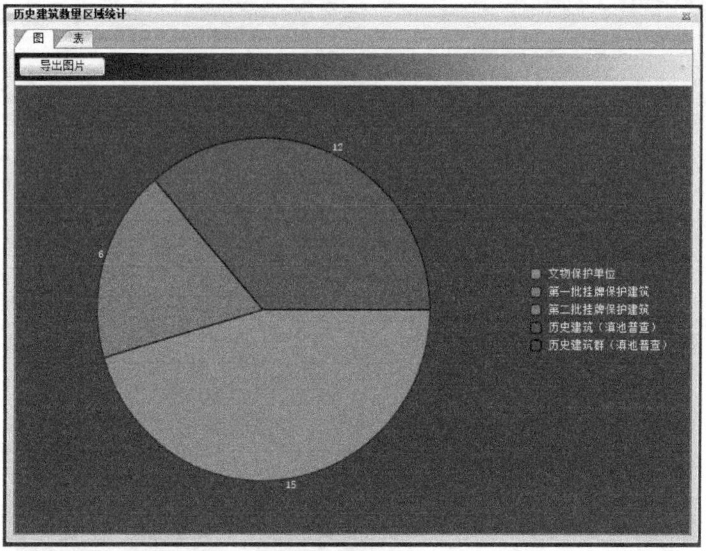

图 2.14 数量统计饼图

编号	名称	地址	占地面积（平方米）
＋ 历史建筑（滇池普查）			
－ 文物保护单位			
五-文-12	卢汉公馆	翠湖南路4号	0.00
五-文-46	李公朴殉难处	圆通街1号	0.00
五-文-15	北门书屋	北门街68号	0.00
五-文-47	北门出版社旧址	北门街10号	0.00
五-文-11	圆通寺	昆明市圆通街	0.00
五-文-16	明代城墙残段	圆通公园内	0.00
五-文-07	朱德旧居	小梅园巷3号、红花巷4号	0.00
五-文-33	金牛街清真寺	金牛街中段	0.00
五-文-35	古路灯	正义路五华坊巷底	0.00
五-文-17	大德寺双塔	华山东路	0.00
五-文-06	中共云南地下党建党旧址	五华区节孝巷39号	0.00
五-文-41	税收告示碑	盘龙江畔区地税务局前	0.00
五-文-58	明永历帝殉国处碑	华山西路坡头	0.00
五-文-45	赵公祠	翠湖南路19号	0.00
盘-文-19	吴澄烈士故居	原灵光街114号附5号（现已拆）	0.00
－ 第一批挂牌保护建筑			
挂-26	东苑别墅	华山东路7、8、9号	588.26

图 2.15 统计列表

5. 文档查阅

系统为用户提供了历史文化名城相关法律法规和文档的查阅功能，同时，为了让用户能迅速地查阅文档，系统还提供了文档名称模糊查询，以便能准确快速地查出文档。

(1)界面表现：主界面中设置文档标签，切换到文档标签时，左侧显示文档列表，右侧显示文档内容。

(2)约束条件：只支持 pdf 文档查阅。

(3)操作：切换至文档标签，文档列表中显示按分类形成的文档树。点击要查看的文档，该文档加载后显示在文档显示区。查询时，输入文档名关键字，点击“查询”按钮，系统由上而下查出第一个符合条件的文档并选中，文档显示区加载选中的文档并显示。如果查询出多个结果，可点击“下一篇”或“上一篇”进行查看。如果查询结果不存在，系统不作任何反应(图 2.16)。

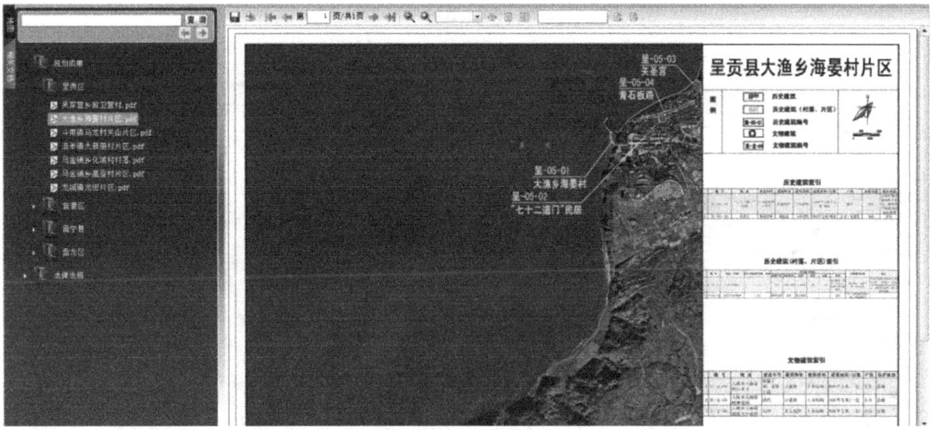

图 2.16　文档查阅

6. 辅助规划检查

1)规划数据查阅

系统除提供历史文化名城相关地理数据供用户查询外，同时从现有规划管理系统中获取相关规划数据一起显示在地图中，辅助用户做出合理的规划方案。

(1)界面表现：图层树中显示规划数据集。

(2)约束条件：规划数据通过系统附带数据同步工具将现有数据拷贝到历史文化名城保护对象数据库中，因此需要管理员事先自定义好规划数据集(MXD 文件)。

(3)操作：系统自动加载用户配置的规划数据，可控制其中图层的可视状态，辅助检查规划设计。

2)CAD图叠置分析

很多规划设计均为CAD图，为了让用户更直观地检查CAD图的正确性，系统可以将CAD图叠加到现有地图数据中查看。

(1)界面表现：辅助分析工具条中显示叠加CAD按钮，选择CAD文件后，显示上传进度，并提示用户等待叠加处理。

(2)约束条件：CAD文件必须是以昆明87坐标系为准的坐标配准图。

(3)操作：点击辅助分析工具条中的“叠加CAD”按钮，即可弹出选择文件窗口，选择要叠加的CAD文件后，系统将其上传至服务器。上传完成后，系统将CAD文件制作成MXD文件，再将MXD文件发布成可访问的ArcGIS Server服务，并将服务地址返回至客户端。客户端根据地址将服务加载到现有地图上并定位到图斑最大可视范围内显示，此时可看到叠加的CAD图在现有地图的最上层(图2.17、图2.18)。

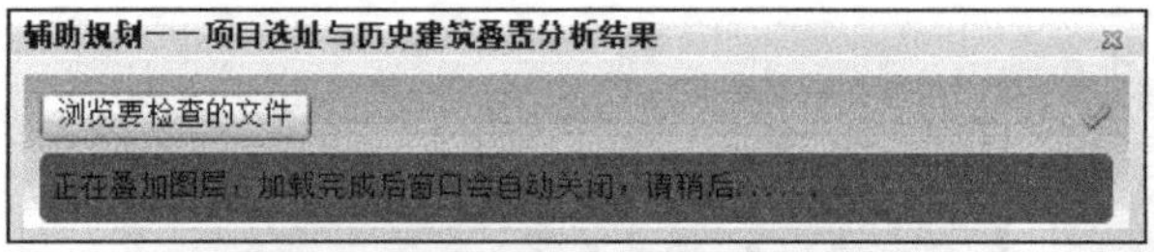

图2.17　辅助规划

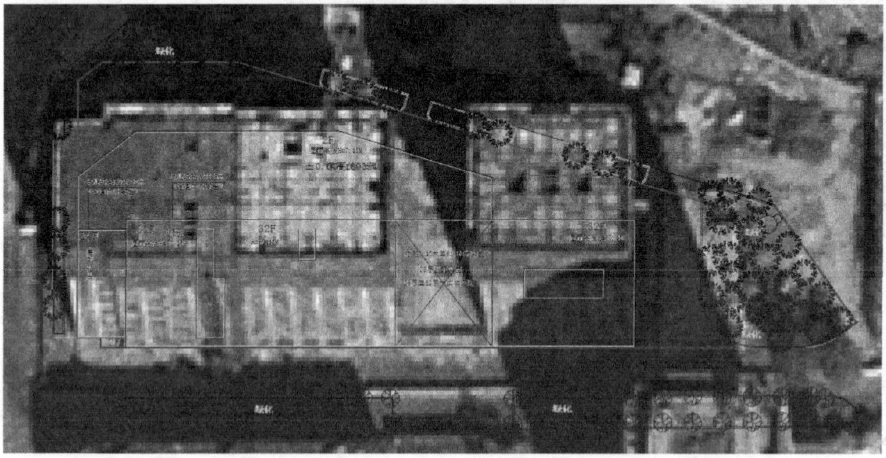

图2.18　CAD文件叠加效果图

3)删除叠加CAD图层

如果现在叠加的CAD图层妨碍用户查看其他信息，系统提供此功能以便用户手动清除叠加的CAD图层。

(1)界面表现：辅助分析工具条中显示清除CAD的功能按钮。

(2)约束条件：如果没有叠加任何CAD图层，系统不作任何反应。

(3)操作：系统将叠加的所有CAD图层记录到客户端，当用户不需要时点击

“清除 CAD”按钮，客户端将所有叠加的图层清除，并通知服务端将这些被清除的图层从 ArcGIS Server 服务器中一并清除。

4)缓冲区分析

所谓缓冲区分析，即以点、线、面三种图形要素为基准，并从三类图形边缘向外扩张到用户指定的距离范围，以此范围查看相关情况。

(1)界面表现：辅助分析工具条中显示点、线、面三种缓冲分析按钮，点击后弹出缓冲距离输入对话框。

(2)约束条件：默认缓冲区为 0.01 m，即用户从界面输入 0 距离时，缓冲区距离也要用 0.01 m，并且缓冲区距离不能为负数；点缓冲中点位置用表示，线缓冲的基准线为蓝色 2px 宽的实线，面缓冲的基准面为红色 2px 宽边界且红色半透明多边形，缓冲区为橙色 2px 宽实线且橙色半透明填充的面。

(3)操作：点击点、线、面缓冲分析按钮的其中一个按钮时，即可弹出缓冲距离输入框，输入需要缓冲的距离，点击“确定”按钮后，将鼠标移动至地图上，绘制对应的轨迹，双击鼠标左键结束绘制(点缓冲分析只需要移动到指定点点击一次即可)。系统以绘制的图形为基准向周围扩张到输入的距离范围，查询是否存在历史文化保护对象。如果存在，则将结果显示在查询列表中，并编号标识在地图上，其余操作可按照查询操作完成(图 2.19)。

图 2.19　缓冲区分析结果

7. 系统辅助功能

系统辅助功能用于用户管理，因此只有具有管理权限的用户才能使用。

用户管理是帮助管理者管理使用者。此功能提供管理者增、删、改使用者信息的功能。系统提供两类权限不同的用户，即普通用户(只可使用数据)和管理员(可管理相关数据)。系统内置一个超级管理员账户，默认用户名为 admin，该默认账户不能删除。

(1)界面表现:用户按分组以树状结构显示在屏幕左侧,右侧是用户基本信息,可根据状态变为可输入和不可输入状态。信息有用户名、登录名、登录密码、用户类型。功能按钮包括添加分组按钮、修改分组按钮、删除分组按钮、添加用户按钮、修改用户按钮和删除用户按钮。

(2)约束条件:用户树不显示超级管理员;用户分组为平行分组,即树状结构只能为两级,每个用户必须分派到一个分组中,登录名不能重复。用户名不能为空且长度不能超过10个字符,登录名不能为空且长度不能超过10个字符,密码长度为6～20个字符,用户类型不能为空;用户分组名称不能重复,分组名称不能为空且长度不能超过20个字符;删除分组时,如果分组下面有用户存在就不能删除该分组。

(3)操作:①添加用户分组时,点击用户树上面的“添加分组”按钮,即可弹出分组名称输入对话框,按条件输入分组名称后点击“确定”按钮,如果分组名重复则提示管理者“由于名称重复不能添加”,如果成功添加分组则自动关闭名称输入对话框,并在用户树中显示当前添加的分组节点。②修改用户分组时,点击用户树上面的“修改分组”按钮,即可弹出分组名称对话框,并显示当前分组的名称,用户可编辑分组名称,编辑好后点击“确定”按钮,如果修改失败则提示失败原因,如果成功则自动关闭对话框,同时更新用户树信息。③删除用户分组时,如果分组下面存在用户,则提示“由于存在用户无法删除分组”的信息,否则提示“是否确定要删除用户分组”,如果确定则执行删除操作,成功删除后更新用户树信息。④添加用户时,必须选中要添加到的分组节点,如果未选中分组节点,则添加按钮不能用。点击“添加”按钮后,用户信息输入框变为可输入状态,按条件输入用户信息后,点击“保存”按钮。如果添加失败则提示用户失败原因,如果添加成功则更新用户树并选中添加的新用户,用户信息输入框变为不可用状态。⑤修改用户时,必须选中要修改的用户,用户信息输入框中显示当前用户基本信息,修改用户信息按钮变为可用状态,否则修改按钮不可用。点击“修改”按钮后,用户信息输入框变为可输入状态,按条件修改用户信息后,点击“保存”按钮。如果保存失败则提示失败原因,如果保存成功则更新用户树并选中修改的用户,用户信息输入框变为不可输入状态。⑥删除用户时,选中要删除的用户,点击鼠标右键即可弹出操作菜单,点击“删除”时,系统提示“是否确定要删除用户”,如果确定要删除则执行删除操作,删除失败时提示失败原因,删除成功则更新用户树信息。⑦移动用户到其他分组时,选中要移动的用户,点击鼠标右键即可弹出操作菜单,将鼠标移动到“移动到〉〉”菜单时,即可显示当前系统内的所有分组名单,选择要移动到的分组后,系统将选定的用户移动到指定分组,并更新用户树信息。

2.4.4　资料管理

1. 文件信息管理

系统提供对保护对象的图片和视频等文件的信息管理功能，即可对这些文件进行增、删、改操作（图 2.20、图 2.21、图 2.22）。

（1）界面表现：保护对象按分类以树状结构显示，对象资料分为图片和视频两个标签项。

（2）约束条件：以文件形式存放在服务器上，需要时下载到本地查看；同一个对象中图片和视频名称不能重复；图片文件支持 jpg、png 格式，视频文件支持 mp4、wmv、avi 格式。

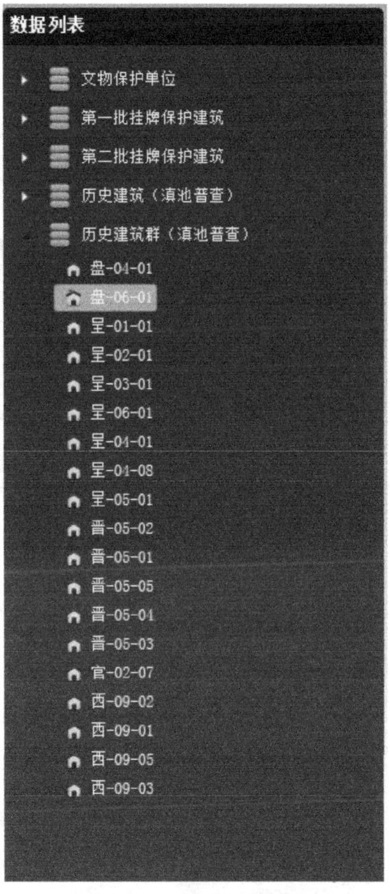

图 2.20　保护对象列表

（3）操作：①添加图片时，必须选择要添加的保护对象，点击“添加”按钮，即可弹出文件选择对话框，选定要添加的文件后，将选择的文件列在文件列表中；确定上传的文件后，点击“上传”按钮，系统逐个将选择的文件上传到服务器指定位置（上传文件目录定义参照附录 A）；成功上传文件后，系统自动刷新图片列表，失败则提示失败原因。②修改图片时，选定要修改的图片，图片名和时间显示在输入框内；待用户编辑好修改信息后，点击“修改”按钮，保存成功后刷新图片列表，失败则提示失败原因。③删除图片时，选定要删除的图片，点击“删除”按钮，提示“是否确定删除图片”，确定则删除图片并刷新图片列表，失败则提示失败原因。④添加视频时，必须选择要添加的对象，点击“添加”按钮，即可弹出文件选择对话框；选定要添加的文件后，将选择的文件列在文件列表中；确定要上传的文件后，点击“上传”按钮，系统逐个将选择的文件上传到服务器指定位置（上传文件目录定义参照附录 A）；成功上传文件后，系统自动刷新视频列表，失败则提示失败原因。⑤修改视频信息时，选择要修改的视频文件，点击“修改”按钮，即可弹出文件名称对话框，并显示当前文件名称；待用户修改文件名称后，点击“确定”按钮，系统将服务器文件重命名，如果存在重名则提示“名称重复”，成功修改后自动刷新视频列表，失败则提示失败原因。⑥删除视频时，选择要删除的视频，点击“删除”按钮，提示“是否确定要删除文件”，确定则将服务器上的文件彻底删除，成功后刷新视频信息列表，失败则提示失败原因。

图 2.21　保护对象图片

图 2.22　保护对象视频

2. 法律法规管理

如图 2.23 所示，该系统提供增、删、改法律法规文档资料的功能。

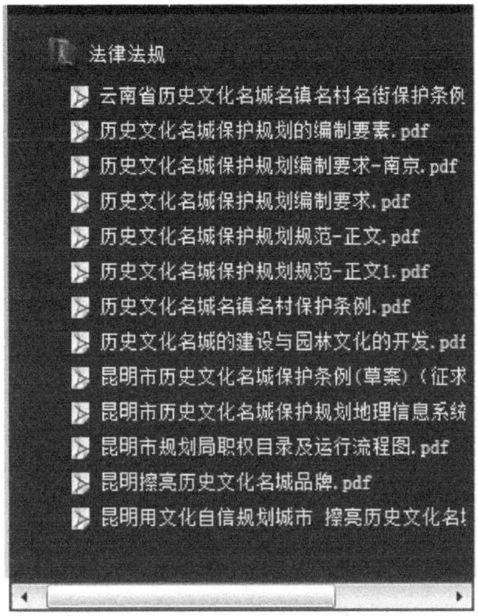

图 2.23　文档列表

(1)界面表现:文档按分组以树状结构显示，文档以 pdf 文件显示在右侧阅读窗口中。

(2)约束条件:上传文档只支持 Word 文档;分组名称不能重复、不能为空且长度不能超过 10 个字符;只能删除空文档的分组。

(3)操作:①添加分组时，点击“添加分组”按钮，即可弹出分组名称输入对话框;待用户按条件输入分组名称后，点击“确定”按钮，系统在服务器指定位置创建该名称的文件夹，如果成功则刷新文档列表，失败则提示失败原因。②修改分组时，选择要修改的分组节点，点击“修改分组”按钮，即可弹出分组名称输入对话框，并且显示当前分组名称;待用户按条件输入名称后，点击“确定”按钮，系统将该文件夹重命名，成功则刷新文档列表，失败则提示失败原因。③删除分组时，选择要删除的分组;如果该分组下面存在文档，则提示“不能删除有文档的分组”，否则提示“是否确定要删除该分组”，确定后系统将服务器的文件夹删除，成功则刷新文档列表，失败则提示失败原因。④添加文档时，选择要添加的文件分组，然后点击“添加文档”按钮，即可弹出选择文件对话框;选定要上传的文件后，检查是否存在重名文件，如果存在则提示“文件已存在”，并将此文件从上传列表排除出去;点击“上传”按钮，系统将文件上传至服务器临时目录，并将文件全部转换为 pdf 文件后移动到指定的分组文件夹下，成功后刷新文档列表，失败则提示失败原因。⑤删除文档时，选择要删除的文档，点击“删除文档”按钮，提示“是否确定要删除文档”，如果确定删除，系统将服务器上该文档彻底删除，成功后刷新文档列表，失败则提示失败原因。

3. 基础数据更新

因历史文化名城中部分数据来自现有规划管理系统，如基础地形数据、控规数据等，所以需要定期更新这些地理信息数据到本系统以供用户使用。基础数据更新分为手动更新和自动更新两种方式。

由于基础地理数据的更新量庞大，并且不频繁，建议用户在需要更新时手动选择更新对象图层进行更新。

自动更新以天为基本单位，考虑不影响现有规划管理系统的正常使用，自动更新的时间设定在凌晨 1:00 开始。对于那些数据量不大且更新频繁的数据建议使用自动更新。

4. 历史文化名城保护数据更新

考虑用户对 ArcMap 工具使用比较熟练，建议历史文化名城保护数据的更新和维护采用 ArcMap 生成 MXD 文件，并通过系统提供的 MXD 文件发布功能，对历史文化名城保护数据进行更新维护。

MXD 文件图层结构必须按照图 2.24 所示结构生成。

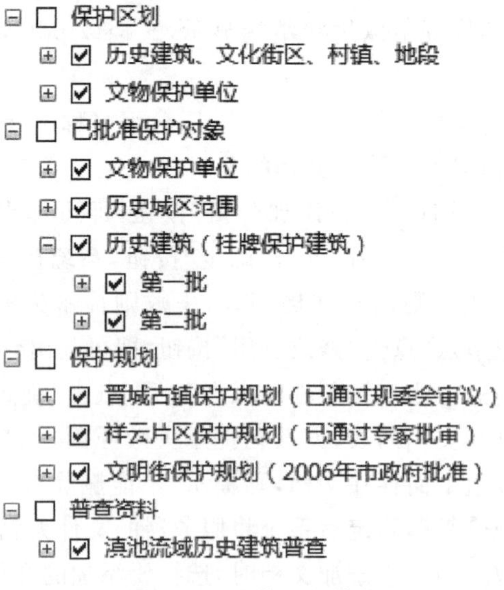

图 2.24 文档图层结构

5. 数据备份与恢复

(1)系统提供自动和手动两种备份方式备份历史文化名城保护信息，手动备份采用 Oracle 冷备份技术进行全库备份，自动备份最大备份数为 10 个备份文件，系统还有自动将最早的文件删除的功能。

(2)系统具备恢复已备份的数据的功能,恢复范围包括自动备份的数据和手动备份数据。

2.4.5　地图服务

1. 基础地形图服务

基础地形图服务如表 2.1 所示。

表 2.1　基础地形图服务

说明	该服务提供获取基础地形图服务
地址	http://地图服务器地址/ArcGIS/rest/services/HCPBasic/MapServer
操作	Export Map、Identify、Find

2. 历史文化名城保护规划图服务

历史文化名城保护规划图服务如表 2.2 所示。

表 2.2　历史文化名城保护规划图服务

说明	该服务提供获取历史文化名城保护规划数据地图服务
地址	http://地图服务器地址/ArcGIS/rest/services/HCPData/MapServer
操作	Export Map、Identify、Find

3. SOAP 服务(对外服务接口)

SOAP 服务(对外服务接口)如表 2.3 所示。

表 2.3　SOAP 服务(对外服务接口)

说明	该服务用于通过保护对象名称关键词检索所有保护对象,并返回匹配的保护对象属性集合
方法	GetAttributesByKey
参数	key(string) 保护建筑名称、地址或编号关键字
返回值	List<FieldCollection >保护对象属性集合
地址	http://主机地址/Services/HCPPublicServices.asmx
输入	<?xml version="1.0" encoding="utf-8"?> <soap:Envelope xmlns:xsi="http://www.w3.org/2001/XMLSchema-instance" xmlns:xsd="http://www.w3.org/2001/XMLSchema" xmlns:soap="http://schemas.xmlsoap.org/soap/envelope/"> <soap:Body> <GetAttributesByKey xmlns="http://tempuri.org/"> <key>兴国寺</key> </GetAttributesByKey> </soap:Body> </soap:Envelope>

续表

输出	<?xml version="1.0" encoding="utf-8"?> <ArrayOfArrayOfFieldModel xmlns:xsi="http://www.w3.org/2001/XMLSchema-instance" xmlns:xsd="http://www.w3.org/2001/XMLSchema" xmlns="http://tempuri.org/"> <ArrayOfFieldModel> <FieldModel> <FieldName>编号</FieldName> <FieldValue>官-文-09</FieldValue> </FieldModel> <FieldModel> <FieldName>名称</FieldName> <FieldValue>兴国寺正殿及彩塑群</FieldValue> </FieldModel> <FieldModel> <FieldName>地址</FieldName> <FieldValue /> </FieldModel> <FieldModel> <FieldName>建造年代</FieldName> <FieldValue>清代</FieldValue> </FieldModel> <FieldModel> <FieldName>建筑特征</FieldName> <FieldValue /> </FieldModel> <FieldModel> <FieldName>建筑结构</FieldName> <FieldValue /> </FieldModel> <FieldModel> <FieldName>建筑面积</FieldName> <FieldValue /> </FieldModel> <FieldModel> <FieldName>层数</FieldName> <FieldValue /> </FieldModel> <FieldModel> <FieldName>产权</FieldName>

续表

输出	<FieldValue>公有</FieldValue> </FieldModel> <FieldModel> <FieldName>保护级别</FieldName> <FieldValue>市级</FieldValue> </FieldModel> <FieldModel> <FieldName>所属行政区</FieldName> <FieldValue>官渡区</FieldValue> </FieldModel> <FieldModel> <FieldName>项目编号</FieldName> <FieldValue>2</FieldValue> </FieldModel> <FieldModel> <FieldName>入库时间</FieldName> <FieldValue>2012/4/20 0:00:00</FieldValue> </FieldModel> </ArrayOfFieldModel> <ArrayOfFieldModel> <FieldModel> <FieldName>编号</FieldName> <FieldValue>官-02-11</FieldValue> </FieldModel> <FieldModel> <FieldName>名称</FieldName> <FieldValue>矣六乡高庙兴国寺</FieldValue> </FieldModel> <FieldModel> <FieldName>地址</FieldName> <FieldValue>矣六乡高庙兴国寺</FieldValue> </FieldModel> <FieldModel> <FieldName>建造年代</FieldName> <FieldValue>清代</FieldValue> </FieldModel> <FieldModel> <FieldName>建筑特征</FieldName> <FieldValue>传统寺庙院落，三间六耳倒座，一进两院</FieldValue>

续表

输出	</FieldModel> <FieldModel> <FieldName>建筑结构</FieldName> <FieldValue>土木结构</FieldValue> </FieldModel> <FieldModel> <FieldName>建筑面积</FieldName> <FieldValue>1700 平方米</FieldValue> </FieldModel> <FieldModel> <FieldName>基底面积</FieldName> <FieldValue>1640 平方米</FieldValue> </FieldModel> <FieldModel> <FieldName>层数</FieldName> <FieldValue>2 层</FieldValue> </FieldModel> <FieldModel> <FieldName>高度</FieldName> <FieldValue>8 米</FieldValue> </FieldModel> <FieldModel> <FieldName>产权</FieldName> <FieldValue>公有</FieldValue> </FieldModel> <FieldModel> <FieldName>初始功能</FieldName> <FieldValue>公建寺庙</FieldValue> </FieldModel> <FieldModel> <FieldName>现有功能</FieldName> <FieldValue>公建寺庙</FieldValue> </FieldModel> <FieldModel> <FieldName>备注</FieldName> <FieldValue /> </FieldModel> <FieldModel> <FieldName>所属行政区</FieldName>

续表

输出	<FieldValue>官渡区</FieldValue> </FieldModel> <FieldModel> <FieldName>调查日期</FieldName> <FieldValue>2009 年 05 月</FieldValue> </FieldModel> <FieldModel> <FieldName>建筑简况、初步价值评价</FieldName> <FieldValue>兴国寺位于矣六乡高庙村，平面布局为两进院，比矣六其他村落的寺庙多了一院，即有单独的山门殿。兴国寺正殿以及正殿内的彩塑具有一定的历史和文化价值，正殿已被立为官渡区文保单位，正殿内的彩塑为市级文保单位。建议除了这两处外，应将整个寺庙保护起来，以利于整体保护。寺院整体风貌基本保留，院落的部分格局有所改动，正殿、倒座殿及厢房的构架保留完好，山门形制有所变化。 综合评价等级：一级</FieldValue> </FieldModel> <FieldModel> <FieldName>项目编号</FieldName> <FieldValue>2</FieldValue> </FieldModel> <FieldModel> <FieldName>入库时间</FieldName> <FieldValue>2012/4/20 0:00:00</FieldValue> </FieldModel> <FieldModel> <FieldName>SHAPE. AREA</FieldName> <FieldValue>1384. 76453888</FieldValue> </FieldModel> <FieldModel> <FieldName>SHAPE. LEN</FieldName> <FieldValue>150. 55954674615</FieldValue> </FieldModel> </ArrayOfFieldModel> </ArrayOfArrayOfFieldModel>

2.4.6 对外宣传

历史文化名城保护规划作为昆明市自然资源和规划局一项重要工作，因此将对外宣传作为昆明市自然资源和规划局门户网中的一个专题网站，方便用户了解历史文化名城保护规划相关信息，网站结构如图 2.25 所示。

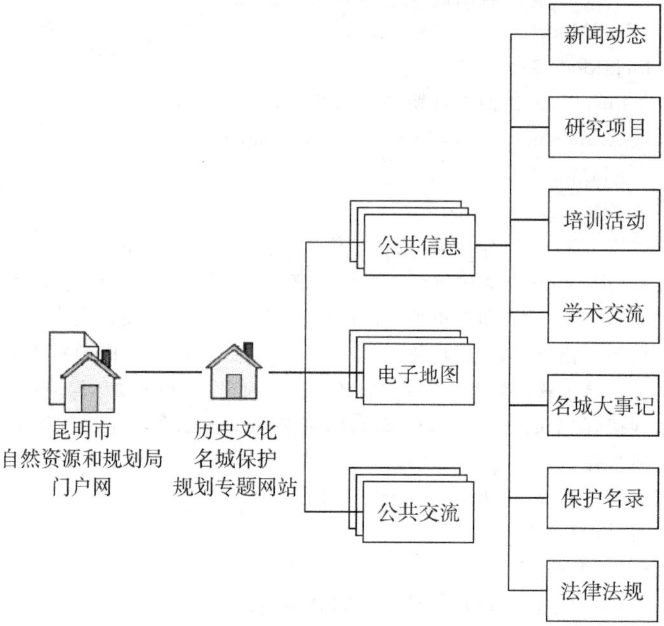

图 2.25 对外宣传网站结构

2.5 系统建设网络保障

2.5.1 软硬件及网络的需求

配置 3 台浪潮 NF5280M4 服务器，即 CPU 处理器为 2 颗 8 核 Intel Xeon E5-2620v4(2.1GHz/8GT/20ML3)，支持 Intel-VT 硬件辅助虚拟化技术；内存为 16 GB DDR4-2133 MHz ECC，最大支持内存插槽 24 个；硬盘为 3 块 300 GB 2.5 英寸 SAS 热插拔。

存储配置(磁盘配置)：单盘 1.2 TB SAS 硬盘 20 块，裸容量 24 TB。

网络配置：云平台与昆明市自然资源和规划局网络机房间配置 100 M 数据专线，网络机房至各分局及下属单位配置 50 M 数据专线。

1. 硬件、网络平台配置

专享云管理平台需要部署在单独的物理服务器上，采用虚拟化部署，同时考虑到业务管理的持续性，采用主备方式部署 vCenter 管理平台，因此需配置两台物理服务器作为管理服务器。

2. 虚拟化平台

基于 VMware vSphere 的虚拟数据中心由基本物理构建块(如 x86 虚拟化服

务器、存储器网络和阵列、IP 网络、管理服务器和桌面客户端)组成。

vSphere 数据中心拓扑内容如图 2.26 所示。

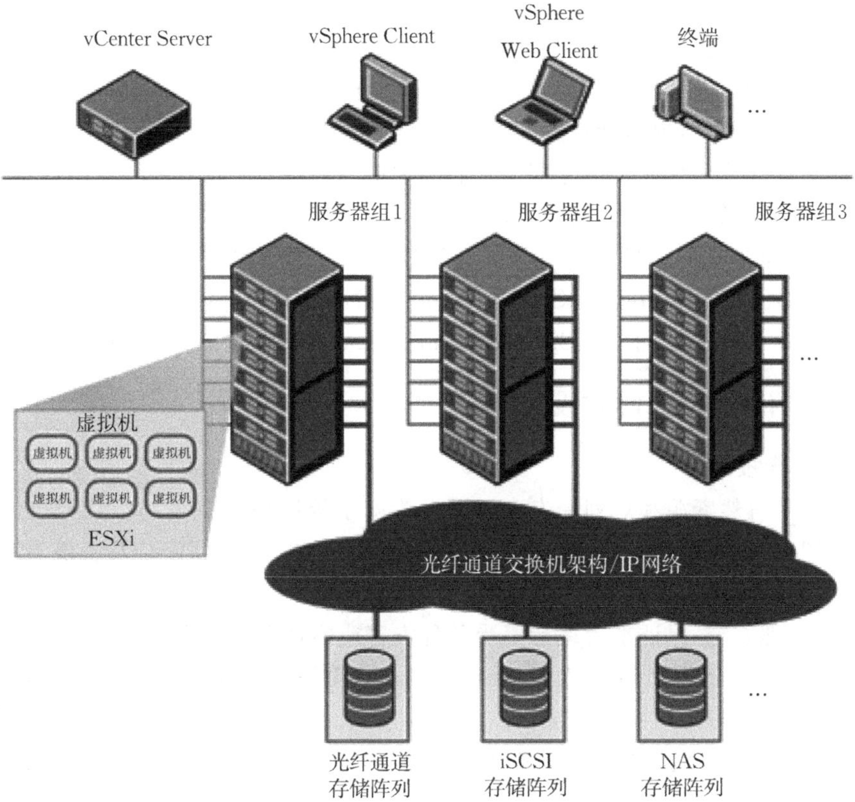

图 2.26　vSphere 数据中心的物理拓扑图

其中包括：

(1)计算服务器。在裸机上运行 ESXi 的业界标准 x86 服务器。ESXi 软件为虚拟机提供资源,并运行虚拟机。每台计算服务器在虚拟环境中均称为独立主机。可以将许多配置相似的 x86 服务器组合在一起,并与相同的网络和存储子系统连接,以便提供虚拟环境中的资源集合(称为群集)。

(2)存储网络和阵列光纤通道。SAN 阵列、iSCSI SAN 阵列和 NAS 阵列是广泛应用的存储技术,VMware vSphere 支持这些技术以满足不同数据中心的存储需求。存储阵列通过存储区域网络连接到服务器组并在服务器组之间共享。此安排可实现存储资源的聚合,并在将这些资源置备给虚拟机时使资源存储更具灵活性。

(3)IP 网络。每台计算服务器都可以有多个物理网络适配器,为整个 VMware vSphere 数据中心提供高带宽和可靠的网络连接。

(4)vCenter Server。vCenter Server 为数据中心提供一个单一控制点。它提供基本的数据中心服务,如访问控制、性能监控和配置功能。它将各台计算服务器中的资源统一在一起,使这些资源在整个数据中心中的虚拟机之间共享。其原理是:根据系统管理员设置的策略,管理虚拟机到计算服务器的分配,以及资源到给定计算服务器内虚拟机的分配。在 vCenter Server 无法访问(如网络断开)的情况下(这种情况极少出现),计算服务器仍能继续工作。服务器可单独管理,并根据上次设置的资源分配继续运行分配给它们的虚拟机。在 vCenter Server 的连接恢复后,它就能重新管理整个数据中心。

(5)管理客户端。VMware vSphere 为数据中心管理和虚拟机访问提供多种界面。这些界面包括 VMware vSphere Client(vSphere Client)、vSphere Web Client(用于通过 Web 浏览器访问)或 vSphere Command-Line Interface(vSphere CLI)。

2.5.2 信息安全保障建设思路

1. 安全技术

昆明市自然资源和规划局专享云平台为安全等级保护 2 级,其为专享云平台提供物理安全、网络安全、主机安全、应用安全、安全管理、数据安全及备份等功能。

2. 安全管理

(1)物理安全,保证平台运行不受各种灾害或物理设备老化等因素的影响。

(2)网络安全,防止非法入侵,并对网络通信流等进行有效监控,对潜在威胁进行有效防范,保障网络的正常工作。

(3)信息传输安全,数据传输过程中采用加密手段,采用国家批准使用的密码算法对数据加密,保证数据安全。

(4)信息存储安全,采用先进的数据存储和备份技术及设备,确保信息安全。

(5)信息访问安全,对数据资源访问设定访问等级和授权数据管理,提供数据资源访问的安全审计。

(6)制度安全,制定机房管理、系统维护、数据备份、应急措施等安全管理制度和措施。

(7)身份认证,基于电子政务外网身份认证体系对用户进行管理。

(8)防止计算机病毒,安装防病毒软件,防止计算机病毒对系统造成破坏。

2.5.3 分步实施安全体系

1. 物理安全

昆明市政务中心位于昆明市呈贡信息产业园区内,机房安全方面有门禁系统、视频监控系统,进出机房的维护人员必须进行登记,有专业工程师 24 小时值守,每天有专业工程师对机房内的设备进行日常巡检。整体情况如下:

(1)二层及三层为数据中心机房,每层 2 000 平方米,共有 8 个机房模块,每个机房模块含 87 台机柜,包括 6 台电源列头柜、6 台弱电列头柜及 75 台服务器机柜。单机柜功耗设计容量为 4.5 kW。每个机房模块配置了 5 台 100 kW 下送风机房专用空调(4 主 1 备),总计可以容纳 696 台机柜。

(2)设计 PUE 值为 1.4。

(3)机房标准按照 A 类机房建设标准建设。

(4)设计理念为安全、节能、智慧。

(5)装修风格为简约、实用。

2. 网络安全解决方案设计

互联网与专网接入区域,需要在网络出口处采取必要的强制访问控制措施,如防火墙设备,但主要目的是限制对其他安全区域的非法访问,特别是限制对业务应用服务区与云计算服务区的访问,并且主要提供网络层防火墙。

在互联网与专网接入区域的边界部署两台高性能防火墙设备,并在防火墙上配置访问控制策略,通过源地址、目标地址、协议、端口号、用户、时间等因素,限制互联网与专网接入区域的终端对外部的访问。

建议防火墙采用双机的方式,与内外网及其他专网接入区域原有的双链路环境配合,确保系统的高可用性,并解决以下安全问题。

1)保护脆弱的服务

过滤不安全的服务,防火墙可以极大地提高网络安全。例如,防火墙可以禁止终端通过 NIS、NFS、finger 等方式访问应用服务器,其中一些来自高端口的访问会对服务器造成攻击,原因是这些服务在服务器上没有被及时关闭;此外,防火墙还可以拒绝源路由和 ICMP 重定向封包等安全威胁,如果互联网与专网接入区域内的终端发出了这些访问请求,部署在互联网与专网接入区域边界的防火墙将自动阻断此类访问。

2)控制对系统的访问

防火墙可以设置对系统的访问控制,根据访问控制规则,限制了外部终端可以访问的目标主机。例如,防火墙只允许互联网与专网接入区域终端访问到业务应用服务区与云计算服务器区的指定服务器,访问特定的应用系统。

3)集中的安全管理

防火墙对内部网实现集中的安全管理,在防火墙定义的安全规则可以运用于整个内部网络系统,而不需要在内部网每台机器上分别设立安全策略。例如可以在防火墙内定义不同的用户,而不需要在每台机器上分别安装特定的认证软件。内部用户也只需要经过口令认证即可通过透明代理访问外部网。

4)保护网络拓扑

使用防火墙可以阻止攻击者获取攻击网络系统的有用信息,这里部署的防火墙可限制外部通过 ping、finger 等方式来访问互联网与专网接入区域，从而使得外部攻击者无法了解到互联网与专网接入区域的真实 IP 分配情况，以及网络拓扑情况，更有效地保护了互联网与专网接入区域。

5)记录和统计网络日志

防火墙可以记录和统计通过防火墙的网络通信，提供关于网络使用的统计数据并对非法访问作记录日志，从防火墙或专门的日志服务器提供统计数据，来判断可能的攻击和探测，利用日志可以对入侵和非法访问进行跟踪及事后分析。

针对业务系统的专网接入及互联网接入，应用服务器采用集群化部署，配置负载均衡设备，实现业务访问均匀分布在应用服务器集群上。

针对运维人员通过统一接入的方式，实现用户访问的安全控制。

3. 主机安全解决方案设计

1)身份认证技术

运用数字签名的认证方法认证安全管理员的身份。对于基于 Web 的访问界面来说，它只是一个规则设置界面，SSR 的安全管理员必须通过 SSR 安全登录进去后才可以对界面进行操作，对主客体进行安全标记的设置，界面关闭后不影响 SSR 的运行。

2)强制访问控制 MAC

强制访问控制 MAC 分为两大块：一块是基于用户对文件的访问控制，另一块是基于进程对文件的访问控制。进程在运行的时候就绑定了用户主体，因此进程本身也是一个主体，当一个客体受到安全标记的保护的时候，即使 root 用户也无法访问该客体，除非其拥有 MAC 的权限。

在系统访问界面上(如写操作、读操作、杀进程操作等)建立访问控制列表，根据内存中的(即应用层传过来的)标记表，决定主体对客体在该访问界面上是否有权限。

3)基于 Web 的配置管理界面

通过 Web 的方式实现用户对 SSR 的管理配置，在 B/S 的通信模式中实现通信的加密及证书传递，以保证管理者更加方便安全的管理 SSR，也就是用户在远程的 Windows 机器利用 IE/Firefox 等浏览器就可以实现对 SSR 的远程管理。

4)进程保护机制

提供了一套进程保护机制，可以防止恶意用户杀掉重要的系统进程或服务进程，从而保障系统的正常运转，这里客体是进程，即使是 root 用户也无法终止被保护的进程。

通过在进程操作访问界面上，利用内存中的进程和用户的标记，来判断是否有权限让该用户终止该进程。

5)网络强制访问控制

这里主体是用户，客体是网络资源。SSR 把网络资源分为两类，一类是自主地绑定 socket 端口，另一类是远程连接网络资源。SSR 默认情况下是允许任何主体（用户）使用这两个网络资源的，也就是允许所有用户绑定端口及远程连接网络资源。

在相应的网络访问界面上，根据内存中的主客体的安全标记，来判断在该网络访问界面上该用户是否有权限使用网络资源。

6）内核级文件强制访问控制模块

这里文件为客体，主体是 SSR 中选取两个，一个是用户（GID），一个是进程（进程名的绝对路径），并为这些主客体加上安全标记。在系统访问界面这一层建有两张表，来旁路 DAC 操作，实现强制访问控制（MAC）。当针对同一客体时，SSR 提供了三个策略供用户选择，也就是用户主体优先的 MAC 及进程主体优先的 MAC，还有就是同时满足的 MAC 策略。

对于文件客体来说，客体绑定了一个双向循环的规则表，该表符合标准的 ACL 机制，同时，主体即用户或者进程也绑定了各自的双向循环的规则表然后在系统的各个文件访问入口加以控制，遍历该规则链表来判断主客体之间是否有权限进行信息交互。

7）内核级进程强制保护模块

这里保护的进程是磁盘上的程序，即客体实质上还是文件，主体是用户。当文件从磁盘上被执行的时候就成了进程，这时客体就变成了进程，强制访问控制也就是在文件被执行变成进程后起作用，所以这是进程的强制访问控制。这样做的好处是可以保护那些将要启动而未启动的进程。

在系统的执行入口 sys_execve()里建立一个 pid 和进程绝对路径相对应的双向循环表，同时在进程客体上绑定一个双向规则链表，在 sys_kill()入口通过第一个链表得到 pid，来与进程客体上的规则链表进行比对判断是否有权限。

8）内核级网络强制访问模块

在网络客体上绑定双向规则链表，并且在 sys_socketcall()入口的 bind、connect 函数里进行拦截，通过规则链表与主体标识的比对，来判断是否有权限执行相关功能，默认情况下禁止所有的用户主体访问网络资源。

9）审计日志技术

日志审计功能是通过内核直接写文件实现的，在各个权限判断的函数入口里都有写日志文件记录时间的行为，日志格式以二进制形式存放在 SSR/log 目录下，SSR 自身对日志文件进行了保护，日志结构分为各个事件的 ID、行为字段、时间、成功已否等，并且按照顺序排列，目前不具备手动排序功能。

10）恶意代码防范

（1）安装防恶意代码软件，并及时更新防恶意代码软件的版本和恶意代码库。

（2）主机防恶意代码产品应具有与网络防恶意代码产品不同的恶意代码库。

(3)应支持防恶意代码的统一管理。

11)虚拟机之间的访问安全

业务系统之间通过虚拟防火墙或虚拟安全网关等技术,实现虚拟机间的安全隔离。

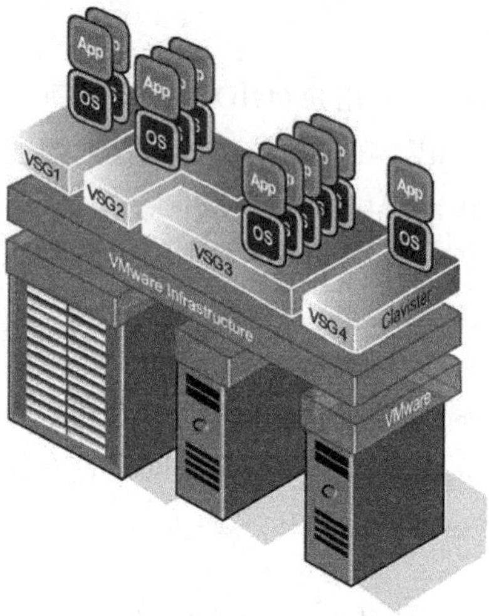

图 2.27　虚拟防火墙部署图

虚拟防火墙本身是一个虚拟机,结合虚拟化环境下虚拟交换机的使用,在一台或多台物理服务器下,形成了虚拟防火墙与虚拟交换机搭建的虚拟的三层网络结构,与传统的防火墙、交换机部署功能类似。一个虚拟防火墙可以管理一台或者多台虚拟机,为虚拟机提供安全防护和访问控制功能。通过部署虚拟防火墙,逻辑上数据中心的整体结构域传统模式没有变化,使得虚拟化部署不让网络结构变得更复杂的同时,使安全管理更为简单明了(图 2.27)。

虚拟防火墙安全功能实现过程,如图 2.28 所示,当一个终端对云内虚拟机进行访问的时候,数据包会经过虚拟防火墙进行安全检测,检测符合访问规则的数据将会转发至虚拟机上,非法访问的数据将被阻断。同样,虚拟机之间的访问,数据流也会通过虚拟防火墙进行过滤,符合策略的访问才能被运行。

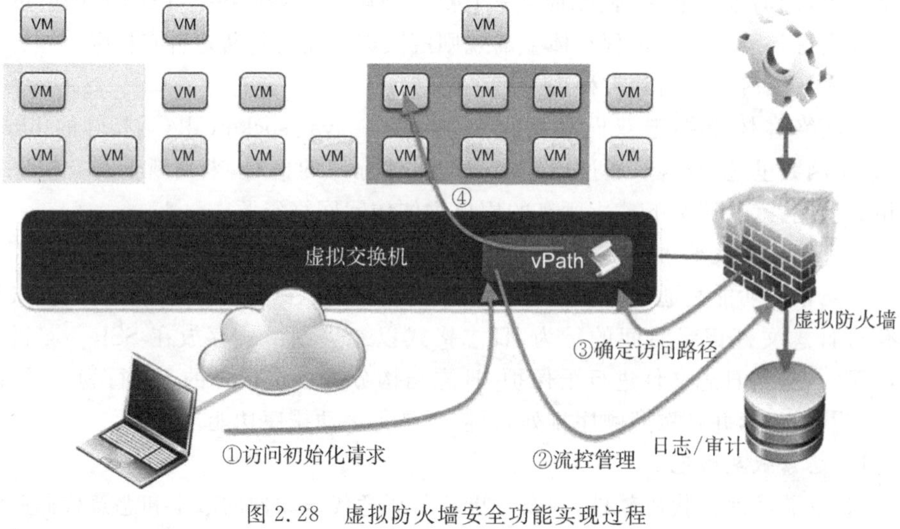

图 2.28　虚拟防火墙安全功能实现过程

可以在各子云内以业务系统为单位或者以使用部门为单位进行安全域的划分，每个业务系统或者部门的虚拟机同处于一个虚拟防火墙之下的安全域，针对整体做安全策略。对数据的安全使用和访问建立一道屏障。

4. 应用安全解决方案设计

信息系统对应用安全的防护，必须符合以下技术要求：

1）身份鉴别（S3）

（1）提供专用的登录控制模块对登录用户进行身份标识和鉴别。

（2）对同一用户采用两种或两种以上组合的鉴别技术实现用户身份鉴别。

（3）提供唯一用户身份标识和鉴别信息复杂度的检查功能，保证应用系统中不存在重复的用户身份标识，身份鉴别信息不易被冒用。

（4）应提供登录失败处理功能，可采取结束会话、限制非法登录次数和自动退出等措施。

（5）启用身份鉴别、用户身份标识唯一性检查、用户身份鉴别信息复杂度检查及登录失败处理功能，并根据安全策略配置相关参数。

2）访问控制（S3）

（1）提供访问控制功能，依据安全策略控制用户对文件、数据库表等客体的访问。

（2）访问控制的覆盖范围应包括与资源访问相关的主体、客体及它们之间的操作。

（3）由授权主体配置访问控制策略，并严格限制默认账户的访问权限。

（4）授予不同账户为完成各自承担任务所需的最小权限，并在它们之间形成相互制约的关系。

（5）具有对重要信息资源设置敏感标记的功能。

（6）依据安全策略严格控制用户对有敏感标记重要信息资源的操作。

3）安全审计（G3）

（1）提供覆盖到每个用户的安全审计功能，对应用系统重要安全事件进行审计。

（2）保证无法单独中断审计进程，无法删除、修改或覆盖审计记录。

（3）审计记录的内容至少应包括事件的日期、时间、发起者信息、类型、描述和结果等。

（4）提供对审计记录数据进行统计、查询、分析及生成审计报表的功能。

4）剩余信息保护（S3）

（1）保证用户鉴别信息所在的存储空间被释放或再分配给其他用户前得到完全清除，无论这些信息是存放在硬盘上还是存放在内存中。

（2）保证系统内的文件、目录和数据库记录等资源所在的存储空间被释放或重新分配给其他用户前得到完全清除。

5)通信完整性(S3)

采用密码技术保证通信过程中数据的完整性。

6)通信保密性(S3)

(1)在通信双方建立连接之前,应用系统应利用密码技术进行会话初始化验证。

(2)对通信过程中的整个报文或会话过程进行加密。

7)抗抵赖(G3)

(1)具有在请求的情况下为数据原发者或接收者提供数据原发证据的功能。

(2)具有在请求的情况下为数据原发者或接收者提供数据接收证据的功能。

8)软件容错(A2)

(1)提供数据有效性检验功能,保证通过人机接口输入或通过通信接口输入的数据格式或长度符合系统设定的要求。

(2)提供自动保护功能,当故障发生时自动保护当前所有状态,保证系统能够进行恢复。

9)资源控制(A2)

(1)当应用系统的通信双方中的一方在一段时间内未作任何响应,另一方应能够自动结束会话。

(2)能够对应用系统的最大并发会话连接数进行限制。

(3)能够对单个账户的多重并发会话进行限制。

第3章　历史文化名城保护规划地理信息系统详细设计

3.1　规划方法

企业系统规划方法要求所建立的信息系统支持企业目标、表达所有管理层次的要求、向企业提供一致性信息、对组织机构的变革具有适应性实质，即企业系统规划方法是把企业目标转化为信息系统战略的全过程。企业系统规划方法是从企业目标入手，逐步将企业目标转化为管理信息系统的目标和结构，从而更好地支持企业目标的实现。

根据昆明市自然资源和规划局的行政职能和管理定位，结合《昆明市规划信息化发展规划》的总体要求，采用企业系统规划（business system planning，BSP）方法，作为昆明市历史文化名城保护规划地理信息系统的系统规划基础理论，落实昆明市历史文化名城保护规划工作中近期和长期的信息需求。

3.1.1　BSP的方法原则

（1）一个信息系统必须要支持企业的战略目标。

（2）信息系统的战略必须要表达出企业各个层次的需求。对于任何企业而言，都同时存在战略计划层、管理控制层、操作控制层三个层次的需求。战略计划层负责制定组织的目标，并为实现这一目标制定计划、分配资源。管理控制层负责确认资源的获取及组织目标是否有效地使用这些资源。操作控制层保证有效率地完成任务。

（3）一个信息系统应该向整个企业提供一致的信息。

（4）一个信息系统应该适应组织机构和管理体制的变化。

（5）一个信息系统的战略规划，应该由总体信息系统结构中的子系统开始实现。BSP对于大型信息系统而言是“自上而下”的系统规划，并且进行“自下而上”的分步实施（图3.1）。

3.1.2　BSP的方法目标

BSP的主要目标是提供一个信息系统规划，用于支持企业短期和长期的信息需要。其具体目标可以归纳如下：

（1）为管理者提供一种形式化、客观的方法，明确建立信息系统的优先顺序，而不考虑部门的狭隘利益，并避免主观性。

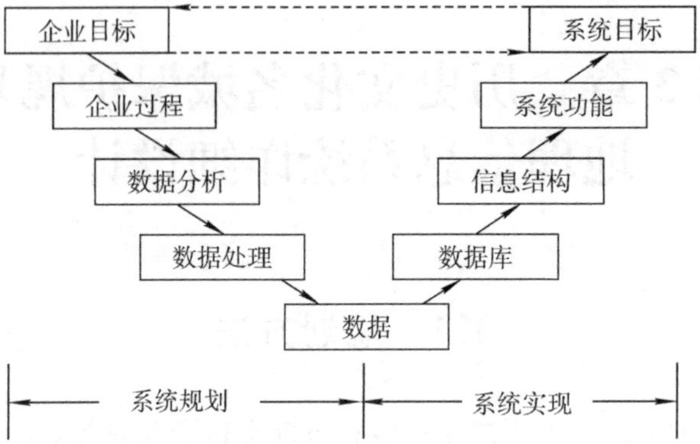

图 3.1　分步实施

(2)为具有较长生命周期的信息系统建设和投资做准备。由于系统是基于业务活动过程而建设的,所以不因机构的改变而失效。

(3)为了以最高效率支持企业目标,BSP 提供数据处理资源的管理。

(4)增加负责人的信心,使其坚信高收益的主要信息系统是能实施成功的。

(5)提供响应用户需求优先的系统以改善系统管理部门与用户之间的关系。

(6)应将数据作为一种企业资源加以确定。为使每个用户更有效地利用这些数据,要对数据进行统一的规划、管理和控制。

3.1.3　规划过程

用 BSP 制定规划是一项系统工程,其主要的工作步骤为(图 3.2):

(1)准备工作。成立由最高领导牵头的委员会,下设一个规划研究组,并提出工作计划。

(2)调研。规划组成员通过查阅资料,深入各级管理层,了解企业有关决策过程、组织职能和部门的主要活动存在的主要问题。

(3)定义业务过程(又称企业过程或管理功能组)。定义业务过程是 BSP 方法的核心。业务过程指的是企业管理中必要且逻辑上相关、为了完成某种管理功能的一组活动。

(4)业务过程重组。业务过程重组是在业务过程定义的基础上,找出哪些过程是正确的,哪些过程是低效的,需要在信息技术支持下进行优化处理。如果有些过程不适合采用计算机进行信息处理,就应当取消。

(5)定义数据类。数据类是指支持业务过程所必需的逻辑上相关的数据。对数据进行分类是按业务过程进行的,即分别从各项业务过程的角度将与该业务过程有关的输入数据和输出数据按逻辑相关性整理出来归纳成数据类。

(6)定义信息系统总体结构。定义信息系统总体结构的目的是刻画未来信息系统的框架和相应的数据类,其主要工作是划分子系统。

(7)确定总体结构中的优先顺序。即对信息系统总体结构中的子系统按先后顺序排出开发计划。

(8)完成研究报告,提出建议书和开发计划。

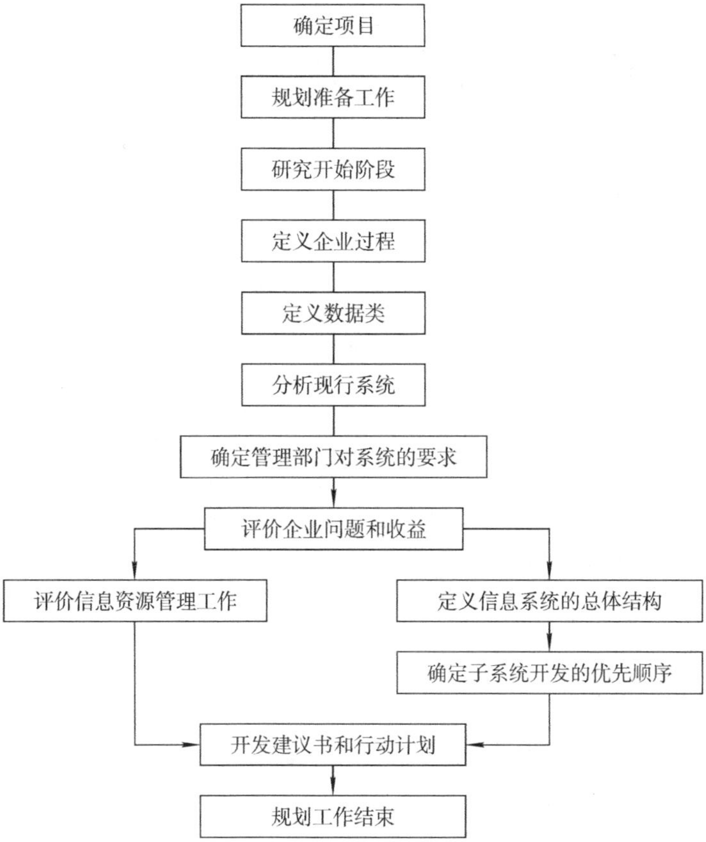

图 3.2　规划过程

3.2　目标和现状

3.2.1　建设目标

1. 战略目标

昆明市历史文化名城保护规划地理信息系统的建设应基于昆明市自然资源和规划局的职能和战略定位进行目标设定。

昆明市自然资源和规划局是昆明市人民政府主管城市规划的行政部门(图 3.3),内设机构 12 个且有 10 个派出机构和 6 个直属企事业单位(图 3.4)。

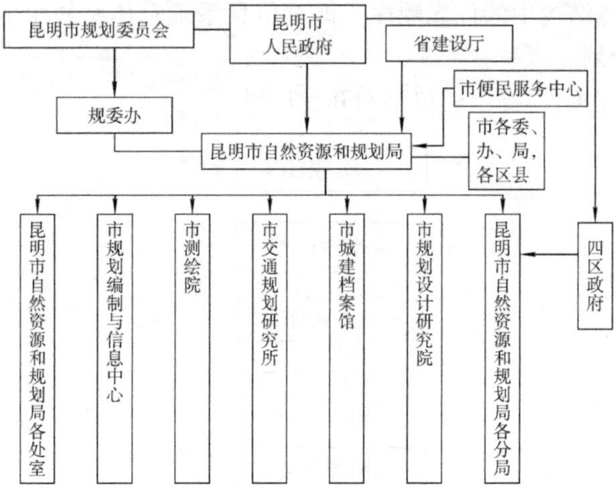

图 3.3　昆明市自然资源和规划局相关行政单位关系

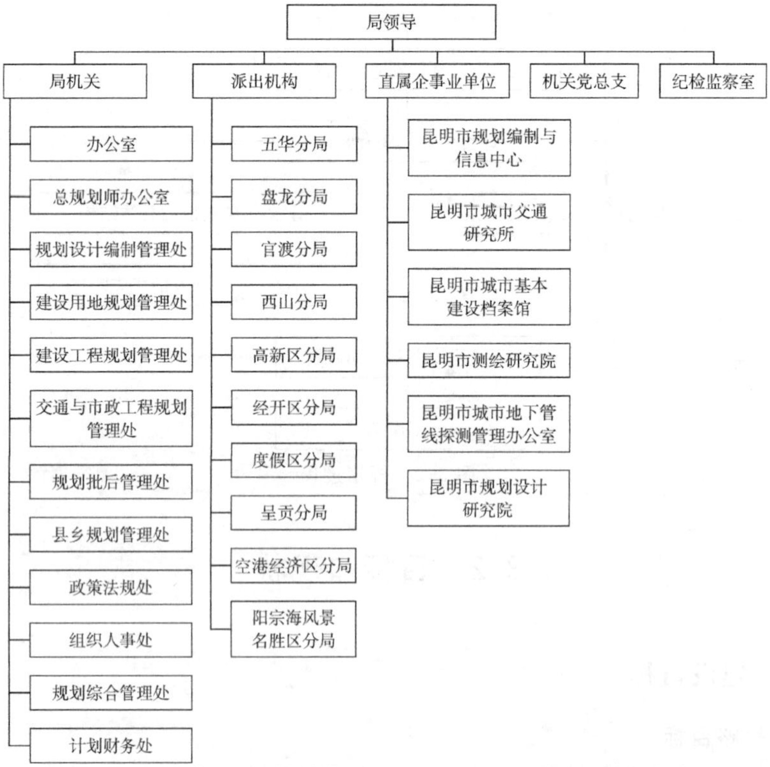

图 3.4　昆明市自然资源和规划局内设机构与下属单位

根据 2011 年 12 月 9 日昆明市人大发布的《昆明市历史文化名城保护条例》中的第五条，“市、县(区)人民政府负责本行政区域历史文化名城保护的管理和监督工作。城乡规划行政主管部门和文化(物)负责历史名城保护和管理的具体工作。发展和改革、财政、住房和城乡建设、城市管理、国土资源、园林、交通、工商、民族宗教、旅游 、环保公安等行政管理部门，按照各自职责做好历史文化名城保护工作”。

根据原昆明市规划局2011年3月发布的《昆明市规划局行政执法制度》中的规定，昆明市自然资源和规划局在历史文化名城保护工作中“负责昆明中心城区(包括主城四区)范围内规划管理工作，核发《建设项目选址意见书》《建设用地规划许可证》《建设工程规划许可证》《乡村建设规划许可证》及核定规划条件；负责城市规划区内历史街区与历史建筑保护相关规划工作，负责城市雕塑方案的审查”。

信息中心负责昆明历史文化名城保护研究，推进历史文化名城保护规划编制工作，推进名城保护、历史文化保护街区及历史文化保护建筑的专项规划技术工作。

2. 系统目标

1)总体目标

昆明市历史文化名城保护规划地理信息系统的总体目标是以地理信息系统技术、计算机技术、数据库技术等高新技术为依托，建立历史文化名城保护规划与保护服务平台。

2)建设内容

系统的主要建设内容包括：

(1)建设历史文化名城保护规划数据管理平台，辅助历史文化名城保护规划的组织编制、规划方案及相关建筑修缮方案技术审查，对历史文化名城保护规划成果数据进行数据整理和建库，实现对相关已批准的、已上报的、已调查的历史城区、历史村镇、历史文化街区、历史地段、文物保护单位、登记不可移动文物、历史建筑建立基于地理信息系统(地形图、规划数据、图形审批数据等)的可查询的电子档案，为历史文化名城保护提供更好的信息化管理和分析辅助决策的技术支持。

(2)建立历史文化名城保护对外宣传与公众参与平台，基于昆明市自然资源和规划局现有的网站平台，做好历史文化名城保护的宣传工作，并通过市民的参与和监督，提高昆明市历史文化名城保护的保护力度，使昆明市历史文化名城保护更具有历史意义，从而推进现代历史文化遗产保护工作的科学化、规范化、公开化，全面提高依法行政能力。

(3)在昆明市自然资源和规划局内部实现数据共建共享，与昆明市自然资源和规划局现有的规划审批系统和网站系统相结合，做到历史文化名城保护规划系统专题数据与规划审批数据的基础数据相互调用、完全共享，实现基础数据辅助历史文化名城保护规划系统进行保护规划编制、审批及决策等工作，实现历史文化名城保护规划专题数据辅助业务审批人员进行“一书两证”的日常审批工作。

(4)做好与市委办局相关专业信息系统的接口开发。

(5)完成相关标准制度建设，包括历史文化名城保护规划数据标准制定、系统运行相关制度建设，确保系统的顺利实施和运行。

3.2.2 基础现状

1. 业务现状

1)行政许可类

表3.1为昆明市自然资源和规划局行政许可类审批事项。

表3.1 昆明市自然资源和规划局行政许可类审批事项

序号	项目名称	设定依据	办理时限（工作日）	公开形式
1	《建设项目选址意见书》核发	《中华人民共和国城乡规划法》《云南省城市规划管理条例》《昆明市城乡规划条例》	7(不含市政府审批)	昆明市自然资源和规划局网站、媒体
2	《建设用地规划许可证》核发	《中华人民共和国城乡规划法》《云南省城市规划管理条例》《昆明市城乡规划条例》	7	昆明市自然资源和规划局网站、媒体
3	《建设工程规划许可证》核发（建筑工程）	《中华人民共和国城乡规划法》《云南省城市规划管理条例》《昆明市城乡规划条例》	7(不含公示及缴费时间)	昆明市自然资源和规划局网站、媒体
4	《建设工程规划许可证》核发（管线工程）	《中华人民共和国城乡规划法》《云南省城市规划管理条例》《昆明市城乡规划条例》《昆明市建设工程行政审批管理办法》	7(不含公示时间)	昆明市自然资源和规划局网站、媒体
5	《建设工程规划许可证》核发（交通工程）	《中华人民共和国城乡规划法》《云南省城市规划管理条例》《昆明市城乡规划条例》《昆明市建设工程行政审批管理办法》	7(不含公示时间)	昆明市自然资源和规划局网站、媒体

2)非行政许可类(不含费用减免)

表3.2为昆明市自然资源和规划局非行政许可类审批事项。

表3.2 昆明市自然资源和规划局非行政许可类审批事项

序号	项目名称	设定依据	办理时限（工作日）	公开形式
1	建设项目规划条件核定(建筑工程)	《中华人民共和国城乡规划法》《云南省城市规划管理条例》《昆明市城乡规划条例》	7	昆明市自然资源和规划局网站、媒体
2	建设项目规划条件核定(管线工程)	《中华人民共和国城乡规划法》《云南省城市规划管理条例》《昆明市城乡规划条例》《昆明市建设工程行政审批管理办法》	7	昆明市自然资源和规划局网站、媒体

续表

序号	项目名称	设定依据	办理时限（工作日）	公开形式
3	建设项目规划条件核定（交通工程）	《中华人民共和国城乡规划法》《云南省城市规划管理条例》《昆明市城乡规划条例》《昆明市建设工程行政审批管理办法》	7	昆明市自然资源和规划局网站、媒体

2. 昆明市自然资源和规划局管理服务

表3.3为昆明市自然资源和规划局管理服务类审批事项。

表3.3　昆明市自然资源和规划局管理服务类审批事项

序号	项目名称	设定依据	办理时限（工作日）	公开形式
1	《建设项目基础验核意见书》核发	《昆明市城乡规划条例》	5	昆明市自然资源和规划局网站、媒体
2	《建设工程规划核实意见书》核发	《中华人民共和国城乡规划法》《昆明市城乡规划条例》	15	昆明市自然资源和规划局网站、媒体

3. 历史文化名城保护规划相关业务审批

昆明市自然资源和规划局采用“区办局审”模式，各项行政审批过程中，对涉及历史文化名城保护规划相关的业务及行政进行审批，均由局窗口、分局窗口接件受理，经各分局或局各处室办理；昆明历史街区与建筑保护办公室负责在业务处理及行政审批过程中，对涉及相关保护的技术部分进行审查，并返回各移交处室审查意见；各分局及局各处室对审批事项汇交规委会讨论审查后落实（图3.5）。

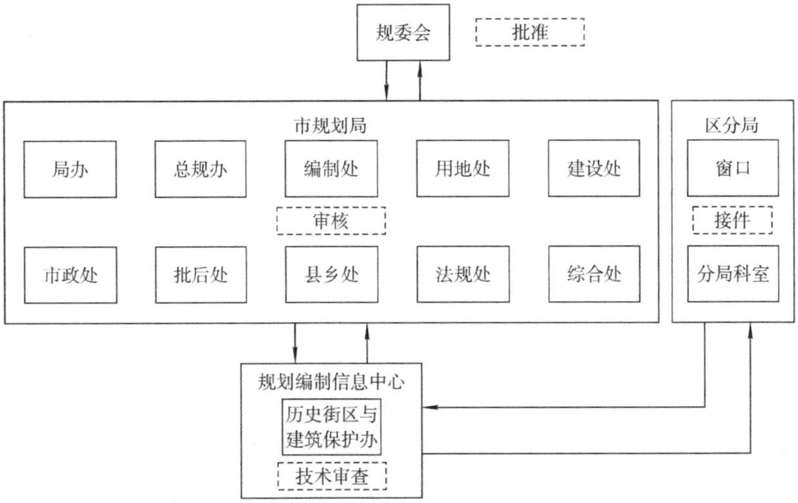

图3.5　“区办局审”模式流程

3.2.3 信息化现状

1. **基础设施**

1)硬件

(1)服务器:2 台 HP 服务器,配置双 CPU(Xeon MP 2.00 GHz),4 GB 内存,集两个千兆网口,配置两块 SCSI 146 GB 硬盘;2 台 HP 服务器,配置双 CPU(Xeon MP 700 MHz),2 GB 内存,千兆网口,配置三块 SCSI 73 GB 硬盘。

(2)存储器:使用 1 台 HP 磁盘阵列,配置一个控制器,配置一个内置式 2 层 8 口的 SAN 交换机,配置 10 块 SCSI 146 GB 硬盘。

(3)捷普防火墙。

2)基础软件

(1)服务器操作系统:Windows 2003 server。

(2)客户端操作系统: Windows XP、Windows 7(32 位)。

(3)客户端软件有:MSOffice、AutoCAD、Oracle 10g。

(4)数据库软件:Oracle 10g。

(5)GIS 平台:ArcGIS 9.3。

3)网络安全产品

(1)捷普信息审计系统。

(2)宝信软件。

(3)瑞星杀毒软件。

(4)网络结构:用市政府行政中心千兆光纤与各分局通过 2M DDN 线路连接。

2. **基础数据**

昆明市自然资源和规划局现有的数据体系大致可以划分为基础地理数据、规划专题数据和其他专题数据,各类数据的建设情况如下。

1)基础地理数据

(1)基础地形线划图,包括 1∶500 比例尺约 4 960 幅,覆盖面积约 310 平方千米;1∶2 000 比例尺约 896 幅,覆盖面积约 896 平方千米;1∶1 万比例尺主要覆盖滇池流域,约 2 920 平方千米。数据格式采用 CAD 和 SDE 格式,存储在 Oracle 数据库中。

(2)数字高程模型,其比例尺为 1∶1 万,覆盖规划区范围(约 4 600 平方千米),采用 img 格式,存放在规管系统中。

(3)影像数据,包括 2004 年获取的分辨率为 2.5 米的 SPOT 影像数据,覆盖全市 2.1 万平方千米;2008 年 1 月又获取了覆盖昆明主城区、呈贡新城、空港等 2 800 平方千米的快鸟数据,分辨率为 0.61 m;2009 年获取了主城快鸟影像;2010 年获取了主城 WorldView 影像、2011 年获取了主城 GEO 影像。数据格式为

TIFF 和 JPEG 两种格式。

2）规划专题数据

（1）规划编制成果数据，包括：昆明市城镇体系规划，昆明市总体规划，经开区总体规划，高新区总体规划，航空城总体规划，呈贡县城总体规划，昆明南城总体规划，主城区控制性详细规划，昆明市主城绿地系统规划，滇池、西山、阳宗海风景名胜区规划，文化、教育、商业设施规划，消防、客运、加油站设施规划等。数据格式包括：规划文本，一般为 Word、Excel 或 pdf 格式；规划图形，基于 AutoCAD 绘制，成果分 dwg 和 jpg 两种格式；都以光盘存储。

（2）规划审批业务数据是指贯穿在规划行政许可审批过程中，由昆明市自然资源和规划局处理的规划业务数据及其图形信息。数据格式为规管 2009 系统的专用格式，存储在 Oracle 数据库中。

（3）竣工测量数据是指由测绘院、档案馆在竣工验收过程中产生的建筑工程外部、庭院管网、建筑工程套内面积的竣工测量数据。竣工测量数据包括成果图数据和成果表数据，成果图数据为 AutoCAD 的 dwg 格式，成果表数据为 Word 格式。

3）其他专题数据

（1）地下管线数据是指管线的跟踪测量与竣工测量成果，目前有昆明主城区 7 000 千米的数据。数据格式：成果表为 Word 格式；成果图为 AutoCAD 的 dwg 格式。

（2）档案数据是指昆明市自然资源和规划局规划编制、行政办公、建设项目规划审批、执法监察等各类业务或事务所产生的、需要建档的数据。其中：行政办公档案在办公室以纸质方式保存；规划审批档案存储在规管 2009 数据库中；建设工程档案在档案馆以扫描目录级纸质档案的成果保存在 Oracle 数据库中。

3. 业务系统

昆明市自然资源和规划局从 2000 年开始规划信息化建设，在全市的信息化建设过程中一直处于领先地位。多年来，昆明市规划信息化对昆明的规划、国土、建设管理均起到了重要的作用，体现了规划的龙头作用。

1）规管审批系统

昆明市自然资源和规划局的规管系统于 2008 年开发建设，实现“一书两证”业务的电子化审批，现仍在局规划管理业务中使用。从实际使用情况来看，该系统理顺了“一书两证”审批流程、规范了审批结果。

2）昆明市自然资源和规划局门户网站

规划门户网站完成了介绍昆明市自然资源和规划局业务、政务公开、项目公示、办事指南、主要规划编制成果公示等基本内容，该系统的建设对昆明市自然资源和规划局的“阳光政务”建设起到了不可替代的推动作用。

3)地下综合管线信息系统

地下综合管线信息系统实现了地下管线成果资料的入库、更新、查询统计等管理功能。

4)城建档案管理信息系统

昆明市城建档案馆的档案内容涵盖城市建设所涉及的所有相关委办局的建设档案,昆明市自然资源和规划局的建设档案只是其中一部分。目前该系统只能在城建档案馆使用,完成了日常办公、建档、档案入库,以及实物档案借阅、利用、统计等功能。电子档案是通过人工扫描纸质档案而成,档案管理信息系统的档案内容是目录级的电子化档案。

3.2.4 存在问题

近年来由于昆明市经济和城市建设的高速发展,对于各个部门办事效率的要求也在不断提高,原有的基于纸质的规划图本在多方面已经远远不能满足现有规划管理的工作需要。主要体现在以下几个方面:

(1)由于信息不对称和工作人员更替频繁,市政府及相关部门不能及时掌握和共享历史文化遗产保护的相关信息,影响相关历史文化名城保护行政主管部门及时、准确地做出决策。

(2)数据采集方式落后,造成历史文化街区、历史地段和历史建筑的保护和维修存在审批慢、保护难、修复难及不易监督等问题。目前,对历史文化名城、名镇、名村及历史文化遗存的保护、管理及资料档案,仍然采用传统的、现行的、二维的地形图、卫星图片、图形、图纸、照片、影像和文字说明的方式进行记录和获取信息;这种传统的方式不能真实、完整和系统地反映历史文化名城的实质内容、历史价值和风貌特征。另外,昆明市自然资源和规划局的规划审批是利用二维图形对单栋历史建筑的维修审批来实现对街道乃至整个街区的保护工作,二维图形(维修设计图纸)对历史建筑立体空间和整体风貌无法进行清晰的表达,造成沿街建筑在空间、风貌、高度上的细微变化无法控制,对历史文化街区、历史地段和历史建筑的保护和维修存在审批慢、保护难、修复难及不易监督等问题。

(3)应用管理技术落后,已不能满足现有工作的需要。现有的历史村镇、历史街区和历史建筑保护成果仍然是以纸质形式存放,相关保护规划图纸、保护建筑的档案资料文本庞大,造成资料查阅、更新困难。另外,即使是已有的电子数据,仍然是以传统的由建筑师手绘的结构图和由地面近景摄影测量方法测出的结构图(二维图形)来表达建筑的关键部位和整体结构。由于技术手段的局限,难以对历史建筑进行快速测绘和对整体立体空间进行清晰的表达。

(4)与规划管理审批信息系统脱节。历史文化名城保护的规划编制和规划管理作为昆明城市规划的组成部分,具有重要地位。原有开发的昆明市自然资源和规划局规管2009业务审批系统，涵盖了规划管理的主要内容，但缺乏历史文化名城保护规划和管理的专题内容，与规划管理审批信息系统脱节。另外，随着昆明城市的发展，昆明市许多历史文化名城在建设中受到了严重的破坏，如何保护本地的历史文化信息变得紧迫而困难。城市历史文化资源的定性描述及海量特性又使得应用新技术具有难度。由于以上原因，亟待建立专业的历史文化名城保护规划地理信息系统，对政府已批准的、已上报的、已调查的保护历史村镇、历史街区和历史建筑的相关资料建立空间和多媒体数据库，从而实现历史文化遗产的科学管理，满足城市规划管理业务审批的需要，提高规划审批的工作效率，加大城市历史文化名城保护的力度。

3.3　业务过程规划

3.3.1　业务定义

1. 业务管理对象

(1)昆明市历史文化名城保护规划范围内的各类现状资料、规划成果数据资料的数据库。

(2)昆明市自然资源和规划局业务审批过程中涉及历史文化名城保护的业务事项和行政审批的技术审核支持工作。

(3)昆明市历史建筑维修相关业务事项和行政审批的技术审核支持工作。

2. 数据管理对象

(1)历史城区、村镇地段建筑。

(2)不可移动文物、地下文物。

(3)体现历史文化名城内涵的纪念设施。

(4)有关法律、法规中确定的其他保护对象。

3.3.2　系统重组

昆明市历史文化名城保护规划地理信息系统的建设应在昆明市规划信息化发展规划的框架体系下，充分结合现有基础条件，落实与现有管理过程和制度相适应的原则，符合昆明市自然资源和规划局行政职能、管理定位、信息化战略，实现长期发展的、统一的、规范的、有序的整体化信息系统建设目标(图3.6)。

3.3.3　系统定位

(1)建立与昆明市自然资源和规划局现有基础和管理过程相匹配和协调的系统结构和应用过程。

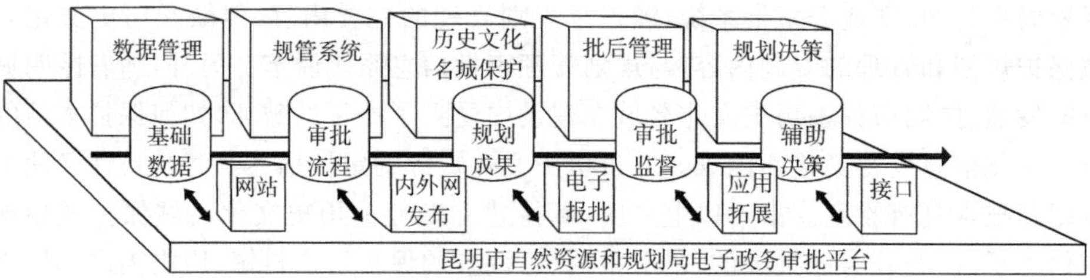

图 3.6　昆明市自然资源和规划局电子政务审批平台

(2)建立满足昆明市历史文化名城保护规划管理工作要求的各类数据标准和运行管理规定。

(3)建立标准规范、信息丰富、内容完整的昆明市历史文化名城保护规划数据库。

(4)开发面向成果管理应用、功能齐全、操作简便、易学易用,并与规划管理系统、网站系统相衔接的昆明市历史文化名城保护规划地理信息系统。

(5)建立服务于昆明市自然资源和规划局内部信息共享,同时与其他业务部门信息协同的服务接口。

3.3.4　系统建设阶段

昆明市历史文化名城保护规划地理信息系统的建设将分为两个阶段工作开展。

第一阶段:采用三维地理信息技术、计算机技术、数据库技术等高新技术为依托,建立昆明市历史文化名城保护规划地理信息系统平台,实现对政府已批准的、已上报的、已调查的保护历史文化名城的相关资料建立空间和多媒体数据库。同时保障历史名城保护重点区域(如历史文化街区、历史村镇和历史地段的建筑)二维、三维更新数据的整理、转换与入库,实现数据的采集、管理、分析、输出一体化。

第二阶段:采用三维激光扫描技术完成历史文化名城、历史文化街区(含历史地段)、历史文化村镇、文物保护单位、历史建筑等层次范围内的三维点云数据采集,并在历史文化名城保护规划地理信息系统平台中进行展示、管理、分析和辅助审批。

最终为昆明市历史文化遗产的保护提供技术支持,实现历史文化遗产的有效科学管理和监控,实现历史文化名城保护重点区域的快速修缮和快速审批,满足城市规划管理业务审批的需要,提高规划审批工作效率,加大城市历史文化名城保护的力度,实现历史文化名城保护与规划工作的跨越式发展。

其中,项目总体目标之一,是建立昆明市历史文化名城保护规划地理信息系统;项目总体目标之二是完成试点工作,即完成文明街片区主要街道(光华街、云瑞东路、云瑞西路、景星街、甬道街、文庙直街)、祥云片区的宝善街和南强街现状沿街立面的三维扫描工作。

3.4 数据组织规划

3.4.1 数据分类

建立历史文化名城保护规划地理信息系统数据库，将昆明市历史文化名城涉及的各类信息，包括片区保护情况、庭院、古建筑、亭廊、古树名木等历史文化名城的特征要素及其研究成果建立基于 Oracle 的数据库。数据主要包括两大类：

(1)空间数据库。包括已批准的、已上报的、已调查的历史文化名城保护对象和保护名录的位置、边界、测绘资料等图形数据和属性数据。其中，历史文化名城保护对象包括历史文化名城、名镇、名村、名街、文物保护单位、登记文物、普查文物点、历史建筑(含挂牌保护历史建筑)、规划控制建筑和经过普查的镇、村、街区、建筑等。

(2)多媒体数据库。包括已批准的、已上报的、已调查的历史文化名城保护对象和保护名录的保护等级、文字说明、图片、保护要求、建筑基本情况(面积、层数、特征)、历史价值评估、历史背景、保护要求等文字、图片等数据。其中保护名录包括国务院、省人民政府批准公布和市人民政府已经确定的保护对象。

3.4.2 数据构成

昆明市历史文化名城保护规划涉及各类基础地理数据、专题规划数据、历史文化名城资料、法律法规等各类数据资料，主要包括：

(1)基础地理数据，包括大比例尺基础地形图、高分辨率卫星影像、数字高程模型、市域区划行政界线等(业务审批系统已有此类数据，开发相应的接口调用即可)。

(2)基础规划数据，包括城市总体规划、分区规划、控制规划、规划紫线等(业务审批系统已有此类数据，开发相应的接口调用即可)。

(3)保护规划数据，包括保护区范围、历史城区、历史地段、历史文化街区、文物古迹、文物保护单位、建设控制地带、环境协调区、保护建筑、历史建筑、历史环境要素等各类保护规划数据；各类专项或专题保护规划文本、规划资料(图片、文本、表格、视频)等。

(4)法律法规，包括《中华人民共和国城乡规划法》《中华人民共和国文物保护法》《中华人民共和国文物保护法实施条例》《历史文化名城名镇名村保护条例》《云南省历史文化名城名镇名村名街保护条例》等。

对上述各类数据进行整理，并将其标准化和数字化，采用数据库管理系统(DBMS)技术，将其分类，分要素存放、管理，实现现有和历史数据资料的有序管理。

3.4.3　数据关系

图 3.7 为昆明市历史文化名城保护规划数据库。

图 3.7　昆明市历史文化名城保护规划数据库

3.4.4　数据结构

表 3.4 为数据结构。

表 3.4　数据结构

分类	图层名称	要素结构
基础地理	行政区划(线、面)	编码、要素代码、行政区名称、行政区代码、引用资料时间
	道路(线、面)	道路编码、道路名称、道路等级、绿化带类型、长度、宽度、引用资料时间
	水系(线、面)	编码、水系名称、引用资料时间
	公共设施(点、线、面)	编码、设施名称、设施类型、基本情况、引用资料时间
	建筑物(线、面)	建筑物编码、建筑名称、建筑年代、建筑地址、建筑权属、层数、高度、基底面积、建筑面积、建筑功能、建筑性质、建筑结构、建筑组合类型(独立、基底、主楼)、保护方式、保护单位、保护现状、保护措施、保护建议、保护力度(严格、重点、次要、一般)、历史资源评价指标(价值)资源点开发适宜性、资源点保护紧迫性(重要性)、所属行政辖区
现状	历史资源现状要素(点)	编码、登记序号、X 坐标值、Y 坐标值、资源名称、类别大类、类别小类、文物级别、初始朝代、行政辖区、现状照片、航片、区位图
	历史资源现状要素(线)	编码、登记序号、资源名称、类型、长度、现状照片、航片、区位图
	历史资源现状要素(面)	编码、登记序号、资源名称、街区名称、街区周长、现状照片、航片、区位图
	历史核心保护区(线、面)	编码、历史核心保护区名称、位置、类型、级别、面积、备注
	历史建设控制地带(线、面)	编码、历史建设控制地带名称、位置、类型、级别、面积、备注
保护规划	保护地块(市中心地块、龙泉镇、官渡古镇、晋城镇、西山地块)	编码、片区编号、地块编号、用地面积、主导使用性质、新建建筑(基地面积、建筑面积)、现状建筑(基地面积、保护建筑面积、历史建筑面积)、建筑密度、容积率、绿化率、风貌意向、置换方式、备注
	核心保护区(线、面)	编码、核心保护区名称、位置、类型、级别、面积、备注
	建设控制地带(线、面)	编码、建设控制地带名称、位置、类型、级别、面积、备注
	保护与整治规划区	编码、要素代码、名称、文物保护单位、保护建筑、历史建筑、与历史风貌无冲突的建(构)筑物、与历史风貌有冲突的建(构)筑物、整治、备注
	规划界线(线、面)	编码、要素代码、类型、级别、引用资料时间
	风貌协调区(线、面)	编码、要素代码、名称、面积
	文物保护单位保护范围	编码、要素代码、名称、空间位置
辅助	注记	编码、要素代码、注记内容、字体大小、颜色

3.5　系统结构规划

3.5.1　总体结构

昆明市历史文化名城保护规划地理信息系统的总体结构如图 3.8 所示。

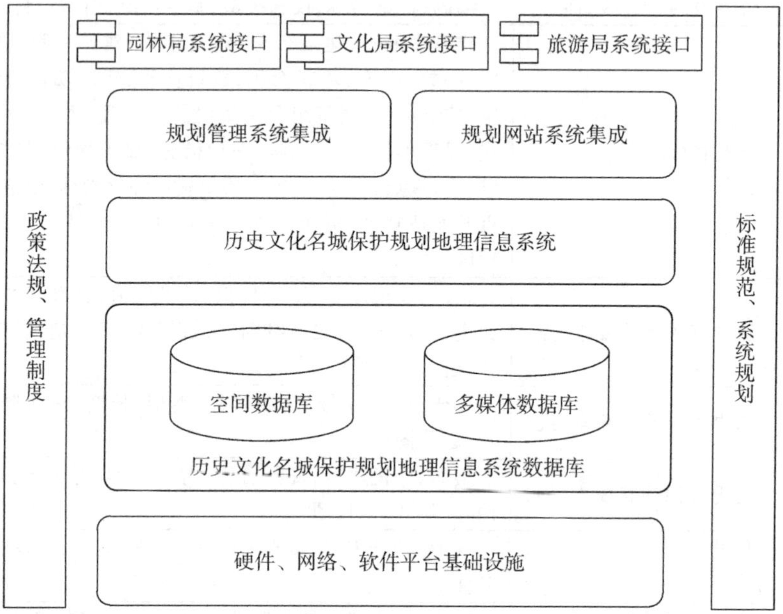

图 3.8　昆明市历史文化名城保护规划地理信息系统总体结构

3.5.2　系统划分

昆明市历史文化名城保护地理信息系统由前端应用系统、后端管理系统、规管系统集成、网站系统集成、外部接口五个部分组成(图 3.9)。

(1)前端应用系统:实现为分局窗口、分局处室、市局窗口、市局内部处室等提供历史文化名城保护规划相关的历史信息、现状信息、规划成果、法律法规、多媒体资料等数据的查询、定位、显示、分析等功能应用。

(2)后端管理系统:实现历史文化名城保护规划相关的历史信息、现状信息、规划成果、法律法规、多媒体资料等数据的入库、更新、维护配置等管理功能。

(3)规管系统集成:实现接入规管系统,调用已有的各类基础地形、规划成果等数据。

(4)网站系统集成:实现接入网站系统,实现公众了解、参与历史文化名城保护相关工作的信息服务支持。

(5)外部接口:实现为政府相关部门的业务系统提供数据服务和功能检索服务接口。

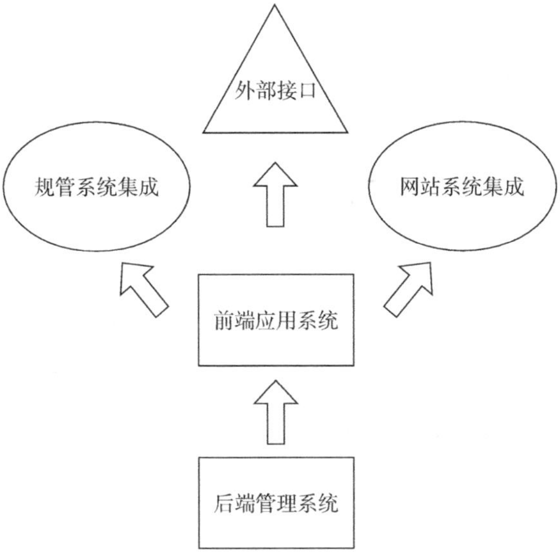

图3.9 昆明市历史文化名城保护规划地理信息系统组成

3.5.3 运行模式

昆明市历史文化名城保护规划地理信息系统从下到上整体分为三个层次(图3.10),即数据服务层、系统服务与接口层、应用服务层。

(1)数据服务层:以数据库为核心,将昆明市历史文化名城相关的图件、图片、文本、表格、资料等各类数据管理起来。

(2)系统服务与接口层:以历史文化名城保护规划地理信息系统为核心,完成业务流程、功能操作、数据交换及系统接口等内容。

(3)应用服务层:以外部系统应用为核心,接入规管系统、网站系统等,通过数据进行交换。

3.5.4 功能结构

历史文化名城保护规划地理信息系统是采用地理信息系统、多媒体、数据库等技术的信息系统,可全面、形象、生动、准确地将昆明市历史文化名城信息及其研究成果实现信息存储、分析、管理和展示功能(图3.11),具体包括:

(1)信息存储模块:不仅存储了历史文化名城的空间信息,而且还重点收集了专家对地方的研究成果等非物质文化遗产的内容,另外还包括了相关的法律法规数据的存储和链接查询。

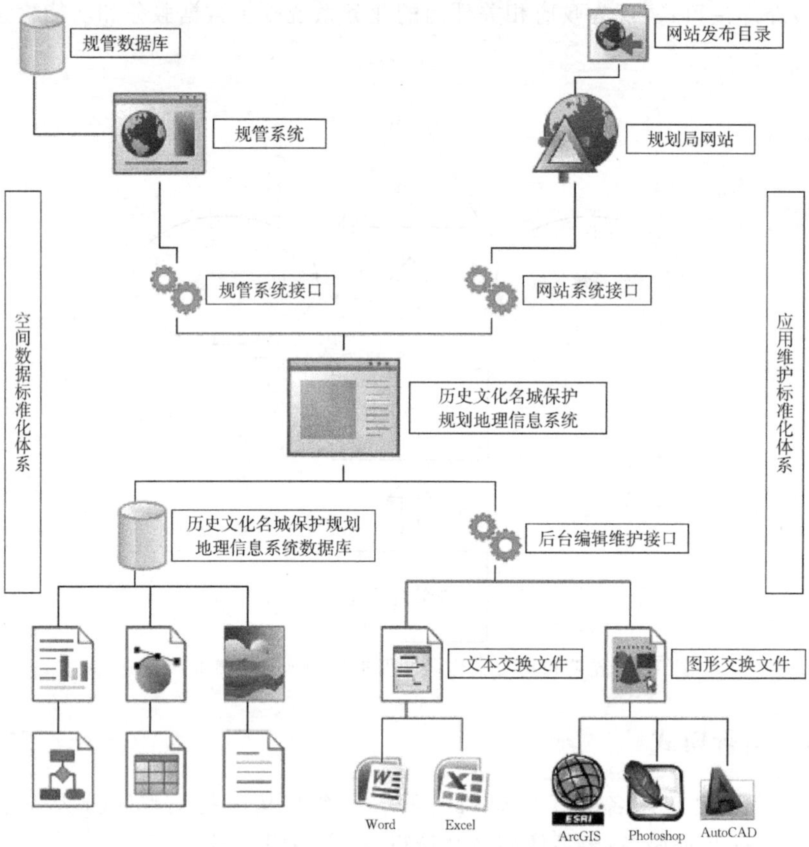

图 3.10　昆明市历史文化名城保护规划地理信息系统运行模式

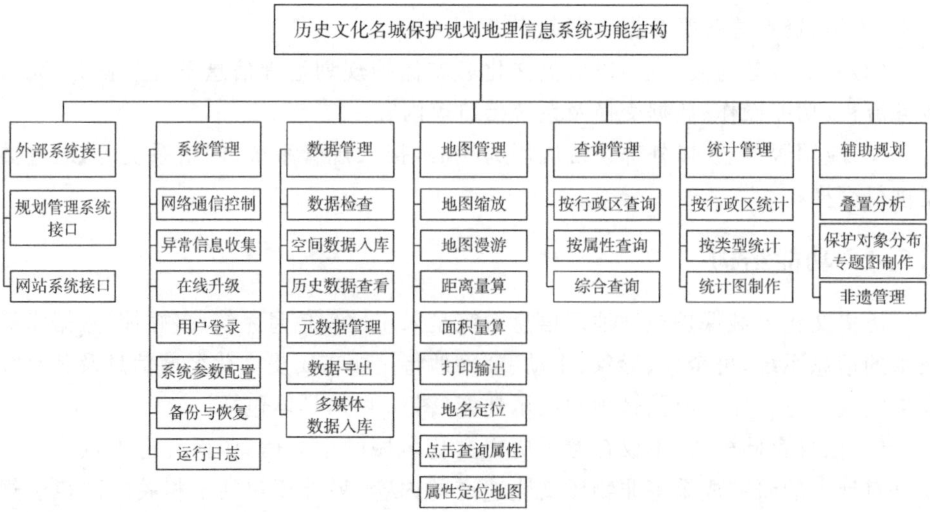

图 3.11　昆明市历史文化名城保护规划地理信息系统功能结构

（2）地图操作模块：在系统中，提供了各种用于对历史文化名城现状专题数据库及背景电子地图进行便捷操作的工具，如地图的放大、缩小、漫游、视图浏览、图层控制、图层属性自动标注等。可按指定的比例尺自动进行图层显示控制，利用鹰眼功能，可实现对地图局部的准确定位与详细查看。

（3）数据查询模块：系统提供双向查询功能，通过图形查询属性数据，即点状查询、线状查询和面状查询；通过属性数据实现对满足条件的图形的查询，支持逻辑组合查询和条件查询。

（4）数据统计分析及制图模块：根据已选择的查询条件和统计结果的显示方式，用户可利用系统提供的工具，对原始的历史街区现状调查数据库进行各种形式的信息挖掘、保护评估、统计分析及专题图分析，并将分析的结果以各种文字和图表方式打印输出。

（5）历史文化名城保护规划的组织编制和规划方案审查辅助模块：采用信息化手段辅助目前历史文化名城保护规划的日常审批工作，提高目前历史文化名城保护工作的效率和水平。

（6）系统维护模块：通过授权的方式对系统用户的访问与编辑权限进行控制。其功能包括赋予用户权限、取消用户权限和密码管理等，提供对用户操作的日志管理监督，及时跟踪系统用户操作记录，防止非法用户恶意篡改系统数据。

（7）公众宣传与展示传播模块：基于昆明市自然资源和规划局现有的网站平台，根据大众的兴趣和关心的热点，陈列典型的地方历史文化，讲解注释力求通俗易懂、生动活泼，采用多媒体做定期或不定期的展示，同时展示研究成果，力求资料翔实齐全，图片资料分辨率高且信息量丰富，并具有局部放大和漫游功能，以满足研究人员的要求；信息检索部分具有超文本联想浏览式查询、关键词查询和按内容检索的智能查询等功能，根据用户的查询需求输出相关的结果。各类用户可以通过不同的需求访问这些资源。

（8）市民参与模块：市民可通过发布名城旧照片、标注历史事件、发布名城被人为破坏事件的证据等，与市政府规划行政主管部门进行及时沟通，提高昆明市历史文化名城的保护力度。

（9）昆明市自然资源和规划局业务审批系统接口模块：实现昆明市历史文化名城保护规划地理信息系统能够与规管2009业务审批系统之间的数据交互；昆明市自然资源和规划局业务人员在进行业务审批时，如遇到建设项目涉及历史文化名城保护的内容，系统具有提示功能，并可以进一步进行历史文化名城保护数据的查询，辅助城市规划管理；根据历史文化名城保护对象的空间位置（如保护对象的布点位置和具体保护范围），实现历史文化名城保护与业务审批系统中现有的规划成果叠加显示查询。

（10）与市委办局其他信息系统接口模块：历史文化名城保护的文物保护管理

是由市文广电体局负责，因此，系统应提供可以与市文广电体局、市园林绿化局、市旅游局等局进行数据共享的接口。

(11)文件转换功能模块：系统数据与 CAD、Adobe Photoshop 和 ACDSee 进行转换的功能，相关数据可以导出为 *.jpg、*.psd、*.pdf、*.dwg 等格式文件；系统数据与 Microsoft Office 进行转换的功能，相关数据可以导出 *.doc、*.exl 等格式文件。

3.6 技术规划方案

3.6.1 技术构架

技术构架主要来自五个方面。

(1)应用地理信息系统(GIS)、遥感(RS)、数据库系统(DBMS)、互联网(internet)和信息系统(IS)等，在国家基础地理框架和基础地理信息支持下，按照国家、省、市各级规划、文化、保护等领域的政策、规范和标准的要求，以现状基础地形图、卫星遥感影像、城市规划、历史文化保护规划、历史建筑及挂牌保护单位和名木古树等数据为基础，采用甲骨文公司的 Oracle 数据库，建立昆明市历史文化保护规划数据库，为昆明市自然资源和规划局内各部门、政府其他部门、社会和公众提供历史文化保护规划数据的信息共享机制和服务。

(2)选用美国环境系统研究所(ESRI)公司的 ArcGIS Server 软件平台，结合微软公司的.NET 构架，应用 C# 语言和 SOA 构架体系，开发昆明市历史文化名城保护规划地理信息系统，实现对历史文化保护规划数据、多媒体资料等的信息集成管理，并在昆明市自然资源和规划局内部提供一整套管理和使用历史文化保护规划数据资料的应用平台，同时为政府相关部门提供数据支持。

(3)采用微软公司的.NET 构架，应用 C# 语言和 SOA 构架体系，与规划管理系统和昆明市自然资源和规划局网站系统集成，对昆明市自然资源和规划局内部提供业务审批服务，对社会提供公众信息服务，加强历史村镇、街区、建筑、文物、风景名胜、名木古树等的保护，同时增强公众对城市建设、城市保护的理解和支持。

(4)采用 Web Service 软件技术，基于 SOA 构架体系，开发对昆明市自然资源和规划局内部规划管理系统的应用接口和对网站的接口；同时对昆明市文广电体局、旅游局、园林绿化局等单位提供应用接口。

(5)遵循地理信息产业、电子政务和信息化行业标准规范，编制历史文化名城保护规划空间数据库建设标准规范、系统建设和维护规范，建立昆明市自然资源和规划局内部的数据共享机制。

1. 应用系统

采用 Windows 平台.NET 4.0 体系，以 ArcGIS Server 为后台，以 Silverlight 为前端技术平台，基于 B/S 构架建立服务于全局的前端业务应用系统。

2. 管理系统

采用 Windows 平台.NET 4.0 体系，以 ArcGIS Desktop 为后台，以 WPF 为前端技术平台，基于 C/S 构架建立服务于信息中心和保护办的后台管理维护应用系统。

3. 规划管理系统集成

采用 Windows 平台.NET 4.0 体系，基于数据库技术和 Web Service 技术，基于 C/S 构架建立接入规管系统，调用基础地理数据和规划成果数据的集成应用过程。

4. 网站系统集成

采用 Windows 平台.NET 4.0 体系，基于物理隔离的离线数据库技术，基于 B/S 构架建立接入网站系统，提供公众参与互动的网站集成应用过程。

5. 外部接口

采用 Windows 平台.NET 4.0 体系，基于数据库技术和 Web Service 技术，基于 B/S 构架建立提供政府相关部门可远程调阅相关数据资料和应用功能结果的接口。

3.6.2 系统环境

经过多年的信息化建设，目前昆明市自然资源和规划局已经在基础硬件、网络和软件平台方面积累了丰富的成果，已建成的软硬件环境情况如下。

1. 软件环境

(1)前台操作系统平台：Windows XP/2000/2003/Vista/Win 7。

(2)后台操作系统平台：Windows 2003/2008。

(3)前台应用 GIS 平台：ArcGIS Server 10.0。

(4)后台应用 GIS 平台：ArcGIS Desktop 10.0。

(5)数据库平台：Oracle 11g。

2. 硬件环境

(1)服务器：至强 Xeon 3.0 CPU/4 GB 内存/1 TB 硬盘以上。

(2)客户机：酷睿 2.0 CPU/2 GB 内存/100 GB 硬盘以上。

3. 网络环境

(1)网络协议：TCP/IP。

(2)网络带宽：局内 1000 M 电子政务网，分局 2 M DDN 专线，公共信息发布平台 10 M 互联网主干网接入。

4. 开发环境

(1)开发工具:Microsoft Visual Studio.NET 2010。

(2)数据建模工具:Sybase PowerDesigner。

(3)开发语言:C#。

(4)开发构架:SOA。

(5)应用前端:IE浏览器+Silverlight插件。

(6)应用后端:ArcGIS Server+ArcGIS WPF。

(7)维护后端:Winform+WPF+ArcObjects。

(8)文档工具:Microsoft Word。

3.6.3 关键技术

1. 多源数据集成技术

在昆明市历史文化名城保护规划地理信息系统的建设中,最为重要的工作就是基础数据库的建设,这就要求对历史文化名城保护工作相关的各类数据、资料、成果等进行全面的收集、整理、规范和标准化工作,并最终建成信息丰富、格式统一、内容完整、结构标准的空间数据库(图3.12)。

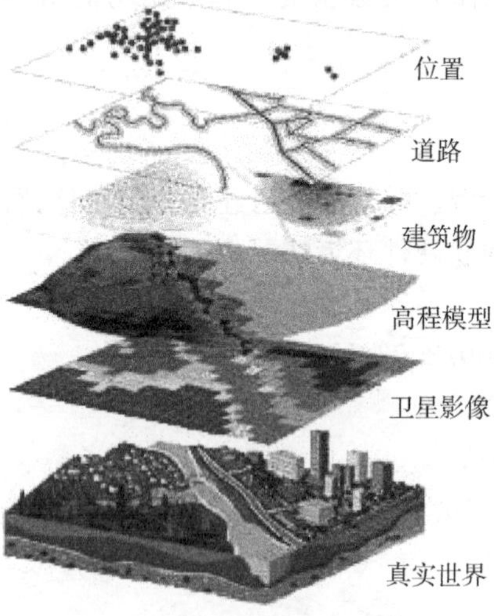

图3.12 昆明市历史文化名城保护规划地理信息系统关键技术

通过地理信息系统强大的多源数据集成技术,可以轻松地解决多来源、多语义、多时态、多尺度、多格式的各类相关数据,并根据行业规范和数据标准建立集成化的空间数据库。

2. 三维激光扫描技术

三维激光扫描技术是国际上近期发展的一项高新技术。随着三维激光扫描仪在工程领域的广泛应用,这种技术已经引起了广大科研人员的关注。三维激光扫描仪是通过激光测距原理(包括脉冲激光和相位激光),瞬时测得空间三维坐标值的测量仪器。利用三维激光扫描技术获取的空间点云数据,可快速建立结构复杂、不规则的场景的三维可视化模型,既省时又省力,这种技术是现行的三维建模软件不可比拟的。

三维激光扫描技术可以快速重构整个建筑的全方位立体空间(图3.13),完整描述建筑物的每一个关键要素,可以为历史建筑和历史文化街区的保护与更新提供真实准确的三维模型。它所采集的三维激光点云数据还可以进行各种后处理工作(如测绘、计量、分析、仿真、模拟、展示、监测、虚拟现实等)。利用地面激光扫描仪建立历史街区的点云数字档案并将数据导入历史文化名城保护规划地理信息系统,可以实现辅助规划行政审批和对历史街区风貌的有效保护。

图 3.13　昆明市历史文化名城三维激光扫描

3. Silverlight 技术

微软 Silverlight 是一个跨浏览器、跨客户平台的技术,能够设计、开发和发布有多媒体体验与富交互(rich interface application,RIA)的网络交互程序。因为 Silverlight 提供了一个强大的平台,能够开发出具有专业图形、音频和视频的 Web 应用程序,增强了用户体验,所以 Silverlight 吸引了设计人员和开发人员的眼球。同时,Silverlight 还提供了强大的工具来提高他们的工作效率。图 3.14 是 Silverlight 应用实例。

Silverlight 能创建一种具有很高艺术性的应用程序,其特点如下:

(1)一种跨浏览器、跨平台的技术。可以在所有流行的浏览器中运行,包括 Microsoft Internet Explorer、Mozilla Firefox、Apple Safari 和 Opera,同样可以在 Microsoft Windows 和 Apple Mac OS X 中运行。

(2)无论在哪里运行,均能提供一致的用户体验。

(3)用于支持的安装文件很小,只需几秒钟就可下载安装。

(4)Silverlight 的视频和音频流的质量无论从移动设备还是桌面浏览器均是 720p HDTV video 模式。

(5)用户可在浏览器中直接对其进行控制,可以拖动、翻转、放大图片。

(6)它读取数据并且更新外观,但不会通过刷新整体页面来打断用户操作。

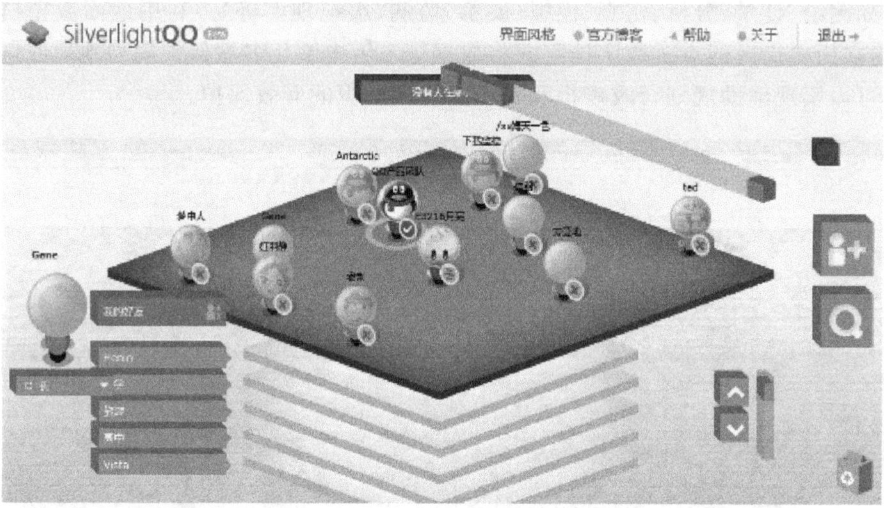

图 3.14 Silverlight 应用实例

4. WPF 技术

WPF(windows presentation foundation)是微软推出的基于 Windows Vista 的用户界面框架,属于.NET Framework 3.0 的一部分。它提供了统一的编程模型、语言和框架,真正做到了分离界面设计人员与开发人员的工作,同时它提供了全新的多媒体交互用户图形界面(图 3.15)。

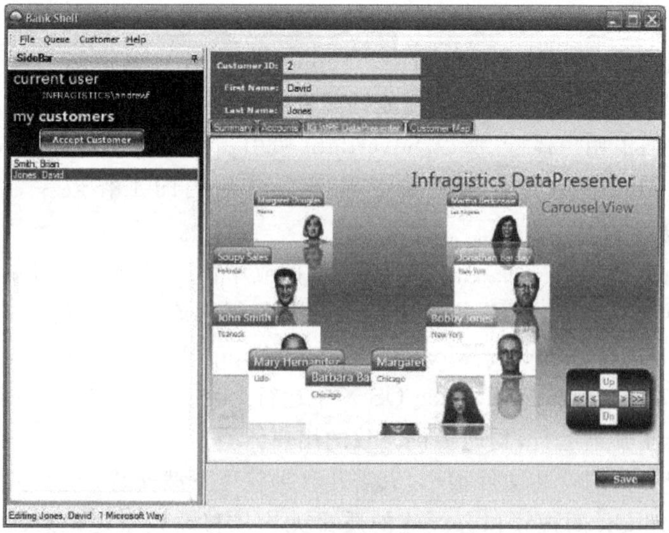

图 3.15 交互用户图形界面

对于企业,WPF 能够快速提供更好的视觉效果、独特的用户体验的技术,建立与客户的密切关系,使企业可以建立稳定的数字客户关系和独特的品牌化机会。

而且，由于 WPF 是窗体、文档、视频、三维及其他功能的综合，因此企业可以创建持久的用户体验解决方案，并集成到客户的日常活动中。

5. Web Service 技术

Web Service 是一种构建应用程序的普遍模型，可以在任何支持网络通信的操作系统中实施运行(图 3.16)。它是一种新的 Web 应用程序分支，是自包含、自描述、模块化的应用，可以发布、定位，通过 Web 调用。Web Service 是一个应用组件，它逻辑性地为其他应用程序提供数据与服务。各应用程序通过网络协议和规定的一些标准数据格式(HTTP、XML、SOAP)来访问 Web Service，通过 Web Service 内部执行得到所需结果。Web Service 可以执行从简单的请求到复杂商务处理的任何功能。一旦部署以后，其他 Web Service 应用程序可以发现并调用它部署的服务。

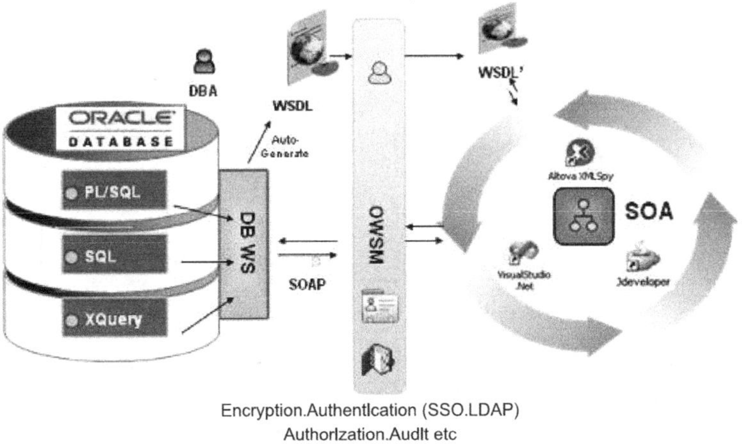

图 3.16　Web Service 技术

实际上，Web Service 的主要目标是跨平台的可互操作性。为了达到这一目标，Web Service 完全基于 XML(可扩展标记语言)、XSD(XML Schema)等独立于平台、独立于软件供应商的标准，是创建可互操作的、分布式应用程序的新平台。

3.6.4　系统安全

(1)物理安全，保证平台运行不受各种灾害或物理设备老化等因素的影响。

(2)网络安全，防止非法入侵，并对网络通信流等进行有效监控，对潜在威胁进行有效防范，保障网络的正常工作。

(3)信息传输安全，数据传输过程中采用加密手段，采用国家批准使用的密码算法对数据加密，保证数据安全。

(4)信息存储安全，采用先进的数据存储和备份技术及设备，确保信息安全。

(5)信息访问安全，对数据资源访问设定访问等级和授权数据管理，提供数据资源访问的安全审计。

(6)制度安全,制订机房管理、系统维护、数据备份、应急措施等安全管理制度和措施。

(7)身份认证,基于电子政务外网身份认证体系对用户进行管理。

(8)防计算机病毒,安装防病毒软件,防止计算机病毒对系统造成破坏。

3.6.5 系统部署

系统的部署情况如图 3.17 所示。

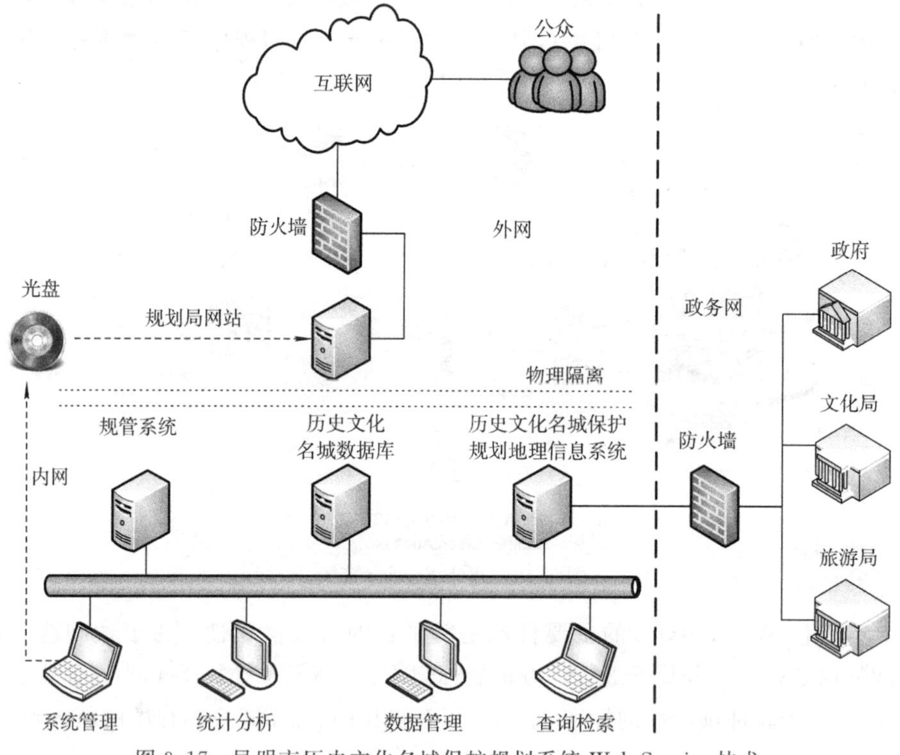

图 3.17 昆明市历史文化名城保护规划系统 Web Service 技术

3.6.6 数据备份

我们将综合采用 Oracle 的四种备份方式,对数据库进行备份管理。

1. Oracle 数据库操作系统备份

Oracle 数据库操作系统备份和恢复实施起来比较简单,当然也比较费时,要求系统停止使用,此过程包括关闭数据库并从系统上注销所有用户。所有访问被解除之后,系统关闭并以单用户方式重新启动,控制权交给系统管理员,这一步确保没有用户应用程序软件运行,避免修改硬盘上的数据。如果这个 Oracle 数据库常见备份策略用于恢复数据库系统，那么系统配置、用户数据、用户文件在备份后的所有改动都将丢失。

2. Oracle 数据库冷备份

即以正常方式关闭 Oracle 数据库，并备份所需的全部 Oracle 数据库文件，这种备份即称为冷备份(或脱机备份)。与操作系统备份不同的是这种 Oracle 数据库常见备份策略仅仅只备份与 Oracle 相关的一部分文件。在关闭数据库之前关闭所有可能修改 Oracle 文件的任何内部和第三方软件也很重要。

3. Oracle 数据库热备份

当 Oracle 数据库处于打开状态，并运行在 archivelog 模式下可采用热备份，这种备份也称为联机备份，即在备份的时候数据库仍然可以正常使用。在进行实例恢复的时候，可能需要用到归档日志。当前联机日志一定要保护好或是处于镜像状态，当前联机日志的损坏，对于数据库的损坏是巨大的，那样的话只能以数据的丢失来进行数据库的恢复工作即只能实现不完全恢复。

4. Oracle 数据库逻辑备份

逻辑备份创建数据库对象的逻辑拷贝，并将拷贝存入一个二进制文件，逻辑备份只备份数据库中的数据而不记录数据的位置。在执行对数据库的导出工作的时候不能对数据库做任何改变，可以通过使用 restrict 模式打开数据库并导出数据库来实现这个目的。逻辑备份通常比物理备份要花更多的时间。

利用 Oracle 提供的工具 Export 可将数据从数据库中提取出来，利用 Import 则可将提取出来的数据导入 Oracle 数据库中去。

3.6.7　运行维护

1. 系统维护

系统的成功取决于系统的高自量和高可靠性，因此我们将对系统不断地优化，使系统能够高效、安全、稳定。

2. 系统的更新与升级方式

系统采用 HTTP 进行更新与升级，其方式主要有两种，一种是通过更新系统文件进行系统升级，用户端与服务器端进行版本比对，更新和升级时，将服务器上的相关文件下载到用户端进行更新，同时用户端会备份一个历史版本。另一种是通过更新安装包进行系统升级，用户端与服务器端进行版本比对，更新和升级时，将服务器安装包下载到用户端进行安装更新，同时用户端会备份一个历史版本。

3. 系统更新与升级计划

本项目为历史文化名城保护规划地理信息系统的升级，主要根据各相关项目的用户反馈情况、昆明市自然资源和规划局系统未来发展方向、技术升级情况等，进行系统版本的升级。综合分析该系统在各规划局职能部门和科室的应用情况及意见反馈，结合昆明市自然资源和规划局历史文化名城保护工作未来的发展需求，有机整合现有资料和数据成果，站在系统使用者的角度，考虑系统的升级。

3.6.8 系统界面

1. 前端应用系统

(1)系统登录。登录界面如图 3.18 所示。

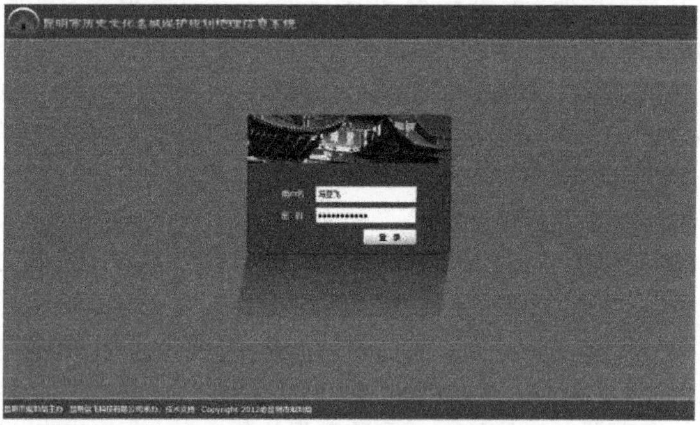

图 3.18 昆明市历史文化名城保护规划地理信息系统登录界面

(2)系统工作区。系统工作区如图 3.19 所示。

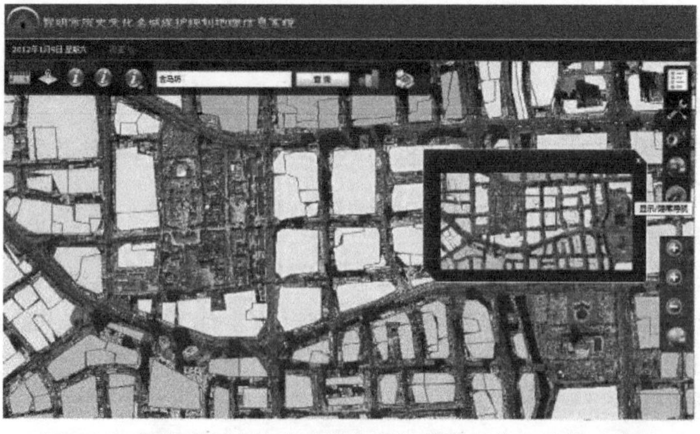

图 3.19 昆明市历史文化名城保护规划地理信息系统工作区

(3)查询定位。查询定位界面如图 3.20 所示。

(4)属性信息。属性信息界面如图 3.21 所示。

(5)统计分析。统计分析界面如图 3.22 所示。

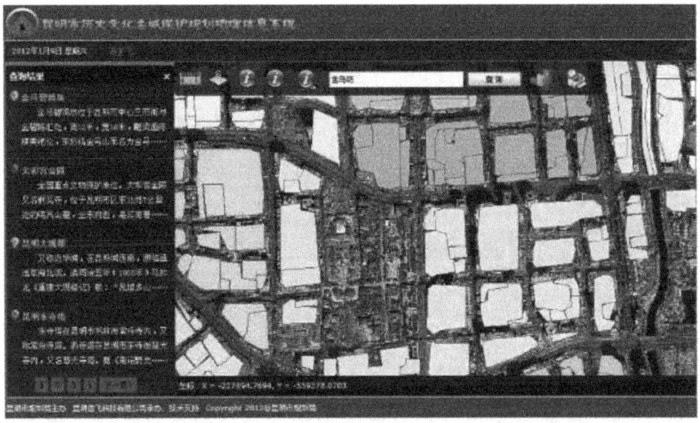

图 3.20　昆明市历史文化名城保护规划地理信息系统查询定位界面

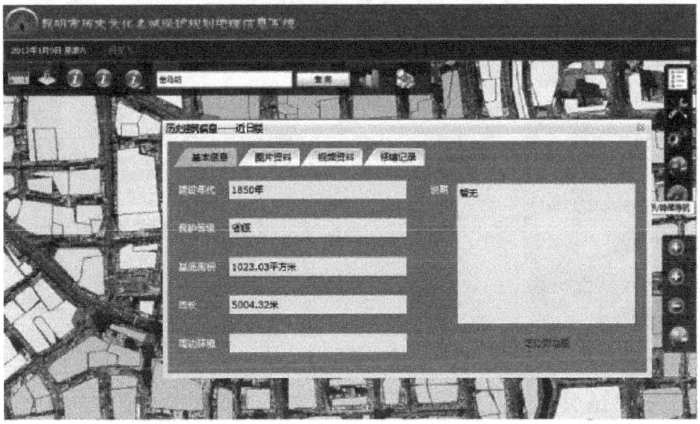

图 3.21　昆明市历史文化名城保护规划地理信息系统属性信息界面

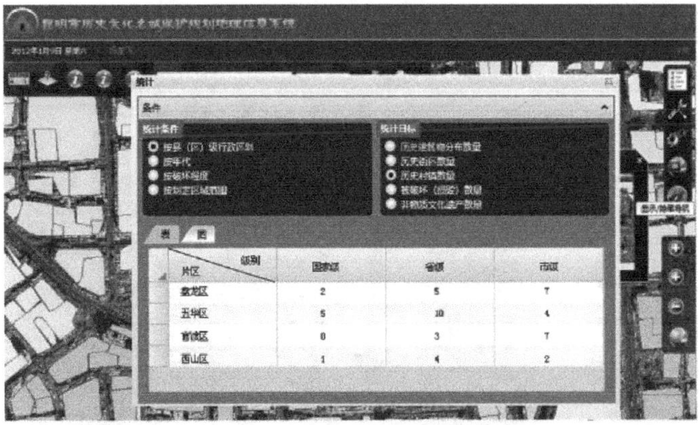

图 3.22　昆明市历史文化名城保护规划地理信息系统统计分析界面

(6)统计图。统计界面如图 3.23 所示。

(7)空间分析。空间分析界面如图 3.24 所示。

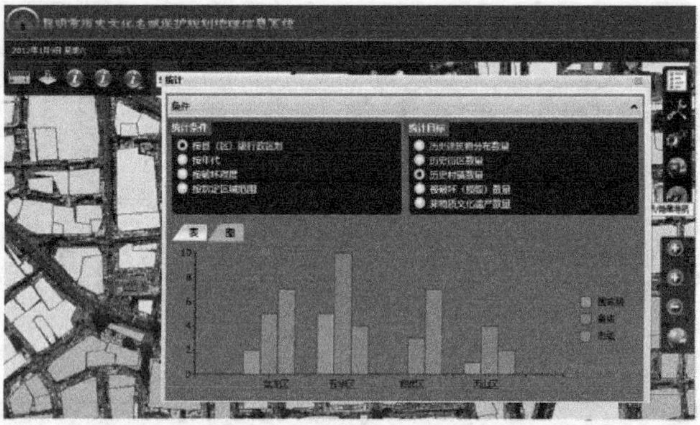

图 3.23　昆明市历史文化名城保护规划地理信息系统统计界面

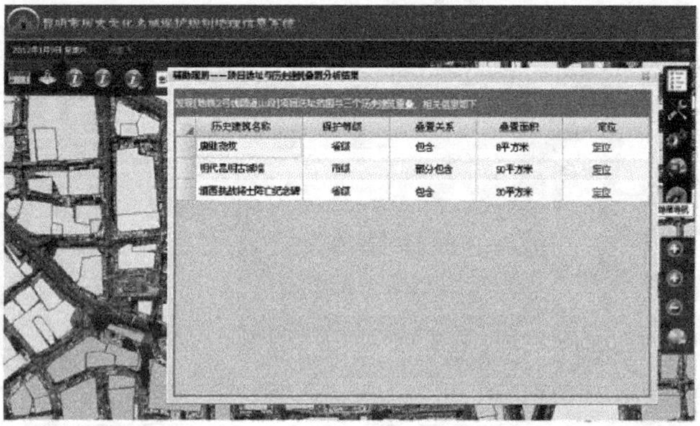

图 3.24　昆明市历史文化名城保护规划地理信息系统空间分析界面

2. 后端管理系统

(1)图层配置。图层配置界面如图 3.25 所示。

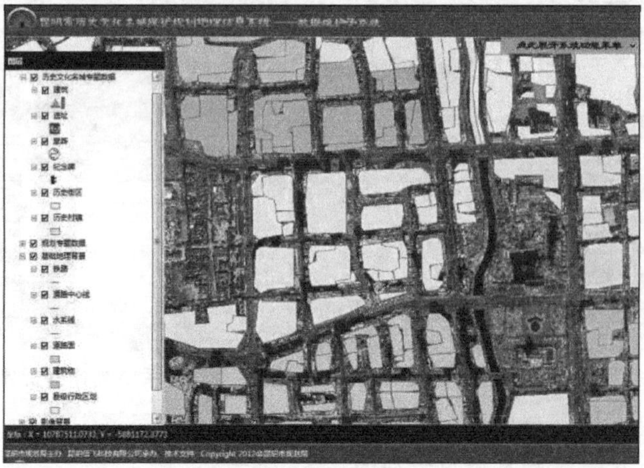

图 3.25　昆明市历史文化名城保护规划地理信息系统图层配置界面

(2)数据更新。数据更新界面如图 3.26 所示。

图 3.26　昆明市历史文化名城保护规划地理信息系统数据更新界面

3.7　实施计划

3.7.1　实施方法

在系统的建设过程中,我们将采用演化模型,该模型主要针对事先不能完整定义需求的软件开发。用户可以给出待开发系统的核心需求,并且当看到核心需求实现后,能够有效地提出反馈,以支持系统的最终设计和实现。软件开发人员根据用户的需求,首先开发原型系统。当原型系统投入运行后,用户试用并完成他们的工作,提出精化系统、增强系统能力的需求。软件开发人员根据用户的反馈,实施开发的迭代过程。每一迭代过程均由需求、设计、编码、测试、集成等阶段组成,为整个系统增加一个可定义、可管理的子集,如图 3.27 所示。

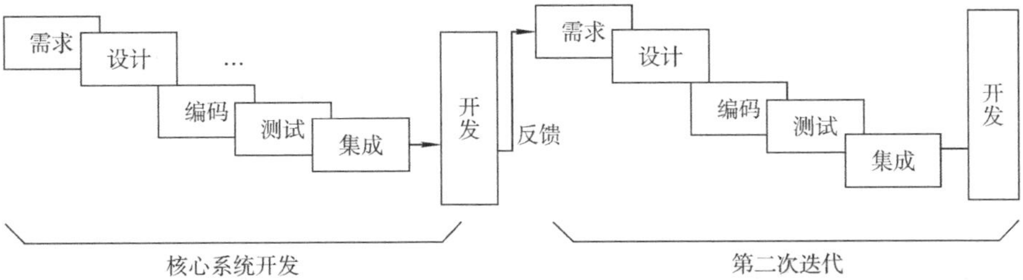

图 3.27　昆明市历史文化名城保护规划地理信息系统演化模型

在开发模式上采取分批循环开发的办法,每循环开发一部分的功能,将成为这个软件原型的新增功能。

3.7.2 实施过程

项目实施工作共分为九个阶段进行：

(1)需求调研与资料收集与分析。

(2)收集整理项目相关的技术资料，对技术可行性进行分析研究。

(3)历史文化名城保护规划地理信息系统规划文本编写。

(4)规划文本包括历史文化名城保护规划地理信息系统当前和未来的主要建设内容。

(5)进行空间数据标准和应用维护标准的制定。

(6)完成数据库结构设计报告和软件设计报告。

(7)完成历史文化名城保护规划地理信息系统、规管系统与网站系统集成软件的开发与软件成果的测试修改工作。

(8)完成数据库的建立和调查数据成果入库工作。

(9)完成软件开发成果、数据库建设成果及项目文档资料的提交和成果验收工作。

3.7.3 人员组织

项目组成立项目领导小组、专家顾问小组、方案编写小组、标准编写小组、数据建库小组、软件开发小组、技术支持小组及质量保证小组。具体项目组机构的职能如下：

(1)项目领导小组，负责双方的业务沟通与联系，负责领导下设的专家顾问小组、数据建库小组、软件开发小组、质量保证小组，并管理和监督各小组的工作。

(2)专家顾问小组，负责项目组在项目实施前期的技术路线和方案评审，并在项目实施过程中对各组进行技术指导和业务培训工作。

(3)方案编制小组，负责历史文化名城保护规划地理信息系统的文本编写。

(4)标准编制小组，负责编制数据建库、数据入库、系统管理办法等标准规范。

(5)数据建库小组，负责具体实施数据库建库和数据入库工作。

(6)软件开发小组，负责具体实施软件开发编制和软件修改工作。

(7)技术支持小组，负责硬件设备安装、调试，系统网络环境的搭建等工作。

(8)质量保证小组，负责管理和监督整个项目中各个技术服务和支持小组的质量控制工作。

项目工作组中，项目领导小组和专家顾问小组在项目启动前成立。其中领导小组由双方单位领导和技术负责人参加，专家顾问小组由2～3位技术专家组成。

3.7.4 设备安装

主要的安装调试过程如下所述。

1. 开箱验货

(1)开箱验货必须由项目负责人和客户同时在场完成。

(2)开箱验货完毕后，由客户根据验货情况在装箱单上签字，货物正式移交给客户，货物的保管责任人为客户。

(3)工程完工后，项目负责人要将客户签字后的装箱单反馈给单位存档。

2. 按照《工程文件》安装硬件

项目负责人在组织进行硬件安装时，必须按照《工程文件》进行施工，同时制作工程文档的相关部分，并注意以下几点：

(1)施工过程中，施工人员要遵守我司和客户相应的行为规范。

(2)硬件施工参照各产品的安装手册。

3. 申请硬件质量检查

硬件安装完毕后，由项目负责人根据硬件工程质量标准对硬件质量进行自检，如发现问题，应及时整改。

4. 验收硬件

项目负责人必须对硬件安装质量和文档进行检查，要注意检查以下几个方面：

(1)安装工艺。

(2)机房的整洁卫生。

(3)地线连接方式及地阻。

(4)整机试通电。

对不符合安装规范的地方应要求工程师进行整改。

在文档和硬件质量均合格后，再提交客户使其对硬件进行验收。硬件工程验收后，项目负责人填写硬件安装竣工报告，由客户签字盖章。

5. 按照《工程文件》调试软件

软件工程师在软件调测过程中，要依照各产品的数据设定规范和开箱调测指导书进行操作，并严格按照工程文件进行软件加载和调试。

软件工程师在系统调测过程中，严格按各产品的数据设定规范和开箱调测指导书进行操作。对现场调测记录表的每一项内容进行内部测试并做好记录，然后由客户随工人员签字确认，为工程验收做好准备。

6. 试运行、终验

初验通过后即进入设备试运行期，项目负责人应注意对设备运行情况的跟踪，对出现的问题应及时解决。试运行期结束后，项目负责人根据合同相关条款和客户要求组织终验，技术支持经理负责解决初验试运行期到终验过程中的技术问题，协助项目负责人完成终验工作。项目负责人与客户共同签署工程竣工验收证书。

3.7.5　方案编写

昆明市历史文化名城保护规划地理信息系统的规划方法采用业务系统规划法。

业务系统规划法是源于20世纪70年代IBM公司用于内部系统开发的一种方法，主要是基于用信息支持业务运行的思想，它是一种结构化的方法，帮助用户做出信息系统的战略规划，满足其近期和长期的信息需求。该方法的基本出发点是：

(1)业务信息系统必须支持用户的战略目标。

(2)业务信息系统的总体规划应当表达出用户各个管理层次的要求。

(3)业务信息系统应向整个用户单位提供一致的信息。

(4)业务信息系统应在组织结构和管理体制变革时保持工作能力。

(5)业务信息系统的总体规划应当由系统结构中的子系统开始实现。

(6)业务系统规划法的主要步骤如下：

(a)定义业务目标。主要是在组织的各级管理部门中取得一致的看法，明确用户单位的防线，使信息系统直接支持这些目标。

(b)定义用户单位的业务流程。目的是为信息系统对该单位的支持奠定长期的基础。业务流程是指单位在完成使命、实现目标过程中必需的、逻辑上相关的一组活动，它们的分析和识别不需要考虑组织机构的联系、业务流程一般范围计划与控制流程等方面。这样定义流程的目的是：①使信息系统大大独立于组织结构的变化；②理解单位如何完成使命和目标；③为从操作流程中分离出战略规划和管理控制提供依据；④为定义所需的信息结构、决定开发范围、分解模块和建立开发的优先次序提供依据；⑤为定义关键的数据需求提供基础。

(c)定义数据类。在定义与识别业务流程的步骤中要对现存业务流程中不科学、不合理、不适应用户单位生存发展需要的内容进行分析诊断，应用信息技术及现代管理思想与方法对已有流程进行改造，重新设计与创新。一个数据类是指为支持一个或多个业务流程所需的一大类数据。业务流程一旦被识别出来之后，下一步就是要对这些过程所产生、控制和使用的数据进行识别和分类。

数据类是指支持业务流程所必需的逻辑上相关的数据，识别数据类需要考虑以下一些因素：①目前支持业务流程数据的准确度、及时性和可靠性；②在建立管理信息系统总体结构中所使用的数据类；③业务流程之间目前和潜在的数据共享；④各个流程产生和使用什么样的数据；⑤数据策略的确定；⑥目前不可缺少的数据；⑦发展需要改善的系统。

(d)定义信息系统的总体结构。总体结构是对系统长期目标的一个描述，所采取的形式通常是一组相互有关的信息系统和被管理的有关数据，由总体结构出发，可以识别出每一模块，再按信息系统的开发计划来安排日程。

3.7.6　标准制订

1. 标准制订方式与流程

历史文化名城保护规划地理信息系统的标准制订具体工作流程(图 3.28)如下：

(1)进行需求与国内相关标准的调研分析。

(2)结合电子政务、城市规划、历史文化保护及地理基础空间信息库技术设计编写标准大纲。

(3)编写标准内容,形成标准征求意见稿。

(4)征求相关专家意见,将全部意见汇总、分类、研究处理。

(5)针对专家意见,修改征求意见稿,形成征求意见处理汇总表,形成标准规范的送审稿。

(6)根据标准的内容,选定合适的专家组,并将送审稿和征求意见处理汇总表送专家组审查,形成审查会会议纪要、各项标准审查意见、对送审稿的评价和处理意见等。通过汇总、分析、处理全部审查意见,形成审查意见处理汇总表,并修改送审稿,形成标准试行草案。

(7)根据历史文化名城保护规划地理信息系统建设的实际情况,修改完善标准文本,进一步明确各项标准的使用范围和使用方式。

(8)为保证标准的质量及更好地贯彻实施,切实做到统一建设和统一标准。

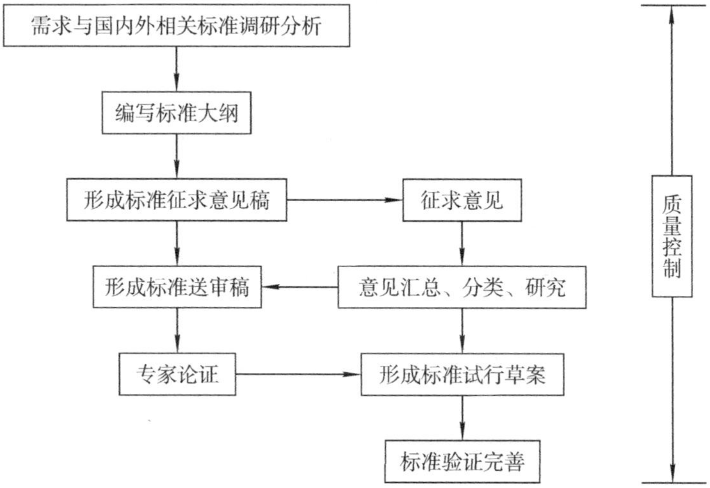

图 3.28　历史文化名城保护规划地理信息系统标准制订流程

2. 标准制订阶段划分

每一个标准的制订分研制、试用、试行、验收和质量保证五个阶段的组织实施。

3. 标准制订的重点、难点与关键点

标准的研制始终是一项制约我国信息系统发展的薄弱环节,是一项政策性和技术性都很强的基础性工作。本标准体系制订过程中存在以下重点、难点与关键点。

(1)标准的研制必须紧密结合电子政务业务需求。

(2)标准的制订必须从森林资源管理信息系统建设的整体出发,协调标准之间的关系。

(3)几十年来,我国积累了丰富的历史文化名城、城市规划、电子政务、地理空间信息等领域的标准制订经验。本标准体系标准的制订必须考虑现有数据资源状况与技术基础，能够有效适用于针对历史文化名城保护规划地理信息系统的技术和需求。

(4)通过参考模型、概念模式语言、术语、一致性和测试等对标准质量进行总体控制，多次从多个层面反复进行标准间的协调，包括模型协调、UML 图形协调、内容协调、术语协调、相互依赖关系协调等，以求与相关标准达到最大限度的一致，保证标准质量。

3.7.7 软件开发

整个软件系统项目的实施过程如图 3.29 所示。

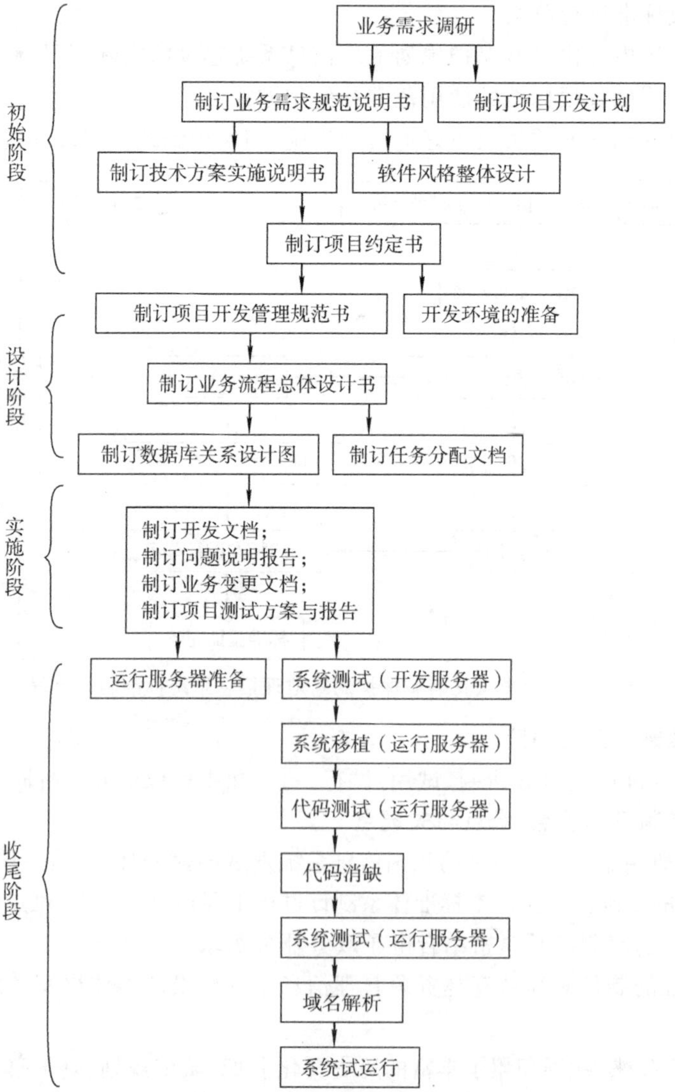

图 3.29 软件系统项目的实施过程

在项目的实施过程中,项目负责人将制订切实可行的项目管理计划和质量保证计划,将每项任务落实到相应的人,并提供相应的条件保障。同时,保证每个参与项目实施的员工都将以饱满的工作精神和敬业态度投入工作之中。

软件开发过程如图3.30所示。

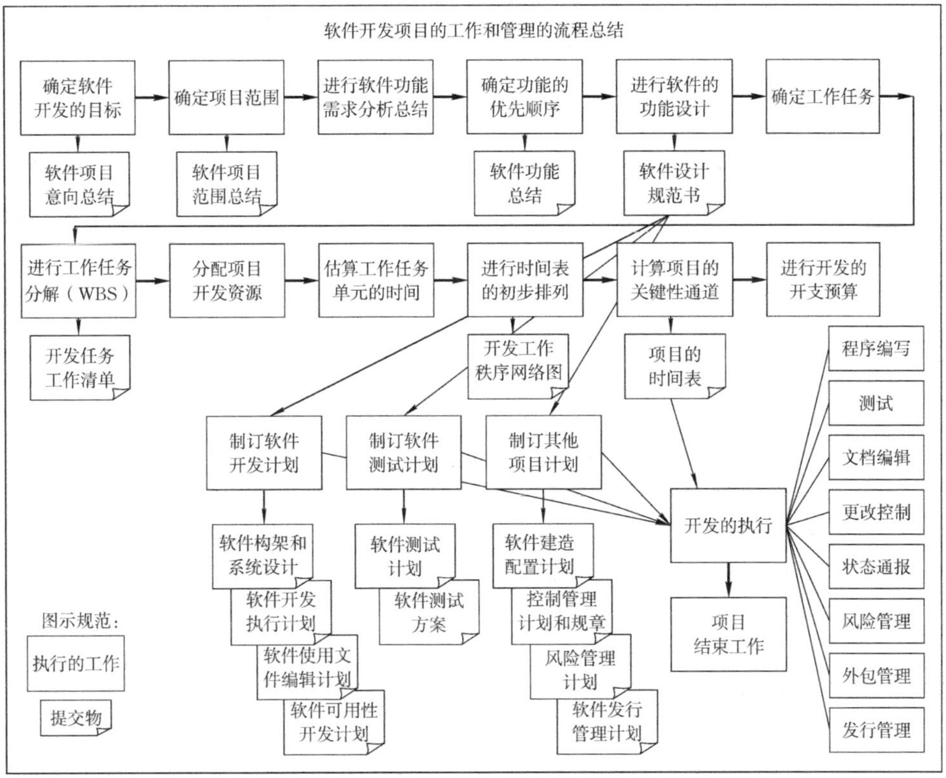

图3.30　软件开发过程

在软件开发过程中,将设置专门的质量保证人员,负责与客户和技术人员进行沟通,并保证项目质量。

3.7.8　测试修改

质量是一切软件产品的生命线。为了保证软件的最终质量,在软件开发的整个生命周期里,测试部门都将对软件进行系统测试。在单机环境下对系统进行人工测试及自动化软件测试,确保在软件开发周期中,能尽早发现可能存在的缺陷,以保证软件产品按期、按质完成。

1. 单元测试

单元测试是最早期的测试,是对软件可分离的、独立的、最小的功能部分进行测试。在每一个函数及功能模块代码完成编写时,要求程序员对函数及功能模块进行单元测试，以保证该单元的功能与模块设计书中的描述一致。

2. 集成测试

单元测试完成后，将软件单元按设计功能划分成模块，然后对模块的功能、性能及模块与模块间的界面进行黑盒性质的集成测试。

3. 系统测试

软件编写完成后，将对软件的整体进行测试，测试软件作为整体运作时的各种功能与性能。

4. 修改完善

为了确保系统建设的可靠性，在系统开发主体工作完毕并通过建设小组内部联合测试评审后，将进行系统的试运行工作。试运行工作的重点在于测试软件系统对硬件、网络等基础设施的适应情况及评估整体的性能和运行效果，同时也通过使用者的操作，反馈大量实用意见和建议。在此基础上，完成系统试运行工作报告，并有针对性对系统中存在的各类问题进行调试、修改和完善。

3.7.9 安装部署

1. 安装

系统可以提交的中间版本开发完成以后，在接收到产品质量管理部门的交付许可后，部署人员将检查待交付的系统运行环境是否可以确保整个系统有效地运行，然后安装该系统。

2. 试运行

安装完成后，试运行阶段开始。在这个阶段，整个系统会被安装在实用环境中，按照需求和设计，由用户实际操作、使用该软件系统。

3. 调试

为确保在安装和试运行过程中，系统仍保持其完整性和正确性，应进行验证。将通过软件操作和日志记录的方法，对软件进行调试和验证，确保系统使用稳定、可靠。

4. 问题反馈

对于系统运行的缺陷或者是不符合用户需求的问题，应反馈至项目组进行评审，并根据用户的要求进行解决。

5. 系统维护

系统的成功取决于系统的高质量和高可靠性，因此须对系统不断地优化，使系统能够高效、安全、稳定。

3.7.10 数据建库

1. 总体工作流程

历史文化名城数据建库工作的总体流程如图 3.31 所示。

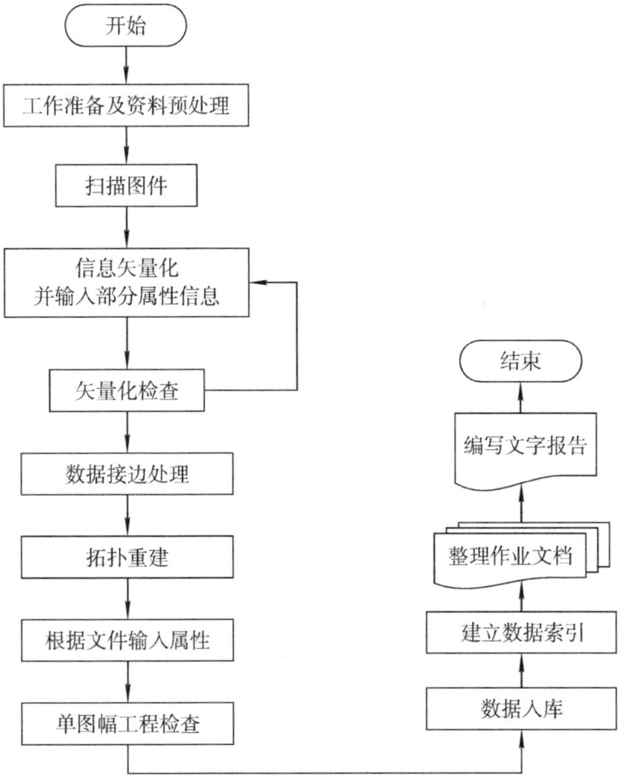

图 3.31　总体工作流程

2. 数据建库流程

各类基础数据的建库工作流程如图 3.32 所示。

3. 数据处理

根据数据来源及数据格式的不同,将采用不同的处理方式。

(1)矢量图形:采用 ArcGIS 进行格式转换,并进行空间参考系的设定,对纸图坐标或局部坐标进行投影变换和坐标配准。

(2)卫星影像:采用 Erdas 进行格式转换,并进行空间参考系的设定,对原始影像进行空间配准和影像校正。

(3)文本资料:对登记信息进行转换或录入,对档案资料进行整理及扫描,对分类信息进行编码录入,对统计或文字属性类信息按照数据表或者空间图层分类标准进行结构设定和录入。

(4)图片资料:按照数据结构定义分类进行格式转换,并转入数据库。

(5)各类业务信息:根据数据规范要求,按照数据结构定义分类进行录入,并转入数据库。

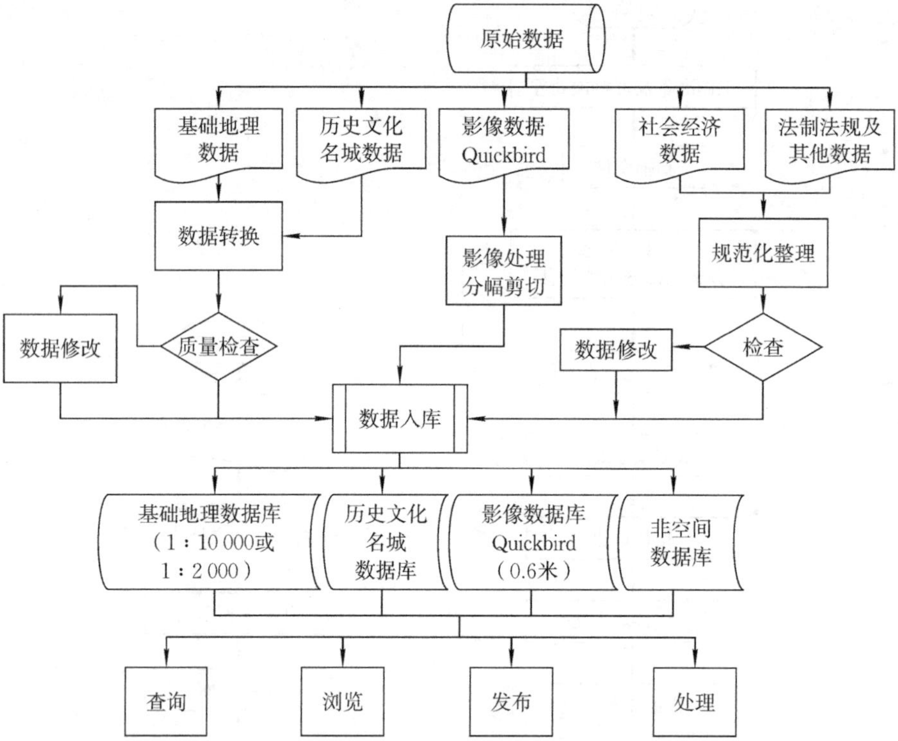

图 3.32 数据建库流程

4. 数据入库

一般来说数据入库，需要经过检查→预入库→修改→再入库等几个反复过程，才能满足需要入库。同时为了保证一个工程的完整性，允许建立临时的工程进行数据的预入库，直到最后没有任何错误时再将数据正式入库（图 3.33）。

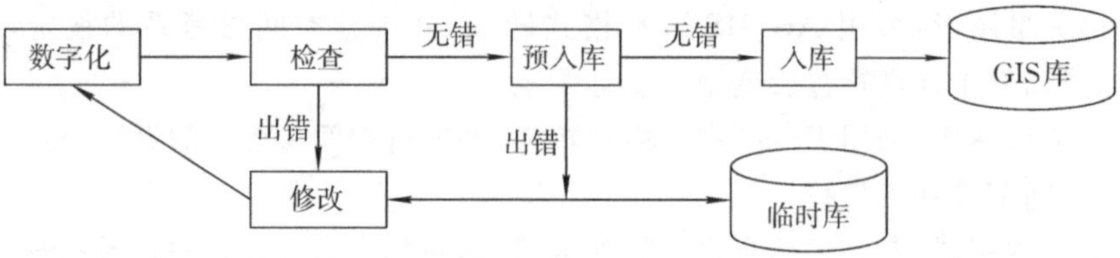

图 3.33 数据入库流程

入库完成后应仔细检查日志记录，查找有无错误或者异常情况的出现。如果出现错误，则必须及时清空预入库结果，重新检查数据和软件后，再次入库。

5. 数据质检

数据质量是指数据的可靠性和精度，在测量学中通常用误差来度量，在地理空间信息数据库更新与建库过程中，有许多生产环节，每个环节均产生一定的误差，按误差传播理论，每项误差的传播直接影响到最终数据的质量。数据质量按其特性可分为一级质量特性和二级质量特性，如表3.5所示。

表3.5　数据质量特性

一级质量特性	二级质量特性
位置精度	数学基础
	平面精度
	高程精度
	接边精度
属性精度	要素分类与代码的正确性
	要素属性值的正确性
	要素注记的正确性
逻辑一致性	多边形闭合精度
	结点匹配精度
	拓扑关系的正确性
完备性	数据分层的完整性
	实体类型的完整性
	属性数据的完整性
	注记的完整性

根据地理空间数据库设计要求，确定数据质量控制的内容和制定相应的数据质量控制策略。

1)质量检验一般规定

质量检验是数据质量控制的重要环节，质量检验通过对数据采集全过程的监控，提供技术参数，保证产品质量，是进行数据质量控制的重要手段。

数据生产作业中的工序必须达到规定的质量要求，经作业人员自查、互检，如实填写质量记录，达到合格标准，方可转入下一工序。建立内部质量审核制度，编写最终检查报告，其过程检查、最终检查和质量评定，按有关规定和技术设计书执行。

2)数据质量检验的方法

根据数据质量的特性，数据质量检验的主要内容是位置精度的检验、属性精度的检验、逻辑一致性与完整性的检验。

(1)位置精度的检验。位置精度即定位精度，它包括数学基础、平面精度、高程精度和接边精度等。

(2)属性精度的检验。属性精度主要包括要素分类与代码的正确性、要素属性值的正确性、要素注记的正确性。该项精度的检验主要是通过相应要素的回放图件与扫描的工作底图进行对照检查，或是在屏幕上，逐项对照原始资料，对要素的分层、分类属性及编码进行检查。

(3)逻辑一致性与完整性的检验。逻辑一致性的检验主要包括多边形闭合精度、结点匹配精度、拓扑关系的正确性;完整性的检验包括数据分层的完整性、实体类型的完整性、属性数据的完整性、注记的完整性。

3.7.11 提交成果

(1)历史文化名城保护规划地理信息系统的规划文本。

(2)项目建设中涉及的各类标准规范。

(3)项目相关设计文档,包括工作计划、需求调研报告、项目总体设计文档、详细设计文档、数据库详细设计文档、安装手册、系统管理员手册、用户手册、培训手册、工作报告、技术报告、验收报告及项目建设过程中的其他必要文档。

(4)数据库建设资料与成果:①数据库设计文档;②数据库建库脚本;③数据入库检查验证存档记录;④数据库管理维护手册;⑤各类数据入库后的成果数据所对应的 Oracle 表空间数据文件;⑥相应的数据库恢复脚本文件及恢复操作说明文件(由表空间文件恢复成可运行的数据库)。

(5)软件系统建设资料与成果:①历史文化名城保护规划地理信息系统成果及源代码;②规管系统与网站系统集成成果及源代码;③对外接口及源代码。

3.7.12 培训计划

人员培训对象主要针对用户单位内该系统的使用者和维护管理者,内容包括各应用系统的使用与维护方法。项目培训是系统能否正常运行的关键因素之一,培训内容分为观念培训、技术培训、操作培训、使用培训等几个方面。具体的培训日程需要与系统开发进程相配合,但大致分为以下几个阶段。

(1)概念培训期:系统建设是一个综合性的工程,需要甲乙双方的各方面配合。在系统调研前期,为保证甲方应用部门能按信息化的要求对业务流程、图件和属性资料进行充分理解,双方需要对要调研的内容进行前期培训,以确保操作人员有一个前期概念并在资料方面的准备比较有针对性。

(2)基础培训期:在系统基本软硬件采购的同时进行,以保障后续培训工作能够顺利进行。主要涉及的内容包括计算机基础、网络基础等。这部分工作一般由甲方根据人员的实际情况自行安排,必要的话应当对本单位所有人员进行信息系统的基础培训。

(3)合作培训期:在项目进行过程中,提交开发成果的同时提交相应文档,并进行操作培训,以便有关操作人员尽快熟悉系统,也有利于及早发现问题和进行改进。特别是在本系统的建设过程中,对于甲方参加配合的技术人员要做开发工具和数据库方面的培训。

(4)交接培训期:在系统开发基本完成后,由项目经理组织有关技术人员,系统性地对各类操作人员进行集中培训，作为开发成果正式交接的一部分内容。

培训工作主要安排在甲方现场进行，以便使用户能够迅速掌握相应的培训内容。具体的培训项目、培训对象如表 3.6 所示。

表 3.6　培训项目及培训对象

培训项目	培训对象	
	系统使用人员	系统管理员
应具备的基础	了解本职岗位业务过程	了解 Windows 2008(或 2000/2003)操作系统和计算机网络基础知识
培训目标	使业务管理人员理解系统与业务相互结合的整体概念，并掌握具体操作的全部步骤	使系统维护人员掌握保证系统正常运行的基本技术
培训内容	掌握计算机系统应用过程管理的方法； 掌握系统具体操作的全部步骤	掌握系统安装、网络配置、数据库定义和数据备份与恢复的具体操作； 掌握系统图件、属性资料更新；掌握系统故障恢复的具体操作； 掌握数据库的基本应用知识等
培训教材	完善的用户使用手册； 方便快捷的联机帮助	完善的系统管理员手册； 方便快捷的联机帮助
考核与管理	培训后由用户内部安排考核	培训后进行技术考核
跟踪指导	完善的用户使用手册； 方便快捷的联机帮助由用户系统管理员继续指导	完善的系统管理员手册； 方便快捷的联机帮助； 开发方进行全面技术支持
培训时间	每对口部门 1 天	6 天

3.7.13　成果验收

1. 本项目验收由用户组织专家鉴定会验收

项目验收时必须满足以下条件：

(1)符合国家和地方对历史文化名城保护规划地理信息系统建设所必须满足的标准和规范。

(2)达到项目设计预期的功能。

(3)正式安装使用。

(4)经用户测试达到项目预期功能。

(5)完成用户要求的相关事项。

2. 要提交以下工作文档

(1)项目建设中涉及的各类标准规范。

(2)项目相关设计文档，包括工作计划、需求调研报告、项目总体设计文档、详细设计文档、数据库详细设计文档、安装手册、系统管理员手册、用户手册、培训手册、工作报告、技术报告、验收报告及项目建设过程中的其他必要文档。

3.7.14　时间计划

1. 技术服务部分

项目工作时间从 2012 年 1 月 4 日正式启动开始，到 2012 年 4 月 30 日全部结束，历时 4 个月。

由于项目时间紧迫，整个项目实施期间，采用连续加班工作的方式推进项目，具体各项工作的时间如图 3.34 所示。

ID	任务名称	开始时间	完成	持续时间
1	需求调研分析	2012/1/4	2012/1/18	15天
2	系统规划文本编写	2012/1/18	2012/2/11	25天
3	标准化工作	2012/1/18	2012/2/11	25天
4	数据建库工作	2012/1/11	2012/4/29	110天
5	系统开发工作	2012/1/18	2012/4/24	98天
6	归还系统及网站系统集成	2012/3/1	2012/4/19	50天
7	接口开发	2012/3/19	2012/4/22	35天
8	技术培训	2012/4/25	2012/4/30	6天
9	项目验收	2012/4/30	2012/4/30	1天

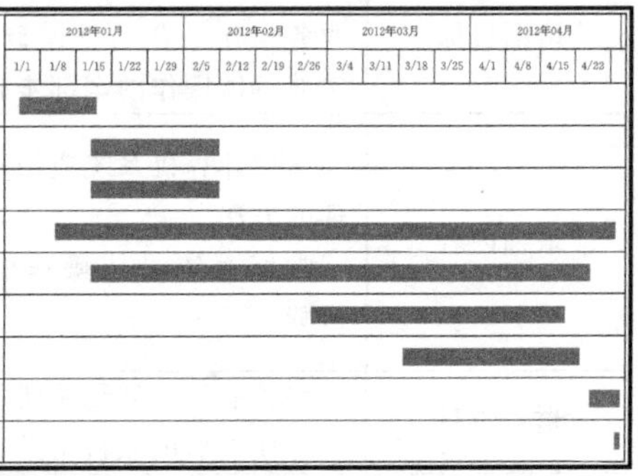

图 3.34　项目推进时间

2. 硬件设备部分

30 天内应用服务器到货，并完成现场安装、调试、使用工作。

第 4 章　历史文化名城保护规划地理信息系统标准建立

4.1　标准规范体系的意义和原则

4.1.1　标准和标准化的定义

标准是为在一定的范围内获得最佳秩序，对活动或其结果规定共同和重复使用的规则、准则或特性的文件，该文件经协商一致制定并经公认机构批准。标准应以科学技术和经验的综合成果为基础，以促进最佳社会效果为目的。依据《中华人民共和国标准化法》，标准划分为：国家标准、行业标准、地方标准和企业标准、团体标准等层次。各层次之间有一定的依从关系和内在联系，形成一个覆盖全国、层次分明的标准体系。而根据标准的法律效力，又可将标准划分为强制性标准和推荐性标准，但企业若采用了推荐性标准，该标准就将成为产品的强制性标准。

标准化是在经济、技术、科学及管理等社会实践中，对重复性事物和概念通过制订、发布和实施标准，达到统一，以获得最佳秩序和社会效益。一般来说，标准化包括制订、发布与实施标准的过程。

地理信息系统标准是在地理信息系统应用实践范围内为获得最佳秩序，对地理信息系统应用实践活动或其结果规定共同和重复使用的规则、准则或特性的文件，该文件需要协商一致制定并经公认的机构批准。

地理信息系统应用实践范围并不完全是共性化的，而是更多地表现出行业或特定应用领域的色彩，因此在应用层面上的地理信息系统标准应归于行业或领域标准；但地理信息系统应用实践活动必然涉及系统建设和地理信息的规范化，这两方面的重复性事物和概念是表现出共性特征的，因此其相应的标准应以国家标准的形式来发布实施；地理信息系统标准化是围绕着标准的制订、发布和实施这三个环节进行的，地理信息系统标准的制订活动需要有关各方的共同参与并协商一致，地理信息系统标准的发布需经公认的机构批准，地理信息系统标准的实施需要有关各方的大力宣传和推动；地理信息系统标准化的目标是获得最佳秩序和社会效益，即降低成本、提高效益、为使用者提供有效服务。

4.1.2　标准规范体系的意义

标准化是现代化大生产的必要条件，是科学管理的基础，是调整产品结构和产业结构的需要，是扩大市场的必要手段，是促进科学技术转化成生产力的平台，也是推动贸易发展的桥梁和纽带，并能提高质量和保护安全。在地理信息系统中，规范化和标准化可使各种数据结构得以统一，海量数据可以相互共享，减少重复劳动，方便地理信息的管理和应用；可使地理信息系统的分析算法达到最优，形成统一标准，加速地表周围信息的全面、准确的数字化；可使不同的地理信息系统专项应用得到准确科学的功能划分，并且在突出专项应用特点的同时，拥有规范标准的学科基础。标准化可以使数据共享使用，分析算法最优且高效，不同专项有着科学的模块划分，就可以使得应用系统更好更快地实现产业化和社会化。

1. 促进空间数据的使用及交换

地理信息系统直接处理的对象就是反映地理信息的空间数据，由于空间数据的生成及其操作的复杂性，因此它是造成在地理信息系统研究及其应用实践中所遇到的许多具有共性问题的重要原因。进行地理信息系统标准化研究最直接的原因，就是为了解决在研究及其应用中所遇到的这些问题。

1)数据质量

对数据质量的影响来自两方面：一方面是由于生产部门数字化作业人员水平参差不齐，各种航摄、解析仪器及各种数字化设备的精度不同，导致地理信息数据的精度不同；另一方面是对地理属性特征的识别质量，由于没有经过严格校正的属性数据存在误差，从而导致人们使用数据的不一致。对数据质量实施控制的途径是制定一系列的规程，例如地图数字化操作规范、遥感图像解译规范等标准化文件，作为日常工作的规章制度，指导和规范工作人员的工作，以最大限度保障数据产品的质量。

2)数据库设计

在实践中，数据库设计是至关重要的一个问题，它直接关系到数据库应用的方便性和数据共享。通常，数据库设计包括三方面的内容，即数据模型设计、数据库结构和功能设计及数据建库的工艺流程设计。要解决这些问题，就需要针对数据库的设计问题，建立相应的标准，如数据语义标准、数据库功能结构标准、数据库设计工艺流程标准。

3)数据档案

对数据档案的整理及其规范化，其中代表性的工作就是对地理信息系统元数据的研究及其标准的制订工作。明确的元数据定义及对元数据访问的方便性，是安全使用和数据交换的最基本要求。一个系统中如果不存在元数据说明，很难想象它能被除系统开发者之外的人正确地应用。因此，除了空间信息和属性信息以外，元数据信息也被作为地理信息的一个重要组成部分。

4)数据格式

在地理信息系统发展初期，数据格式被当作一种商业秘密，因此对地理信息系统数据的交换使用几乎是不可能的。为了解决这一问题，通用数据交换格式的概念被提了出来，并且，有关空间数据交换标准的研究发展很快。在地理信息系统软件开发中，输入功能及输出功能的实现必须满足多种标准的数据格式。

5)数据的可视化

空间数据的可视化表达，是地理信息系统区别于一般商业化管理信息系统的重要标志。在几百年的发展过程中，地图学为数据的可视化表达提供了大量的技术储备。在技术发展早期，空间数据的显示基本上直接采用了传统地图学的方法及其标准。但是，由于地理信息系统面向空间分析功能的要求，空间数据的可视化表达与地图的表达方法具有很大的区别。传统的制图标准并不适合空间数据的可视化要求，例如利用已有的地图符号无法表达三维地理信息系统数据。解决地理信息系统数据可视化表达的一般策略是：与标准的地图符号体系相类似，制定一套标准的地理信息系统中用于显示地理数据的符号系统。地理信息系统标准符号库不但包括图形符号、文字符号，还包括图片符号、声音符号等。

6)数据产品的测评

对于一个产业来讲，其产品的测评是一件非常重要的工作。同样，对地理信息系统数据产品的质量、等级、性能等方面进行测试与评估，对于项目工程的有效管理、促进地理信息市场的发展具有重大意义。

2. 促进地理信息共享

地理信息的共享是指地理信息的社会化应用，就是地理信息开发部门、地理信息用户和地理信息经销部门之间以一种规范化、稳定、合理的关系共同使用地理信息及相关服务机制。

地理信息共享深受信息相关技术(包括遥感技术、卫星导航定位技术、地理信息技术、网络技术)的发展、相关的标准化研究及其所制定的各种法规保障制度的制约。现代地理信息共享以数字化形式为主，并已步入了模拟产品、数据产品和网络传输等多种方式并存的数字化时代。因此，数据共享几乎成为信息共享的代名词。在数据共享方式上，专家们的观点是：未来的数据共享将以分布式的网络传输方式为主。例如，我国有关部门提出以两点一线、树状网络、平行四边形网络、扇状平行四边形网络四种设计方案作为地理信息数据共享的网络基础。

从信息共享的内容上来看，地理信息的共享并不只是空间数据之间的共享，它还是其他社会、经济信息的空间框架和载体，是国家及全球信息资源中的重要组成部分。因此，除了空间数据之间的互操作性和无误差的传输性作为共享内容外，空间数据与非空间数据的集成也是地理信息共享的重要内容。后一种数据共享方式具有更大的社会意义，因为它为某些社会、经济信息的利用提供了一种新的方法。

地理信息共享有三个基本要求：要正确地向用户提供信息；用户无歧义、无错误地接收并正确使用信息；要保障数据供需双方的权利不受侵害。在这三个要求中，数据共享技术的作用是最基本的，它将在保障信息共享的安全性（包括语义正确性、版权保护及数据库安全性等方面）和方便灵活地使用数据方面发挥重要的作用。数据共享技术涉及四个方面，即面向地理系统过程语义的数据共享概念模型的建立；地理数据的技术标准；数据安全技术；数据的互操作性。

标准化和规范化是反映一个国家经济发展和科技进步的重要标志，也是保证信息交换与共享的前提，特别是在信息社会里，其意义尤为重大。而地理信息系统担负着整个地理综合信息的储存、分析、交换和服务的任务，为了实现这一功能，必须对其进行标准化处理。

1)从地理信息系统的特点来看

地理信息系统的建设和应用本身就是一个巨大而复杂的系统工程，而且该系统的数据来源非常广泛。同时该系统要服务于多层次和多类型用户，并要面对千差万别的需求。凡此种种，均要求信息分类、数据格式、技术流程和设备配置等有一系列相互配套的标准、规范、规程相约定。

2)从已建地理信息系统的经验来看

近几年来，我国许多城市已开展了地理信息系统建设工作，取得了一定的成绩，一些应用系统不同程度地投入了使用，对城市的发展已经或正在发挥着作用。然而总体来看，我国地理信息系统仍处于起步阶段，水平相对不高。目前较为突出的问题是有的城市及城市内部各部门之间自成体系，造成重复建设；有的系统存在着较为严重的质量问题；有的系统通用性较差。这些情况不仅造成人、财、物的巨大浪费，而且难以实现信息的综合利用和信息资源共享，也不利于应用系统建设。

3)从网络互联的角度来看

地理信息系统的信息量大、用户多，所以地理信息系统一般是一个网络化的系统。同时部分地理信息系统开始进入国际网络，为了实现其计算机系统互连、信息交换、资源共享、互操作和协同工作-网络互联，地理信息系统也必须进行标准化设计。

4.1.3 地理信息系统标准化的基本原则

根据我国标准化法的规定和有关标准化文件的要求，地理信息系统标准化应遵循下列基本原则：

(1)必须贯彻国家标准。地理信息系统需要的标准，凡是已有相应国家标准的，一律贯彻国家标准；凡已列入国家有关标准制定规划的，不另行制订，在急需情况下可先提出适用的有关约定或指南。

(2)积极采用国际标准,凡是需要制订但一时未能纳入标准制订规划的标准(含规范、指南、约定等),若有相应的国际标准,则应按国家规定,酌情选用等同、等效、参照三种级别中的一种方式进行制订;若无相应的国际标准,则在可能的情况下,参照类似的国外先进标准制订。

(3)同其他领域标准化相协调一致。地理信息系统标准化不是孤立的活动,在此过程中,必然要涉及其他与之相关的领域,这就要求各方面要互相协调一致。

(4)制订标准必须遵守《标准化工作导则 第 1 部分:标准化文件的结构和起草规划》(GB/T 1.1—2020)的具体规定。

总体来说,凡是需要统一的技术要求,如果有现行国家标准,就必须贯彻执行国家标准;若没有国家标准而有相应行业标准,则执行相应的行业标准;如果没有国家标准和行业标准,但是有地方标准,则执行相应的地方标准;如果没有国家标准、行业标准及地方标准,而有相应的国际标准或类似的国外先进标准,则可以先参照采用国际标准或国外先进标准,同时建议立项制订相应的标准;如果没有任何相应标准,但是有相关的内部规范或指导性技术文件,则应当借鉴采用这些规范或文件,同时积极制订相应标准,做好标准化的审查工作。

4.2 标准规范体系的基本内容

4.2.1 历史文化名城保护规范

1. 历史文化名城保护规范概述

为确保我国历史文化遗产得到切实的保护,使历史文化遗产的保护规划及其实施管理工作可以科学、合理、有效地进行,必须制定一个统一的规范。规范适用于历史文化名城、历史文化街区和文物保护单位的保护规划。保护规划必须遵循保护历史真实载体的原则,保护历史环境的原则,合理利用、永续利用的原则。保护规划应全面和深入调查历史文化遗产的历史及现状,分析研究文化内涵、价值和特色,确定保护的总体目标和原则。保护规划应在有效保护历史文化遗产的基础上,改善城市环境,适应现代生活的物质和精神需求,促进经济、社会协调发展。保护规划应研究确定历史文化遗产的保护措施与利用途径,充分体现历史文化遗产的历史、科学和艺术价值,并应对历史文化遗产利用的方式和强度提出要求。历史文化名城保护规划应纳入城市总体规划。历史文化名城的保护应成为城市经济与社会发展政策的组成部分。城市用地布局的调整、发展用地的选择、道路与工程管网的选线及其他大型工程设施的选址应有利于历史文化名城的保护。对确有历史、科学和艺术价值,未列入文物保护单位的文物古迹和未列入历史文化街区的历史地段，保护规划应提出申报建议。非历史文化名城的历史城区、历史地段、文物古迹的保护规划及历史文化村、镇的保护规划可依照已有规范执行。历史文化名城保护规划除应遵守统一规范外，还应符合国家现行的有关强制性的标准、规范的规定。

2. 历史文化名城规范术语

1)历史文化名城

经国务院批准公布的保存文物特别丰富并且具有重大历史价值或者革命纪念意义的城市。

2)历史城区

城镇中能体现其历史发展过程或某一发展时期面貌的地区。涵盖一般通称的古城区和旧城区。一般特指历史城区中历史范围清楚、格局和风貌保存较为完整的需要保护控制的地区。

3)历史地段

保留遗存较为丰富，能够比较完整、真实地反映一定历史时期传统风貌和民族、地方特色，存有较多文物古迹、近现代史迹和历史建筑，并具有一定规模的地区。

4)历史文化街区

经省、自治区、直辖市人民政府核定公布应予重点保护的历史地段，称为历史文化街区。

5)文物古迹

人类在历史上创造的具有价值的不可移动的实物遗存，包括地面与地下的古遗址、古建筑、古墓葬、石窟寺、古碑石刻、近代代表性建筑、革命纪念建筑等。

6)文物保护单位

经县级以上人民政府核定公布应予重点保护的文物古迹。

7)地下文物埋藏区

地下文物集中分布的地区，由城市人民政府或者行政主管部门公布为地下文物埋藏区。地下文物包括埋藏在城市地面之下的古文化遗址、古墓葬、古建筑等。

8)历史文化名城保护规划

以保护历史文化名城、协调保护与建设发展为目的，以确定保护的原则、内容和重点，划定保护范围，提出保护措施为主要内容的规划，是城市总体规划中的专项规划。

9)建设控制地带

在保护区范围以外允许建设，但应严格控制其建(构)筑物的性质、体量、高度、色彩及形式的区域。

10)环境协调区

在建设控制地带之外，划定的以保护自然地形地貌为主要内容的区域。

11)风貌

指反映历史文化特征的城镇自然景观和人文环境的整体面貌。

12)保护建筑

具有较高历史、科学和艺术价值，并在规划中被认为应按文物保护单位保护方法进行保护的建(构)筑物。

13)历史建筑

有一定历史、科学、艺术价值的，反映城市历史风貌和地方特色的建(构)筑物。

14)历史环境要素

除文物古迹、历史建筑之外，构成历史风貌的围墙、石阶、铺地、驳岸、树木等景物。

15)保护

对保护项目及其环境所进行的科学的调查、勘测、鉴定、登录、修缮、维修、改善等活动。

16)修缮

对文物古迹的保护方式，包括日常保养、防护加固、现状修整、重点修复等。

17)维修

对历史建筑及历史环境要素所进行的不改变外观特征的加固和保护性复原活动。

18)改善

对历史建筑所进行的不改变外观特征，调整、完善内部布局及设施的建设活动。

19)整修

对与历史风貌有冲突的建(构)筑物和环境因素进行的改建活动。

20)整治

为体现历史文化名城和历史文化街区风貌完整性所进行的各项治理活动。

3. 历史文化名城

1)一般规定

(1)历史文化名城保护的内容应包括：历史文化名城的格局和风貌；与历史文化密切相关的自然地貌、水系、风景名胜、古树名木；反映历史风貌的建筑群、街区、村镇；各级文物保护单位；民俗精华、传统工艺、传统文化等。

(2)历史文化名城保护规划必须分析城市的历史、社会、经济背景和现状，体现名城的历史价值、科学价值、艺术价值和文化内涵。

(3)历史文化名城保护规划应建立历史文化名城、历史文化街区与文物保护单位三个层次的保护体系。

(4)历史文化名城保护规划应确定名城保护目标和保护原则,确定名城保护内容和保护重点,提出名城保护措施。

(5)历史文化名城保护规划应包括城市格局及传统风貌的保持与延续,历史地段和历史建筑群的维修改善与整治,以及文物古迹的确认。

(6)历史文化名城保护规划应划定历史地段、历史建筑群、文物古迹和地下埋藏区的保护界线,并提出相应的规划控制和建设要求。

(7)历史文化名城保护规划应合理调整历史城区的职能,控制人口容量,疏解城区交通,改善市政设施,以及提出规划的分期实施及管理建议。

(8)地下文物埋藏区保护界限范围内的道路交通建设、市政管线建设、房屋建设及农业活动等,不得危及地下文物的安全。

(9)历史城区内除文物保护单位、历史文化街区和历史建筑群以外的其他地区,应考虑延续历史风貌的要求。

2)保护界线划定

(1)历史文化街区应划定保护区和建设控制地带的具体界线,也可根据实际需要划定环境协调区的界线。

(2)文物保护单位应划定保护范围和建设控制地带的具体界线,也可根据实际需求划定环境协调区的界线。

(3)保护建筑应划定保护范围和建设控制地带的具体界线,也可根据实际需要划定环境协调区的界线。

(4)当历史文化街区的保护区与文物保护单位或保护建筑的建设控制地带出现重叠时,应服从保护区的规划控制要求。当文物保护单位或保护建筑的保护范围与历史文化街区出现重叠时,应服从文物保护单位或保护建筑的保护范围的规划控制和建设要求。

(5)历史文化街区内应保护文物古迹、历史建筑与历史环境要素。

(6)历史文化街区建设控制地带内应严格控制建筑的性质、高度、体量、色彩及形式。

(7)位于历史文化街区外的历史建筑群,应按照历史文化街区内保护历史建筑的要求予以保护。

3)建筑高度控制

(1)历史文化名城保护规划必须控制历史城区内的建筑高度。在分别确定历史城区建筑高度分区、视线通廊内建筑高度、保护范围和保护区内建筑高度的基础上,形成历史城区的建筑高度控制规定。

(2)对历史风貌保存完好的历史文化名城应确定更为严格的历史城区的整体建筑高度控制规定。

(3)视线通廊内的建筑应以观景点可视范围的视线分析为依据，规定高度控制要求。视线通廊应包括观景点与景观对象相互之间的通视空间及景观对象周围的环境。

4)道路交通

(1)历史城区道路系统要保持或延续历史城区原有的道路格局；对富有特色的街巷，应保持原有的空间尺度。

(2)历史城区道路规划的密度指标可在国家标准规定的上限范围内选取，道路宽度可在国家标准规定的下限范围内选取。

(3)有历史城区的城市在进行城市规划时，该城市的最高等级道路和机动车交通流量很大的道路不宜穿越历史城区。

(4)历史城区的交通组织应以疏解交通为主，宜将穿越交通、转换交通布局在历史城区外围。

(5)历史城区应鼓励采用公共交通，道路系统应能满足自行车和行人出行，并根据实际需要相应设置自行车专用道及步行区。

(6)道路桥梁、轨道交通、公交客运枢纽、社会停车场、公交站场、机动车加油站等交通设施的形式应满足历史城区历史风貌要求；历史城区内不宜设置高架道路、大型立交桥、高架轨道、货运枢纽；历史城区内的社会停车场宜设置为地下停车场，也可在条件允许时采取路边停车的方式。

(7)道路及路口的拓宽改造，其断面形式及拓宽尺度应充分考虑历史街道原有的空间特征。

5)市政工程

(1)历史城区内应完善市政管线和设施。当市政管线和设施按常规设置与文物古迹、历史建筑及历史环境要素的保护发生矛盾时，应在满足保护要求的前提下采取工程技术措施加以解决。

(2)历史城区内不宜设置大型市政基础设施，市政管线均宜采取地下敷设方式。市政管线和设施的设置应符合下列要求：①历史城区内不应新建水厂、污水处理厂、枢纽变电站，不宜设置取水构筑物；②排水体制在与城市排水系统相衔接的基础上，可采用分流制或截流式合流制；③历史城区内不得保留污水处理厂、固体废弃物处理厂；④历史城区内不宜保留枢纽变电站，变电站、开闭所、配电所应采用户内型；⑤历史城区内不宜保留或新设置燃气输气、输油管线和贮气、贮油设施，不宜设置高压燃气管线和配气站，中低压燃气调压设施宜采用箱式等小体量调压装置。

(3)当多种市政管线采取地下敷设时，因地下空间狭小导致管线间、管线与建(构)筑物间净距不能满足常规要求时，应采取工程处理措施以满足管线的安全、检修等条件。

(4)对历史城区内的通信、广播、电视等无线电发射接收装置的高度和外观应提出限制性要求。

6)防灾和环境保护

(1)防灾和环境保护设施应满足历史城区保护历史风貌的要求。

(2)历史城区必须健全防灾安全体系,对火灾及其他灾害产生的次生灾害应采取防治和补救措施。

(3)历史城区内不得布置生产、贮存易燃易爆和有毒有害危险物品的工厂和仓库。

(4)历史城区内不得保留或设置二、三类工业,不宜保留或设置一类工业,并应对现有工业企业的调整或搬迁提出要求。当历史城区外的污染源对历史城区造成大气、水体、噪声等污染时,应进行治理、调整或搬迁。

(5)历史城区防洪堤坝工程设施应与自然环境和历史环境相协调,保持滨水特色,重视历史上防洪构筑物、码头等的保护与利用。

4. 历史文化街区

1)一般规定

(1)历史文化街区应具备以下条件:①有比较完整的历史风貌;②构成历史风貌的历史建筑和历史环境要素基本上是历史存留的原物;③历史文化街区用地面积不小于 1 hm^2;④历史文化街区内文物古迹和历史建筑的用地面积宜达到保护区内建筑总用地的 60%以上。

(2)历史文化街区保护规划应确定保护的目标和原则,严格保护该地区的历史风貌,维持保护区的整体空间尺度,对保护区内的街巷和外围景观提出具体的保护要求。

(3)历史文化街区保护规划应按详细规划深度要求划定保护界线并分别提出建(构)筑物和环境要素维修、改善与整治的规定,调整用地性质,制定建筑高度控制规定,进行重要节点的整治规划设计,拟定实施管理措施。

(4)历史文化街区增建设施的外观、绿化布局与植物配置应符合历史风貌的要求。

(5)历史文化街区应包括改善居民生活环境、保持地区活力的内容。

(6)位于历史文化街区外的历史建筑群,应依照历史文化街区的保护要求进行管理。

2)保护界线划定

(1)历史文化街区保护界线的划定应按下列要求进行定位:①文物古迹或历史建筑的现状用地边界;②在街道、广场、河流等处视线所及范围内的建筑物用地边界或外观界面;③构成历史风貌的自然景观边界。

(2)历史文化街区的外围应划定建设控制地带的具体界线,也可根据实际需要划定环境协调区的界线。

(3)历史文化街区内文物保护单位、保护建筑的保护界线划定和具体规划控制要求应符合规范规定。

3)保护与整治

(1)对历史文化街区内需要保护的建(构)筑物应根据各自的保护价值按表4.1的规定进行分类,并逐项进行调查统计。

表4.1　历史文化街区保护建(构)筑物状况一览表

要素	序号	名称或地址	建造时代	建筑结构	建筑层数	使用功能	建筑面积/m^2	用地面积/m^2	备注
文物保护单位	▲	▲	▲	▲	▲	▲	▲	▲	△
保护建筑	▲	▲	▲	▲	▲	▲	▲	▲	△
历史建筑	▲	▲	△	▲	▲	▲	△	△	△

注:① ▲为必填项目,△为选填项目;

② 备注中可说明该类别的历史概况和现存状况。

(2)历史文化街区内的历史环境要素应列表逐项进行调查统计。

(3)历史文化街区内所有的建(构)筑物和环境要素应按表4.2的规定选定相应的保护和整治方式。

表4.2　历史文化街区建(构)筑物的保护与整治方式

分类	文物保护单位	保护建筑	历史建筑	一般建(构)筑物	
				与历史风貌无冲突的建(构)筑物	与历史风貌有冲突的建(构)筑物
保护与整治方式	修缮	修缮	维修改善	保留	整修 改造 拆除

注:表中"与历史风貌无冲突的建(构)筑物"和"与历史风貌有冲突的建(构)筑物"是指文物保护单位、保护建筑和历史建筑以外的所有新旧建筑。

(4)历史文化街区内的历史建筑不得拆除。

(5)历史文化街区内构成历史风貌的环境要素的保护方式应为修缮、维修。

(6)历史文化街区内与历史风貌相冲突的环境要素的整治方式应为整修、改造。

(7)历史文化街区外的历史建筑群的保护方式应为维修、改善。

(8)历史文化街区内拆除建筑的再建设,应符合历史风貌的要求。

4)道路交通

(1)历史文化街区内道路交通规划应符合规范规定,并对限制性内容的限制程度适度强化。

(2)历史文化街区应在保持道路的历史格局和空间尺度基础上,采用传统的路面材料及铺砌方式进行整修。

(3)历史文化街区内道路的断面、宽度、线型参数、消防通道的设施等均应考虑历史风貌的要求。

(4)从道路系统及交通组织上应避免大量机动车交通穿越历史文化街区。历史文化街区内的交通结构应以满足自行车及步行交通为主。根据保护的需要,可划定机动车禁行区。

(5)历史文化街区内不应新设大型停车场和广场,不应设高架道路、立交桥、高架轨道、客运货运枢纽、公交场站等交通设施,禁设加油站。

(6)历史文化街区内的街道应采用历史上的原有名称。

5)市政工程

(1)历史文化街区的市政工程规划应符合《历史文化名城名镇名村保护条例》规定,并对限制性内容的限制程度适度强化。

(2)历史文化街区不应设置大型市政基础设施,小型市政基础设施应采用户内式或适当隐蔽,其外观和色彩应与所在街区的历史风貌相协调。

(3)历史文化街区内的所有市政管线应采取地下敷设方式。

(4)当市政管线布设受到空间限制时,应采取共同沟、增加管线强度、加强管线保护等措施,并对所采取的措施进行技术论证后确定管线净距。

6)防灾和环境保护

(1)历史文化街区的防灾和环境保护规划应符合规范规定,并对限制性内容的限制程度适度强化。

(2)历史文化街区和历史地段内应设立社区消防组织,并配备小型、适用的消防设施和装备。在不能满足消防通道要求及给水管径小于 100 mm 的街巷内,应设置水池、水缸、沙池、灭火器,以及消火栓箱等小型、简易消防设施及装备。

(3)在历史文化街区外围宜设置环通的消防通道。

5. 文物保护单位

(1)文物保护单位应按照《中华人民共和国文物保护法》的规定进行保护。

(2)保护建筑应划定保护范围和建设控制地带的具体界线,也可根据具体情况划定环境协调区的界线,并按文物保护单位的保护要求提出规划措施。

4.2.2　历史文化名城名镇名村保护规定

1.《历史文化名城名镇名村保护条例》

具体见附录 B。

2. 历史文化名城名镇名村保护的其他规定

历史文化名城、名镇、名村是我国历史文化遗产的重要组成部分。切实保护好这些历史文化遗产,是保持民族文化传承、增强民族凝聚力的重要文化基础,也是建设社会主义先进文化、深入贯彻落实科学发展观和构建社会主义和谐社会的必然要求。随着国民经济和社会的发展，各地城镇化进程明显加快，建设与保护的矛盾日益突出，历史文化名城、名镇、名村的保护工作面临着一些亟待解决的问题：

(1)由于一些地方的过度开发和不合理利用，许多重要历史文化遗产正在消失，传统格局和历史风貌遭到严重破坏。

(2)保护规划的编制、修改工作滞后，忽视对历史文化名城、名镇、名村的整体保护，保护规划的科学性和严肃性需要提高。

(3)保护措施不够，管理不到位，一些地方重开发、轻保护，不注重保护真实的历史遗存，新建"假古董"，造成许多历史建筑被损毁。

(4)保护范围内的道路、供水、排水、供电等市政基础设施落后，历史建筑年久失修，居住环境差，不能满足人们日常生活的需要，甚至存在很大的安全隐患。

(5)对于破坏传统格局、历史风貌和历史建筑的违法行为，缺乏相应的法律责任。

我国历来高度重视历史文化名城、名镇、名村的保护工作。《中华人民共和国文物保护法》《中华人民共和国城乡规划法》确立了历史文化名城、名镇、名村的保护制度，并明确规定由国务院制定保护办法。为此，国务院制定了《历史文化名城名镇名村保护条例》。条例的实施将进一步加强对历史文化名城、名镇、名村的保护，有利于保持和延续传统格局和历史风貌，维护历史文化遗产的真实性和完整性。

为了规范历史文化名城、名镇、名村的申报与批准，科学、合理地确定历史文化名城、名镇、名村，《历史文化名城名镇名村保护条例》作了以下规定：

(1)明确历史文化名城、名镇、名村的申报条件，并规定了申报时应当提交的材料。

(2)明确历史文化名城、名镇、名村的审批程序和权限。历史文化名城由省、自治区、直辖市人民政府提出申请，报国务院批准公布；历史文化名镇、名村由所在地县级人民政府提出申请，省、自治区、直辖市人民政府批准公布。

(3)督促有关地方人民政府及时申报，对符合条件而没有申报历史文化名城、名镇、名村的，上级人民政府有关部门可以向当地人民政府提出申报建议；仍不申报的，可以直接向批准机关提出确定该城市、镇、村庄为历史文化名城、名镇、名村的建议。

(4)加强有关地方人民政府对历史文化名城、名镇、名村的保护责任。已批准公布的历史文化名城、名镇、名村，因保护不力使其历史文化价值受到严重影响的，批准机关应当将其列入濒危名单，予以公布，并责成所在地城市、县人民政府限期采取补救措施，防止情况继续恶化，完善保护制度，加强保护工作。

为了规范保护规划的编制、审批和修改，保障制订保护规划的科学、民主和公开，条例具体作了以下规定：

(1)明确保护规划的编制主体、编制时限和审批主体。历史文化名城保护规划由历史文化名城人民政府组织编制，历史文化名镇、名村保护规划由历史文化名镇、名村所在地县级人民政府组织编制。保护规划的组织编制机关应当自历史文化名城、名镇、名村批准公布之日起1年内编制完成保护规划，并报省、自治区、直辖市人民政府审批。

(2)明确保护规划的内容、期限和编制程序。保护规划报送审批前，保护规划的组织编制机关应当广泛征求有关部门、专家和公众的意见；必要时，可以举行听证。

(3)强调保护规划的权威性。保护规划的组织编制机关应当将经批准的保护规划予以公布，经依法批准的保护规划不得擅自修改，并规定了严格的修改程序。

(4)规定国务院有关部门和县级以上地方人民政府应当加强对保护规划实施情况的监督检查；对发现的问题，应当及时纠正、处理。

为了加强对历史文化名城、名镇、名村的保护，《历史文化名城名镇名村保护条例》确立了对历史文化名城、名镇、名村实行整体保护的原则，强化了政府的保护责任，规定了严格的保护措施，明确了在保护范围内禁止从事的活动，重点加强了对历史建筑的保护。《历史文化名城名镇名村保护条例》具体作了以下规定：

(1)明确历史文化名城、名镇、名村应当整体保护，保持传统格局、历史风貌和空间尺度，不得改变与其相互依存的自然景观和环境。

(2)强化政府的保护责任。历史文化名城、名镇、名村所在地县级以上地方人民政府应当根据当地经济社会发展水平，按照保护规划，控制人口数量，改善历史文化名城、名镇、名村的基础设施、公共服务设施和居住环境。

(3)在保护范围内的建设活动应当符合保护规划，不得损害历史文化遗产的真实性和完整性，不得对其传统格局和历史风貌构成破坏性影响。

(4)禁止在保护范围内进行开山、采石、开矿等活动。必须进行其他影响传统格局、历史风貌和历史建筑的活动时，应经城市、县人民政府城乡规划主管部门会同同级文物主管部门批准，并依法办理相关手续，制定保护方案。

(5)明确对核心保护范围的保护要求，对核心保护范围内的建筑物、构筑物，区分不同情况，采取相应措施，实行分类保护，并要求核心保护范围内的历史建筑保持原有的高度、体量、外观形象及色彩等。同时要明确对核心保护范围内建设活动的审批程序，要求审批机关组织专家论证，并将审批事项予以公示，征求公众意见。

(6)强化对历史建筑的保护措施。城市、县人民政府应当对历史建筑设置保护标志，建立档案；历史建筑的所有权人负责历史建筑的维护和修缮，县级以上地方人民政府可以给予补助；历史建筑有损毁危险，所有权人不具备维护和修缮能力的，当地人民政府应当采取措施进行保护；对历史建筑原则上实施原址保护，必须迁移异地保护或者拆除的，应当经省、自治区、直辖市人民政府确定的保护主管部门会同同级文物主管部门批准；对历史建筑进行外部修缮装饰、添加设施及改变历史建筑的结构或者使用性质的，应当经城市、县人民政府城乡规划主管部门会同同级文物主管部门批准。

为了切实加强对历史文化名城、名镇、名村的保护，有效遏制破坏历史文化遗产的违法行为，条例明确规定了政府及其有关主管部门的法律责任，对破坏传统格局和历史风貌的行为设定了严格的法律责任，并注重行政处罚种类和法律责任的多样化。一是明确政府及其有关主管部门不履行监督管理职责、发现违法行为不予查处、违法审批及其他渎职行为应当承担的法律责任。二是对在保护范围内开山、采石、开矿等破坏传统格局和历史风貌的行为，未经批准擅自改变园林绿地、河湖水系等自然状态及损坏或者擅自迁移、拆除历史建筑等行为，责令停止违法行为，限期恢复原状或者采取其他补救措施；有违法所得的，没收违法所得；逾期不恢复原状或者不采取其他补救措施的，城乡规划主管部门可以指定有能力的单位代为恢复原状或者采取其他补救措施，所需费用由违法者承担；造成严重后果的，处以罚款。三是区分违法行为的不同主体，对单位违法行为和个人违法行为分别规定了法律责任。四是把行政处罚与承担民事责任相结合。在对有关违法行为规定行政处罚的同时，明确违法者要承担民事责任，以增加其违法成本。此外，条例规定，对历史文化名城、名镇、名村中的文物造成损毁的，依照文物保护法律、法规的规定给予处罚；构成犯罪的，依法追究刑事责任。

4.2.3 国内外标准体系框架

地理信息系统标准化主要包括地理信息数据模型、地理信息的分类与编码、地理信息的记录格式与转换、地理信息规范及标准的制定。要实现地理信息系统标准化，必须根据系统的内在技术规律，从实际应用出发，围绕系统的共性特征，针对统一术语定义、统一设计与实施方法、统一体系结构、统一信息分类编码、统一数据交换格式、统一接口规范等问题，提出一系列标准化的原则和具体要求；同时也要对城市地理信息的空间定位、系统的软硬件环境、数据质量、数据通信与系统互联、系统的安全与保密等方面提出相应的标准化、规范化要求。只有这样，才能达到信息资源共享的目的，并为系统开放打下基础。

地理信息系统标准化工作的任务是制订、发布和实施地理信息系统所需要的有关标准，同时对标准的实施进行监督。

标准化工作必须贯彻执行国家标准化法。地理信息系统标准化工作应依据标准化管理体制运行。考虑到地理信息系统的特点，其标准化工作应注意做好下列几件事：

(1)分析地理信息系统对标准化工作的需求,编制地理信息系统标准体系表。

(2)调研已有和正在制订的与地理信息系统有关的国家标准、行业标准、地方标准及国际标准,根据国情提出相应的标准制订项目建议和标准制订规划。

(3)对当前地理信息系统急需而短期内因条件不成熟、暂不能制订的有关标准,应先组织制订一些内部规定或指导性文件,在实践中发展提高,为制订有关标准创造条件。

(4)制订地理信息系统标准化工作方法指导性文件,使地理信息系统标准化工作有章可循。

1. 国内地理信息系统领域标准

在我国,地理信息系统标准化主要是结合地理信息系统技术发展和系统开发的需要,随着国家和部门的支持而开展活动的。从形式上来说,可分为相关国家标准的研制和与地理信息系统标准化有关的项目研究活动。

据不完全统计,从 1980 年我国制定标识地理政区的《中华人民共和国行政区划代码》(GB 2260,已有 2007 新版本)国家标准算起,我国先后研制了几百项适用于地理信息领域的国家或行业标准(表 4.3)。

表 4.3　部分有关的国家或行业标准

标准号	标准名称
GB/T 14911—2008	测绘基本术语
GB/T 18317—2009	专题地图信息分类与代码
GB/T 18578—2008	城市地理信息系统设计规范
CH/T 1007—2001	基础地理信息数字产品元数据
GB/T 19333.5—2003	地理信息一致性与测试

在地理信息系统标准化研究方面,国内先后开展过的各类相关研究项目有:

(1)1984 年国家科委组织专家完成了《资源与环境信息系统国家规范研究报告》(俗称蓝皮书),对后来我国地理信息系统技术发展和标准化工作产生了重要影响。

(2)“七五”期间,国家科委新技术局组织有关专家就统一的地理空间坐标系统、资源与环境信息数据分类体系、地理空间数据编码体系、地理空间数据交换格式四个方面进行了深入的研究,提出了 20 多种标准建议方案。

(3)“八五”至“九五”期间,国家科委批准立项研制完成了《城市地理信息系统标准化指南》,该成果作为我国城市地理信息系统标准化的第一部专著,曾被专家建议作为地理信息系统标准化指导性文件,发布全国推广应用。

(4)“九五”和“十五”期间,含有地理信息系统标准化内容的跨行业研究项目如“可持续发展信息共享示范”(科技部主持)、“国土资源、环境、地区经济信息系统及国家空间基础设施关键技术研究”(国家计委主持)等都相继完成;国土资源部完成了“国土资源信息化标准化指南”“国土资源信息标准参考模型”等项目研究；国家测绘局组织实施了测绘科技重点项目“C95-07 地理信息技术标准化、规范化研究”；水利部先后研制发布了《水利技术标准体系表》、编制了《水利信息化标准指南》；铁道部也把《铁路地理信息系统数据标准的研究》列入重点科研项目之中；建设部在其实施的国家“十五”重点科技攻关计划项目“城市规划、建设、管理与服务的数字化工程”中专门设立了“城市数字化标准规范研究”课题；交通部、农业部、环保局、地震局、气象局等部门也都程度不同地开展了地理信息标准化的研究。

在组织方面，1994 年中国地理信息系统协会成立伊始就设立了标准化与质量控制专业委员会，该专业委员会的宗旨是开展地理信息领域的标准化与质量控制工作，为业务提供标准化支持，促进产业的协调发展。1997 年国家技术监督局成立了全国地理信息标准化技术委员会(SAC/TC 230)，其工作目标是组织协调地理信息领域国家标准的制定与管理，推进地理信息相关标准的贯彻与实施，特别是在地理信息系统方面的应用。多年来这两个组织保持着密切合作，在标准化工作中发挥着互补作用。

2. 国际与地理信息系统有关的标准化

目前最有影响的是 ISO/TC 211 和 OGC 两个组织开展的标准化活动。

ISO/TC 211 是国际标准化组织(ISO)于 1994 年 3 月成立的国际地理信息标准化技术委员会，ISO/TC 211 的标准化工作目标可以归纳为以下几点：

(1)面向应用，建立一个标准框架。在此框架中，地理数据交换及地理信息服务的互操作性能够跨越各种应用环境得以实现。

(2)规定以数据管理和数据交换为目标的地理信息基本语义与结构，准确描述地理信息，规范管理地理数据，促进人们对地理信息的认识和使用。

(3)通过集成地理信息与信息技术两方面的概念实现地理信息标准化，建立相关模型，运用有效方法，促进互操作性。

(4)规定地理信息服务的内容和以地理数据处理为目的的服务行为，满足服务需求。

(5)促进不依赖于任何具体应用(软件)系统的地理信息标准化产品的开发，增加地理信息的可利用性、集成性和共享性。

ISO/TC 211 的基本方法是：用已有的信息技术标准与地理方面的应用进行集成，建立地理信息域参考模型和结构化参考模型，对地理数据集和地理信息服务从底层内容上实现标准化。

目前 ISO/TC 211 已经完成或正在制订的地理信息国际标准有 40 多项。我国已于 2003 年以《地理信息国际标准手册》的名义翻译出版了其中的 19 项标准或技术报告的草案文本(表 4.4)。

表 4.4 《地理信息国际标准手册》所含 ISO 部分标准

标准号	标准名称	备注
ISO 19101	地理信息参考模型(Geographic information — Reference model)	2002 年发布
ISO/TS 19103	地理信息概念模式语言(Geographic information — Conceptual schema language)	
ISO 19104	地理信息术语(Geographic information — Terminology)	
ISO 19105	地理信息一致性与测试(Geographic information — Conformance and testing)	2000 年发布
ISO 19106	地理信息专用标准(Geographic information — Profiles)	
ISO 19107	地理信息空间模式(Geographic information — Spatial schema)	
ISO 19108	地理信息时间模式(Geographic information — Temporal schema)	2002 年发布
ISO 19109	地理信息应用模式规则(Geographic information — Rules for application schema)	
ISO 19110	地理信息要素编目方法(Geographic information — Feature cataloguing methodology)	
ISO 19111	地理信息基于坐标的空间参照(Geographic information — Spatial referencing by coordinates)	
ISO 19112	地理信息基于地理标识符的空间参照(Geographic information — Spatial referencing by geographic identifiers)	
ISO 19113	地理信息质量基本原理(Geographic information — Quality principles)	2002 年发布
ISO 19114	地理信息质量评价过程(Geographic information — Quality evaluation procedures)	
ISO 19115	地理信息元数据(Geographic information — Metadata)	
ISO 19116	地理信息定位服务(Geographic information — Positioning services)	
ISO 19117	地理信息图示表达(Geographic information — Portrayal)	
ISO 19118	地理信息编码(Geographic information — Encoding)	
ISO 19119	地理信息服务(Geographic information — Services)	
ISO/TR 19120	地理信息功能标准(Geographic information — Functional standards)	2001 年发布

OGC 全名为开放地理空间信息联盟,1994 年成立,它是由主要的地理信息系统厂家、计算机厂商、数据库开发或出售者、电信公司、美国联邦机构及学术界的代表组成,为实现地理信息的互操作而成立的由公立和私营机构组织的联合体。其目标是通过信息基础设施,把分布式计算、对象技术、中间件技术等用于地理信息处理,以期满足互操作的应用需求。

OGC通过制定一整套OGC的互操作规范(标准),使地理信息从专有的互不兼容的地理数据与语义格式,走向基于互操作的软件接口和通信协议而实现的分布式网络环境可互操作的计算世界中。它为地理信息系统的软件开发者提供了一个详细的公共准则,以使开发的软件能够达到对地理数据和地理资源处理的互操作目的。

3. 地理信息标准化现状

通过对地理信息标准化的发展回顾,不难看出我国地理信息标准化活动并不欠缺力量的投入和成果的产出,这表现在重点地理信息系统标准化项目研究已完成十余项,相关的标准也研制出了几十项,但就具体内容来看,则存在明显的欠缺,体现在基础性、通用性、适用面宽的共性化底层标准少,专用性、适用面窄的个性化标准多,标准化项目研究与地理信息系统的实际应用需求结合得不紧密,成效不显著。对此,我们不妨作一番扼要的分析:国内地理信息系统标准化由于受体制和其他因素的制约,基本上是围绕着各部门自身实际工作展开,眼前需要什么标准就研制什么标准,一个一个地制订。其结果是一方面由于是不同部门、不同时间逐个立项研制的标准,因而各标准之间的协调性、一致性较差,相互关系不明确,缺乏整体思路,难以从根本上实现地理信息系统标准化;另一方面是许多需要多部门参与和协调的、重要的、基础性的地理信息系统标准未能研制,导致了我国地理信息系统标准化工作的相对滞后,地理信息系统标准化的总体水平不高。国际标准化组织ISO/TC 211对地理信息国际标准的研制为我国地理信息系统标准化提供了可借鉴的先进经验,其一般步骤为:确定论域→建立概念模式(概念建模)→分解标准化对象→抽象标准化要求→定义元素→规定原则和方法论→从底层内容上实现标准化。其思路模式为"从整体到局部,从一般到特殊",依照这种思路所制订的标准具有内在的一致性,并且可以解决具体的应用问题,同时已有的标准化工作基础仍可以得到充分利用。有鉴于此,地理信息系统标准化不仅需要考虑行业领域应用的个性特征,更需要从地理信息系统建设、地理信息的规范化等共性方面着手,制订一批满足地理信息产业发展需求的基础性和方法性标准。

国内地理信息系统标准化除在标准内容方面的不足之外,在组织协调方面也存在一定问题。由于地理信息系统应用范围极为广泛,国土资源、测绘、城市建设、农林、环境、交通、行政管理等诸多领域都需要地理信息系统技术,面对地理信息系统实际应用需求,一些标准化活动的出发点通常以本部门为中心,与其他相关部门缺乏沟通,其结果往往是各行其是,互不协调,系统间难以相互兼容和进一步集成,地理信息系统的效用得不到充分发挥。目前国内多数的地理信息系统都是由部门或地方投资建设的,因而对地理信息系统的使用多以考虑局部利益为主,这或多或少地影响着地理信息系统标准化的实现。因此,如何做好协调工作将是影响地理信息系统标准化能否充分发挥作用的关键所在。

此外，还有一个问题就是地理信息系统标准化工作与地理信息市场需求之间存在着“两张皮”现象。一方面是涉及地理信息系统的相关标准不断地被制订出来，各种围绕地理信息系统标准化的研究项目相继完成，另一方面则是地理信息系统的开发者和使用者们普遍感觉地理信息系统标准很不够用，这说明标准的研究和制订只结合了部门业务，但却未能同地理信息市场标准化需求有机地结合起来，标准化人员与企业之间沟通不足，造成标准与地理信息系统工程实践的脱节。要改变这种局面，就必须大力宣传标准化的理念，使企业能积极参与到标准化工作当中，使标准化能与市场需求真正对应起来，从而达到标准化的根本目的——获得最佳秩序和效益。

当然，我们更应看到我国地理信息系统标准化现状积极的一面。我国地理信息系统标准化工作为促进我国地理信息系统技术的应用发挥了重要作用，其中比较突出的有：1997 年完成、1998 年出版的《城市地理信息系统标准化指南》全面系统地论述了城市地理信息系统标准化的总体框架、所涉及各个方面的主要内容及关键的相关技术，为我国城市地理信息系统的标准化打下了良好基础，同时也为其他领域地理信息系统标准化提供了参照思路；2003 年出版的《地理信息国际标准手册》为国内业界同行打开了一扇研究借鉴 ISO 国际标准化先进经验的窗口；国土资源、测绘、建设、交通、水利等部门都纷纷建立了各自领域内相关的标准体系；我国积极参与国际标准化组织地理信息技术委员会（ISO/TC 211）的活动，并于 1998 年 9 月在北京成功主办了 ISO/TC 211 第七次全体会议；为结合地理信息领域的现实应用需求，我国已经或正在转化多项国际先进标准，如有关地理信息的“一致性与测试”“元数据”“质量元素”“质量评价程序”及有关导航卫星定位的“车载导航电子地图规范”等。

我国地理信息系统标准化正在经历从单一标准到体系标准、从只涉及一个研究领域发展到涉及多个领域、从传统技术向高新技术领域开拓、从领域需求转向市场需求的过程，未来的地理信息系统标准化发展将会在以下几个方面有所侧重。

（1）突出整体性。即从整体的角度展开地理信息系统的标准化，研究具有层次结构的地理信息系统标准参考模型、地理信息系统标准相互间的关系，整理整合现有标准，从整体层面上统一标准体系结构，解决标准化基础问题。通过整体研究，建立全面的地理信息系统标准体系框架，以体系框架为依据确定地理信息系统标准化工作的目标和规划。

（2）强调数据共享和互操作。从地理信息系统整体考虑，围绕系统的共性特征，针对统一术语定义、统一设计与实施方法、统一体系结构、统一信息分类编码、统一数据交换格式、统一接口规范等问题，提出一系列标准化的原则和具体要求；同时还对地理信息的空间定位、系统的软硬件环境、数据质量、数据通信与系统互联、系统的安全与保密等方面提出相应的标准化、规范化要求，以达到数据共享的目的，并为系统互操作打下基础。

(3)与国际接轨。借鉴吸收国际标准的内容及处理方法，将研究的重点从一个个具体应用性标准转移到地理信息系统标准化基本规则与标准化手段方法等结构化的标准方面，从而少走弯路，赶上国际地理信息标准化的发展趋势。

(4)建立若干地理信息系统标准化机制。包括：①建模机制，对地理信息系统标准化的对象进行抽象，建立其一般性结构模型，通过模型分析得出标准化的解决方案；②profile/profiling 机制，通过选取已有标准的适用内容结合特定目的生成针对具体地理信息系统应用需求的专用标准，以适合于特定的应用领域或用户；③标准化元数据机制，对已经建立的地理信息系统，规范其元数据，使用户知道自己所需要的可以在哪里找到、维护者是谁、内容包含了些什么、相关环境怎样、如何得到等；④一致性测试机制，对地理信息的标准化实现给予认证认可，一方面贯彻实施标准进行测试，另一方面促进多边互认，并使相应的地理信息(或产品)在用户中增加可信度；⑤用户参与机制，使标准的制订，不再只是标准制定者的单方行为，而是标准制定者与标准用户彼此协作的结果，这样制订出的标准更贴近用户的实际需求。

标准化对于地理信息系统的重要意义在地理信息系统涉及的各部门中早已形成了普遍共识，因此各相关部门在地理信息系统标准化方面的投入力度都不小，如何使地理信息系统标准化投入产生最佳社会效果，是摆在人们面前的首要课题。当前地理信息系统标准化的主要任务是：加强标准化的组织管理和宣传，广泛开展标准化交流，宣传标准化对地理信息系统的作用及其潜在的社会经济效益，让更多的部门和专家参与到地理信息系统标准化工作中来，集中力量、群策群力，解决好标准化研究和应用相结合的问题。相信在不远的将来，地理信息系统标准化一定会迈上新的台阶，呈现上下齐心、左右合作、蓬勃发展的新局面。

4.3　建设系统组织结构分析

地理信息系统的组织方式有 WEB-GIS、Com-GIS、VR-GIS、TGIS、互操作 GIS 和 3S 集成等方式。网络地理信息系统(WEB-GIS)指基于互联网平台、客户端应用软件采用网络协议、运行在互联网上的地理信息系统。一般由多主机、多数据库和多个客户端以分布模式连接在互联网上而组成，包括：浏览器、服务器、编辑器、信息代理。组件式地理信息系统(Com-GIS)是地理信息系统技术与组件技术结合的产物。其要旨是把地理信息系统的各种功能模块进行分类(图 4.1)，划分为不同类型的控件，每个控件完成各自的功能。各控件之间，以及控件之间与其他非地理信息控件，通过可视化软件开发工具集成起来，形成满足用户特定功能需要的应用系统。一般分为：基础组件、高级通用组件、行业性组件。虚拟现实地理信息系统(virtual reality GIS, VR GIS)以地球系统为对象的虚拟现实技术,是虚拟现实与地球信息系统相结合的产物。其具有如下特征:①对现实的地理区域非常真实的表达;②用户在所选择的地理带内外自由移动;③三维数据库的标准功能(查询、选择、空间分析等);④可视化功能必须是用户接口的自然整体部分;⑤区域表达真实性,空间、时间维的漫游、查询,用户与系统之间的交互,海量丰富的信息。时态地理信息系统(TGIS)是相对于表态地理信息系统而言的。现实中的地理环境、事物和现象是不断发展变化的,但表态地理信息系统只对其进行"快照"式表达,只记录了一瞬间的地理现象。时态地理信息系统将时间概念引入地理信息系统,跟踪和分析空间数据随时间的变化,描述系统沿时间变化的过程,预测未来时刻将会呈现的状态,以获得系统变化的趋势。互操作地理信息系统解决地理数据的共享和继承、地理操作的分布与共享等需要,实现在异构环境下多个地理信息系统或其应用系统之间的互相通信和协作。3S集成是将全球导航卫星系统、地理信息系统(GIS)和遥感(RS)技术集成应用。全球导航卫星系统主要用于实时、快捷地提供目标的空间位置;遥感技术用于实时提供目标及其环境的信息、发现地球表面的各种变化,及时对地理信息进行更新;地理信息系统则是对多种来源的时空数据进行综合处理、集成管理和动态存取,并作为新的集成系统的平台,为智能化数据采集提供地学知识。

图 4.1　昆明市历史文化名城地理信息系统模块组织架构

4.4　数据标准

地理信息系统工程巨大而复杂,数据来源广泛,因此需要制定信息分类、数据格式、技术流程和设备配置等有一系列标准、规范和规程进行约定。地理信息系统一般是一个网络化的系统,用户多、信息量大,为了实现信息交换、资源共享、互操作和协同工作,必须进行标准化设计。美国早在20世纪60年代就制定了联邦信息处理标准计划,首先制定了地理编码标准;1993年美国国家标准协会成立了地理信息技术委员会;1994年,克林顿总统签署了关于地理数据采集和使用的行政命令。加拿大早在1978年研究制定了数字制图数据交换标准,并为此成立了三个委员会。1990年,瑞典的标准化机构SIS的下属机构负责地理信息标准化计划,主要工作范围包括:①概念模型,包括各种概念和工作术语;②信息模型,给定真实世界现象的类型和定义;③概念数据模型,说明目标数据的逻辑结构,提供信息模型中实体和属性的数学描述;④数据字典,说明目标类型、获取规则及几何表示等;⑤数据质量;⑥转换格式。

地理信息系统标准化工作的任务是:制定、发布和实施地理信息系统所需的有关标准,同时对标准的实施进行监督。根据地理信息系统特点,其标准化应做好以下几点:

(1)分析地理信息系统对标准化工作的要求,编制地理信息系统标准体系表。

(2)调查与地理信息有关的国家、地方、行业及国际标准,根据实际提出相应的标准制定规划。

(3)应组织制定一些内部规定或指导性文件,对暂时不能制定标准的情况进行规范。

(4)制定地理信息系统标准化指导文件,使其有章可循。

4.4.1　统一的空间定位框架

地理空间框架是地理信息数据及其采集、加工、交换、服务所涉及的政策、法规、标准、技术、设施、机制和人力资源的总称,由基础地理信息数据体系、目录与交换体系、公共服务体系、政策法规与标准体系和组织运行体系等结构组成。基础地理信息数据库是基础地理信息数据及实现其输入、编辑、浏览、查询、统计、分析、表达、输出、更新等管理、维护与分发功能的软件和支撑环境的总称。地理信息公共平台依托地理信息数据,通过在线的方式满足政府部门、企事业单位和社会公众对地理信息和空间定位、分析的基本需求,具备个性化应用的二次开发接口和可扩展空间,是实现地理空间框架应用服务功能的数据、软件及其支撑环境的总称。

1. 概述

1)构成

地理空间框架由基础地理信息数据体系、目录与交换体系、公共服务体系、政策法规与标准体系和组织运行体系五部分构成,如图4.2所示。基础地理信息数据体系是地理空间框架的核心,包括测绘基础、基础地理信息数据、面向服务的产品数据、管理系统和支撑环境;目录与交换体系是共建共享的关键,包括目录与元数据、专题数据、交换管理系统和支撑环境;公共服务体系是地理空间框架应用服务的表现,包括地图与数据提供、在线服务系统和支撑环境;政策法规与标准体系和组织运行体系是地理空间框架建设与服务的支撑和保障。

2)分级

地理空间框架分为国家、省区和市(县)三级。数字省区和数字市(县)地理空间框架是数字中国地理空间框架的有机组成部分,与数字中国地理空间框架在总体结构、标准体系、网络体系和运行平台等方面是统一且不可分的。地理空间框架应实现国家、省区和市(县)三级之间的纵向联通;对于数字省区和数字市(县)地理空间框架,还实现与相邻区域的横向联通。

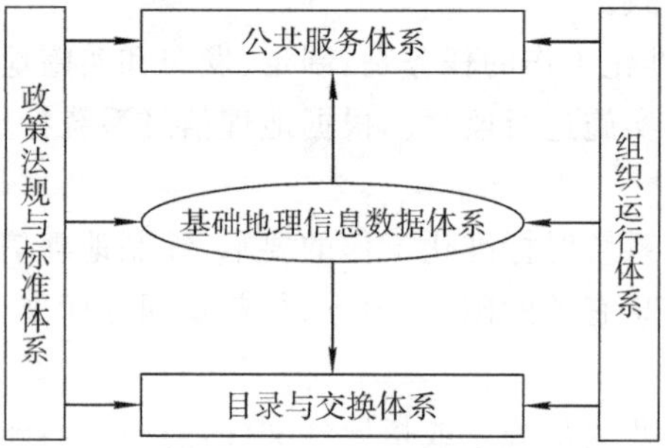

图 4.2　地理空间框架的构成

3)关联

关联是指地理空间框架与基础地理信息数据库、地理信息公共平台之间的关联关系,基础地理信息数据库和地理信息公共平台互为补充,同为地理空间框架的重要组成。

2. 基础地理信息数据体系

1)测绘基准

测绘基准包括大地基准、高程基准、重力基准和深度基准。测绘基准的定义、构成、基本精度指标和技术要求按《国家大地测量基本技术规定》(GB 22021—2008)执行。

2)基础地理信息数据

基础地理信息数据包括大地测量数据、数字线划图数据、数字正射影像数据、数字高程模型数据和数字栅格地图数据。大地测量数据包括三角(导线)测量成果、水准测量成果、重力测量成果及卫星定位测量成果等;数字线划图数据包括测量控制点、水系、居民地及设施、交通、管线、境界与政区、地貌和植被与土质等要素层,比例尺系列应为 1∶1 000 000、1∶250 000、1∶50 000、1∶2 000、1∶1 000 和 1∶500;数字正射影像数据包括航空摄影影像和航天遥感影像,可以为全色的、彩色的或多光谱的,按地面分辨率分为 30 m、15 m、5 m、2.5 m、1 m、0.5 m 和 0.2 m 等;数字高程模型数据包括地面规则格网点、特征点数据及边界线数据等,按格网间距分为 1 000 m、100 m、25 m、12.5 m、5 m 和 2.5 m 等;数字栅格地图数据包括通过地形图扫描和数字线划图转换形成的数据,比例尺系列应为 1∶1 000 000、1∶250 000、1∶50 000、1∶10 000、1∶5 000、1∶2 000、1∶1 000 和 1∶500。

3)面向服务的产品数据

面向服务的产品数据包括地理实体数据、影像数据、地图数据、地名地址数据和三维景观数据等。地理实体数据是在数字线划图数据基础上经过面向对象的数据重组和模型重构形成的，可挂接社会经济和自然信息的数据；影像数据是在数字正射影像数据基础上通过影像的拼接、匀色、反差、重影和镶嵌等处理及影像金字塔构建形成的数据；地图数据包括对基础地理信息数据经过符号化处理和图面整饰后形成的地图，以及在此基础上经提取、重组和扩充形成的政务电子地图和公众电子地图，政务电子地图整合了政府关注的社会经济信息，公众电子地图增加了公众关注的信息，并经过保密技术处理；地名地址数据是通过对山脉、山峰、河流、湖泊等自然地名和行政区域、街巷、小区、门(楼)址等人文地名进行规范化处理，建立其与空间位置之间的一一对应关系所形成的数据；三维景观数据是将影像数据、数字高程模型数据和地名地址数据进行集成，扩充各类为政府或企业、公众所关注的信息后而形成的数据。

4)管理系统

管理系统是实现基础地理信息数据的管理、维护与分发的软件，具备数据输入输出、编辑处理、显示浏览、查询检索、统计分析、数据更新、安全管理及历史数据管理等功能，应具有安全、海量数据高效管理、可扩展、可维护、可移植和运行稳定的特点。

5)支撑环境

支撑环境是支持基础地理信息数据管理和维护的软硬件及网络，包括操作系统、数据库软件、服务器设备、数据存储设备、外围设备、安全设备及涉密的局域网或测绘专网等。

3. 常用坐标系

1)大地坐标系

大地坐标：大地经度 L、大地纬度 B 和大地高 H。经度 L：过地面任一点 P 的子午面与起始子午面间的夹角。纬度 B：过地面任一点 P 的法线与赤道面的夹角。取值范围：L，$0^\circ \sim \pm 180^\circ$，由起始子午面起，向东为正，称为东经，向西为负，称为西经；B，$0^\circ \sim \pm 90^\circ$，由赤道面起算，向北为正，称为北纬，向南为负，称为南纬。大地高 H：P 点沿法线到椭球面的距离 PP'。由椭球面起算，向外大地高为正，向内为负。我国的疆域位于赤道以北的东半球，因此各地的大地经度 L 和大地纬度 B 均是正值。

2)独立平面直角坐标系

在小区域内进行测量工作，通常采用平面直角坐标。在没有国家控制点或不便于与国家控制点联测的小地区测量时，允许暂时建立独立坐标系以保证测绘工作的顺利开展。

3)高斯-克吕格平面直角坐标系

如果测区范围较大，就不能再将地球表面当作平面看待，但人们在规划、设计和施工中又习惯使用平面图来反映地面形态，而且在平面上进行计算和绘图要比在球面上方便得多。这样就产生了如何将球面上的物体转换到平面上的投影变换问题。在测量工作中，通常是采用高斯-克吕格投影的方法来完成坐标变换的。高斯-克吕格投影特性：投影后角度大小保持不变；投影后长度变形只与点的位置有关，而与方向无关；中央子午线投影后为一直线，并且长度不变。

4）高程系

1956 黄海平均海水面：将 1950 年至 1956 年观测的验潮资料推算的黄海平均海水面作为全国高程的起算基准面，国家水准原点的高程为 72.289 m。

1985 国家高程基准：用 1953 年至 1979 年的观测资料重新计算黄海平均海水面，国家水准原点的高程为 72.260 m。

地面点沿铅垂线到大地水准面的距离，称为该点的绝对高程或海拔、标高，简称高程，以 H 表示。如果基准面不是大地水准面，而是任意假定水准面时，则点到假定水准面的距离称为相对高程或假定高程，用 H' 表示。高程值有正有负，在基准面以上的点，其高程值为正，反之为负。相邻两点的高程之差称为高差，用 h 表示。高差有正负之分，它反映相邻两点间的地面是上坡还是下坡，如果 h 为正，是上坡；h 为负，是下坡。

4.4.2　统一的数据分类标准

数据是地理信息系统的基础，几乎所有地理信息系统运作的基础都离不开数据。

从系统软件的观点看，地理信息系统常用的数据是矢量数据（vector data）和栅格数据（raster data）。准确来说，矢量数据和栅格数据并不算是数据的类型，而是地理信息系统之中的两大数据结构。

矢量数据主要由几何形状组成，包括点（point）、线（line）和多边形（polygon），优势在于可以较为精确地表达大陆、河流、海洋或是其他类型区域的形状和轮廓，结构干净没有冗余。矢量数据储存空间小、对计算机的要求较低。

同时，矢量数据有一个很大的优势在于存储拓扑结构（topology）。拓扑可以帮助探测数据中存在的不合理的交叉、空缺等，所以可以说是非常重要的结构之一。但是，精确也意味着复杂，数据的矢量化是十分耗时的，另外矢量数据之间的叠加也比较麻烦，逻辑上并不如栅格数据那样简单、清晰。

栅格数据结构则是以像素格也就是栅格为基础的。每个栅格会储存相关的数值，并且连成一个完整的平面。

栅格数据的最大优势在于叠加，相对应的栅格也可以进行数值的加减乘除。但是栅格数据不能存储拓扑结构，由于数据结构比较简单因而不如矢量数据灵活。同时，因为栅格在形状表达上的局限性，栅格数据在表现某块区域的时候也不如矢量数据那样精确，若是一块边沿形状弯曲多、不规则的大陆，栅格数据结构对于这块大陆的表现受到栅格本身分辨率的局限，就自然会有很多不准确的地方。

在数据的存储结构上矢量和栅格也不太一样。例如在 ArcGIS 中，在矢量数据结构下打开一个图层属性表格(attribute table)，结构大致是某个几何图形对应的标识编号，再对应有关的数据。这里的数据可能有不同的种类，以晋城(表 4.5)、祥云(表 4.6)为例，如某个普查区对应标识编号后，可以存储收入中位数、本科学位比例等数据。栅格数据结构的图层对应的表格则简单得多，通常一个格子对应一个数值，这个数值是单一的(图 4.3、图 4.4)。

表 4.5　晋城古镇数据分类

要素代码	要素名称
3010000000	晋城古镇保护规划(已通过规委会审议)
3010001000	用地规划图
3010002000	现状用地分析图
3010003000	现状建筑价值分析图
3010004000	现状街巷及开敞空间分析图
3010005000	现状建筑高度分析图
3010006000	平面布局示意图
3010007000	分地块规划控制图
3010008000	保护与整治规划图
3010009000	保护界线规划图

图 4.3　晋城古镇数据分类

表 4.6　祥云片区数据分类

要素代码	要素名称
3020000000	祥云片区保护规划(已通过专家审批)
3020001000	现状土地利用图
3020002000	现状交通分析图
3020003000	历史建筑及环境要素分布图
3020004000	文物建筑保护范围图
3020005000	现状建筑年代分类图
3020006000	现状建筑高度分析图
3020007000	现状建筑使用功能分析图
3020008000	现状公共设施分布图
3020009000	保护规划图
3020010000	城市设计总平面示意图
3020011000	道路交通规划图
3020012000	道路交通分析图
3020013000	土地利用规划图
3020014000	高度控制图
3020015000	容积率控制图
3020016000	地下空间规划图
3020017000	消防规划图
3020018000	分地块控制编号图

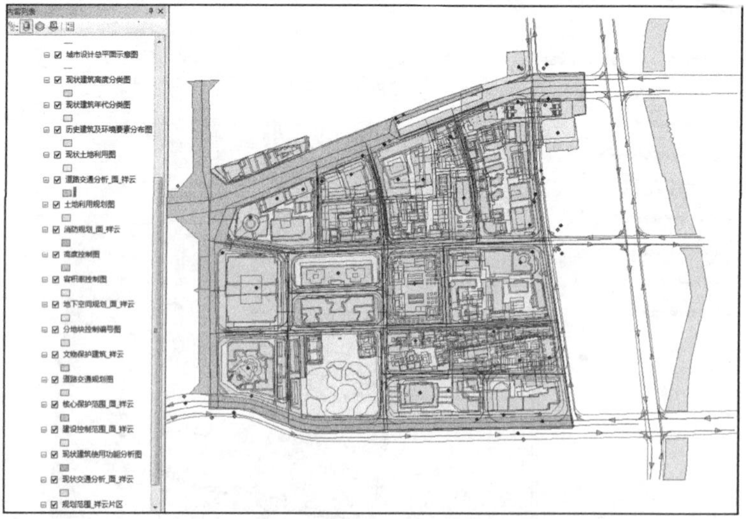

图 4.4　祥云片区数据分类

4.4.3　统一的数据编码系统

统一的数据编码系统,如表 4.7、图 4.5、表 4.8、图 4.6 所示。

表 4.7 晋城古镇保护规划空间数据要素分层及属性表描述

工程目录树				要素类型编码
一级	二级	三级	四级	层代码
保护规划	晋城古镇保护规划(已通过规委会审议)	用地规划图	土地使用规划_晋城	TDSYGH_JC
			建设控制区_线_晋城	JSKZQ_X_JC
		现状用地分析图	土地使用现状_晋城	TDSYXZ_JC
			建设控制区_线_晋城	JSKZQ_X_JC
		现状建筑价值分析图	建筑现状价值分析_晋城	JZXZJZFX_JC
			建设控制区_线_晋城	JSKZQ_X_JC
		现状街巷及开敞空间分析图	现状街巷及开敞空间分析_晋城	XZJXJKCKJFX_JC
			建设控制区_线_晋城	JSKZQ_X_JC
		现状建筑高度分析图	现状建筑高度分类_晋城	XZJZGDFL_JC
			建设控制区_线_晋城	JSKZQ_X_JC
		平面布局示意图	平面布局示意_晋城	ZPMBJSY_JC
			建设控制区_线_晋城	JSKZQ_X_JC
		分地块规划控制图	紫线控制_晋城	ZXKZ_JC
			建设控制区_线_晋城	JSKZQ_X_JC
			分地块规划控制_晋城	FDKGHKZ_JC
		保护与整治规划图	保护与整治规划图_晋城	BHYZZGH_JC
			建设控制区_线_晋城	JSKZQ_X_JC
保护规划	晋城古镇保护规划(已通过规委会审议)	保护界线规划图	核心保护区_线_晋城	HXBHQ_X_JC
			核心保护区_面_晋城	HXBHQ_M_JC
			建设控制区_线_晋城	JSKZQ_X_JC
			建设控制区_面_晋城	JSKZQ_M_JC

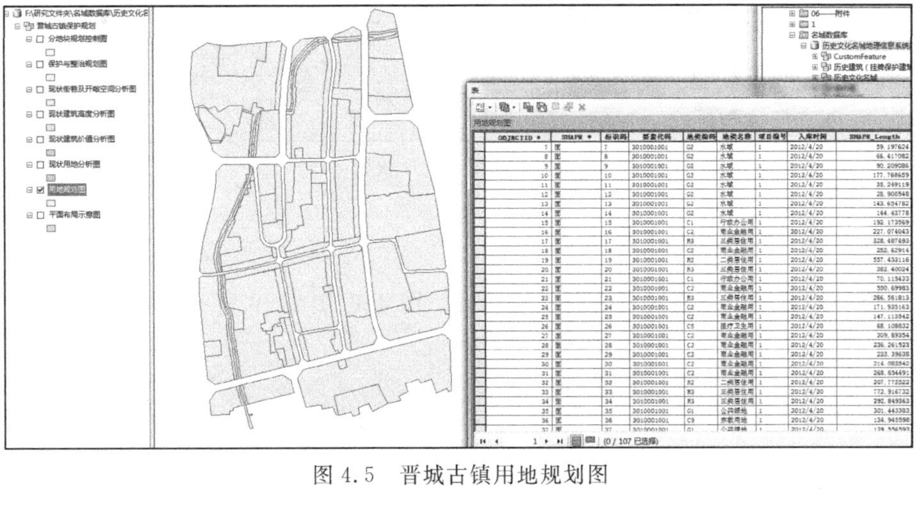

图 4.5 晋城古镇用地规划图

表 4.8 文明街保护规划空间数据要素分层及属性表描述

工程目录树				要素类型编码
一级	二级	三级	四级	层代码
保护规划	文明街保护规划（2006 年市政府批准）	现状图	紫线控制_文明街	ZXKZ_WMJ
			核心保护区_线_文明街	HXBHQ_X_WMJ
			详细规划现状_线_文明街	XXGHXZ_X_WMJ
		紫线方案	紫线方案_线_文明街	ZXFA_X_WMJ
			建设控制区_面_文明街	JSKZQ_M_WMJ
			核心保护区_线_文明街	HXBHQ_X_WMJ
		风貌规划图	紫线控制_文明街	ZXKZ_WMJ
			核心保护区_线_文明街	HXBHQ_X_WMJ
			风貌协调区_线_文明街	FMXTQ_X_WMJ
			建设控制区_面_文明街	JSKZQ_M_WMJ
			核心保护区_面_文明街	HXBHQ_M_WMJ
			风貌协调区_面_文明街	FMXTQ_M_WMJ
		总平面布局示意图	总平面布局示意_线_文明街	ZPMBJSY_X_WMJ
			紫线控制_文明街	ZXKZ_WMJ
			核心保护区_线_文明街	HXBHQ_X_WMJ

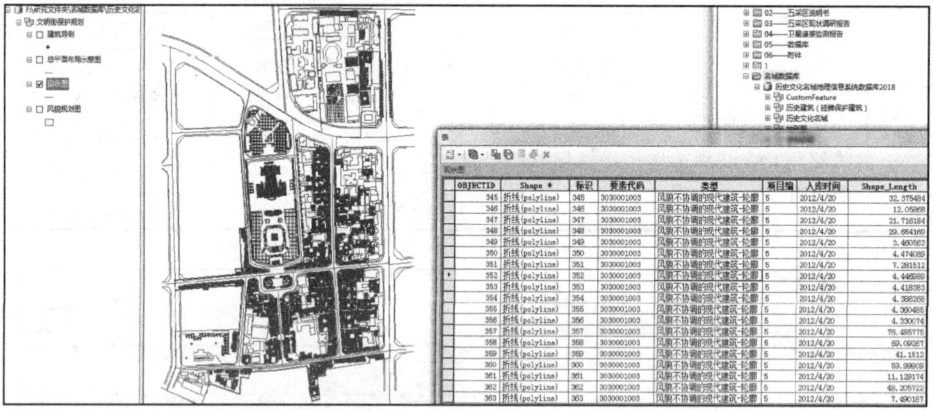

图 4.6 文明街现状图

4.4.4 统一的数据记录格式

统一的数据记录格式，如图 4.7、图 4.8、图 4.9、图 4.10 所示。

要素代码	编号	名称	地址	建造年代	建筑特征	建筑结构	建筑	层数	产权	保护级别
2010000000	呈-文-01	张天虚故居	张天虚故居呈贡县龙街中段	民国	名人故居	土木结构		2层	村委会	县级
2010000000	呈-文-02	杨家大院	斗南镇乌龙村杨家大院	民国	传统合院民居	土木结构		2层	村委会	县级
2010000000	呈-文-06	肖大中故居	大渔乡大海晏村肖大中故居	民国	名人故居	土木结构	620平	2层	公有	县级
2010000000	呈-文-05	大渔乡神龙祠	大渔乡大海晏村神龙祠	清代	古建筑	土木结构	150平	1层	公有	县级
2010000000	呈-文-04	大渔乡石龙寺	大渔乡大海晏村石龙寺	始建于明，重	古建筑	土木结构	850平	1层	公有	县级
2010000000	呈-文-03	穿心阁	化城穿心阁	始建于光绪二	古建筑	木结构楼阁式	<空>	3层	村委会/公有	县级
2010000000	晋-文-01	盘龙寺	晋城镇盘龙寺	清	歇山	土木结构	1600	<空>	公有	省级
2010000000	晋-文-07	县委八角楼	晋宁县委	1940	两层欧式建筑	砖木结构	350平	<空>	国有	县级
2010000000	晋-文-03	月山玉皇阁	郑和公园	清	院落式建筑	木结构	840平	<空>	国有	县级
2010000000	晋-文-02	昆阳文明坊	昆阳镇小街	清乾隆九年（	三间四柱重檐	木结构	60平	<空>	国有	县级
2010000000	晋-文-04	安江村	新街安江村	公元1947年（	重檐三层阁楼	土木结构	55平	<空>	公有	县级
2010000000	西-文-27	马家宅院	东寺街小花椒巷5号	民国	<空>	<空>	<空>	<空>	云南汇成经贸有限公司	区级
2010000000	西-文-03	西寺塔	昆明市东寺街	唐代	<空>	<空>	<空>	<空>	西山区文管所	国家级
2010000000	西-文-02	东寺塔	昆明市东寺街	唐代	<空>	<空>	<空>	<空>	西山区文管所	国家级
2010000000	西-文-18	普坪石刻	马街办事处普坪村	清代	<空>	<空>	<空>	<空>	西山区文管所	区级
2010000000	西-文-08	大观楼	大观公园内	清代	<空>	<空>	<空>	3层	大观楼公园管理处	省级
2010000000	西-文-20	倪蜕墓	马街办事处马街中村	清代	<空>	<空>	<空>	<空>	倪蜕后人	区级
2010000000	西-文-30	义学碑刻	马街办事处大渔村义观寺内	清代	<空>	<空>	<空>	<空>	大渔村联合组	区级
2010000000	西-文-23	曲焕章墓	团结乡花红园小村后山	现代	<空>	<空>	<空>	<空>	曲焕章家人	区级
2010000000	西-文-29	多依村乡规民约碑	团结办事处多依村玉皇阁	清代	<空>	<空>	<空>	<空>	团结办事处多依村村民小组	区级
2010000000	西-文-19	戴雄墓	团结办事处明东山	清代	<空>	<空>	<空>	<空>	团结办事处	区级

图 4.7　数据记录格式

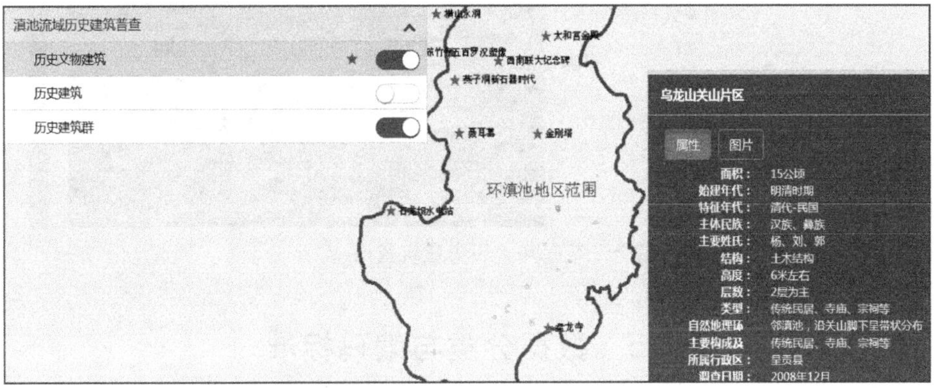

图 4.8　滇池流域历史文物普查属性查询

挂牌保护历史建筑

要素代码	编号	名称	地址	批次	现有功能	是否为文物	所属行政	年代	保护级别
2030000001	G1-27	石屏会馆	中和巷24号	2002年第一	餐厅	区级文物	昆明市	清代	昆明市挂牌保护历史建筑区级文物
2030000001	G1-31	袁嘉谷故居	翠湖北路1号	2002年第一	餐厅	区级文物	昆明市	民国时期	昆明市挂牌保护历史建筑区级文物
2030000001	G1-15	正义路四通巷2号	正义路四通巷2号	2002年第一	居住	登记文物	昆明市	民国时期	昆明市挂牌保护历史建筑区级登记
2030000001	G1-11	文明街16号宅院	文明街16号	2002年第一	区文化馆	区级文物	昆明市	民国时期	昆明市挂牌保护历史建筑区级文物
2030000001	G1-08	文明街幸福巷5号宅院	文明街幸福巷5号	2002年第一	居住	<空>	昆明市	民国时期	昆明市挂牌保护历史建筑
2030000001	G1-09	文明街幸福巷6号宅院	文明街幸福巷6号	2002年第一	居住	<空>	昆明市	民国时期	昆明市挂牌保护历史建筑
2030000001	G1-10	欧氏宅院	文明街11号	2002年第一	居住	区级文物	昆明市	民国时期	昆明市挂牌保护历史建筑区级文物
2030000001	G1-13	文明街28号宅院	文明街28号	2002年第一	茶室	<空>	昆明市	民国时期	昆明市挂牌保护历史建筑
2030000001	G1-07	文明街幸福巷4号宅院	文明街幸福巷4号	2002年第一	居住	<空>	昆明市	民国时期	昆明市挂牌保护历史建筑
2030000001	G1-14	甬道街西巷洞巷1号宅院	甬道街西巷洞巷1号	2002年第一	餐厅	区级文物	昆明市	清代	昆明市挂牌保护历史建筑区级文物
2030000001	G1-06	文明街幸福巷1号宅院	文明街幸福巷1号	2002年第一	居住	<空>	昆明市	民国时期	昆明市挂牌保护历史建筑
2030000001	G1-03	懋庐	景星街吉祥巷18、19号	2002年第一	餐厅	区级文物	昆明市	清代	昆明市挂牌保护历史建筑区级文物
2030000001	G1-01	马家大院	文明街小银柜巷7号	2002年第一	办公	区级文物	昆明市	民国时期	昆明市挂牌保护历史建筑市级文物
2030000001	G1-02	文明街小银柜巷8号宅院	文明街小银柜巷8号	2002年第一	居住	<空>	昆明市	民国时期	昆明市挂牌保护历史建筑区级文物
2030000001	G1-04	王炽故居	文庙直街103号	2002年第一	售楼部	<空>	昆明市	民国时期	昆明市挂牌保护历史建筑
2030000001	G1-17	正义路居仁巷8号宅院	正义路居仁巷8号	2002年第一	居住	<空>	昆明市	民国时期	昆明市挂牌保护历史建筑
2030000001	G1-12	文明街22号宅院	文明街22号	2002年第一	<空>	<空>	<空>	民国时期	昆明市挂牌保护历史建筑
2030000001	G1-18	傅式宅院	正义路居仁巷10号	2002年第一	居住	<空>	昆明市	民国时期	昆明市挂牌保护历史建筑区级文物
2030000001	G1-19	正义路居仁巷11号宅院	正义路居仁巷11号	2002年第一	居住	<空>	昆明市	民国时期	昆明市挂牌保护历史建筑
2030000001	G1-26	东苑别墅	华山东路7、8、9号	2002年第一	餐厅	<空>	昆明市	民国时期	昆明市挂牌保护历史建筑
2030000001	G1-25	华山东路黄河巷37号别墅	华山东路黄河巷37号	2002年第一	居住	登记文物	昆明市	民国时期	昆明市挂牌保护历史建筑区级登记
2030000001	G1-28	何氏宅院（将军楼）	富春街83号(新)51号(旧)	2002年第一	将军楼餐厅	区级文物	昆明市	民国时期	昆明市挂牌保护历史建筑区级文物

图 4.9　挂牌保护历史建筑

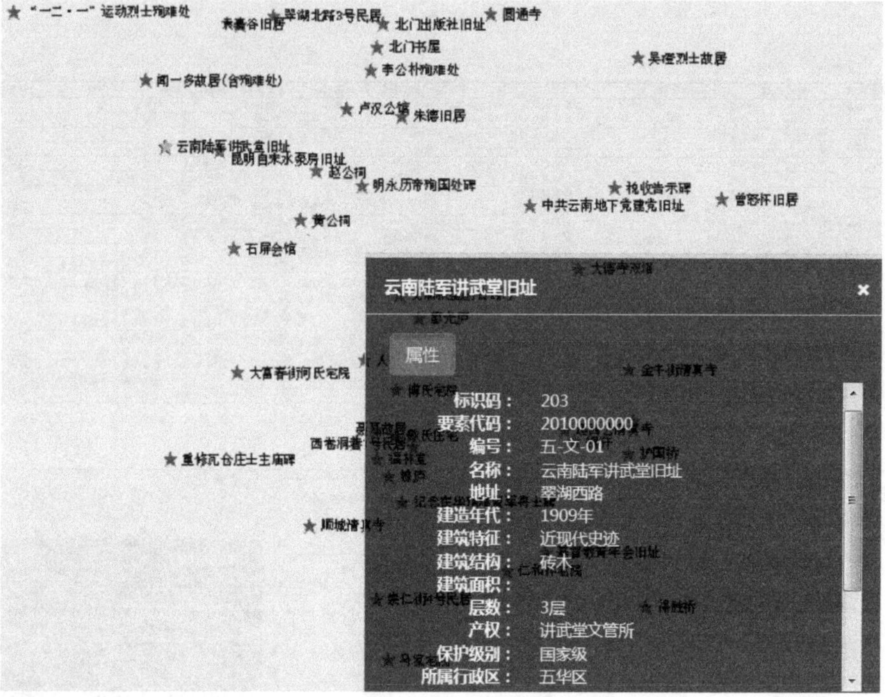

图 4.10　历史建筑查询

4.5　数据分类与编码标准

4.5.1　数据分类方法

信息分类是将具有不同属性或特征的信息区别开来的过程，它是编码的基础。分类方法一般有两种，即线分类法与面分类法。

1)线分类法

线分类法又称层级分类法。它是将初始的分类对象按所选定的若干个属性或特征依次分成若干个层级目录，并编排成一个有层次的、逐级展开的分类体系。其中同层级类目之间存在并列关系，不同层级类目之间存在隶属关系，同层类目互不重复、互不交叉。

线分类法的优点是容量较大，层次性好，使用方便；缺点是分类结构一经确定，不易改动，当分类层次较多时，代码位数较长。

2)面分类法

面分类法是将给定的分类对象按选定的若干个属性或特征分成彼此互不依赖、互不相干的若干方面(简称面)，每个面中又可分成许多彼此独立的若干个类目。使用时，可根据需要将这些面中的类目组合在一起，形成复合类目。

面分类法的优点是具有较大的弹性，一个面内类目的改变，不会影响其他面，并且适应性强，易于添加和修改类目；缺点是不能充分利用容量。

信息编码是将信息分类的结果用一种易于被计算机和人识别的符号体系表示出来的过程，是人们统一认识、统一观点、相互交换信息的一种技术手段。编码的直接产物是代码，即表示特定信息的一个或一组有序排列的符号，是计算机鉴别和查找信息的主要依据和手段。代码一般由数字或字符，或数字字符混合构成，具有唯一性，并具有分类和排序的功能。在设计时，若采用某些专用字符或对某些字符或数字做出一些特殊规定，则代码又具有某种特定的含义。

地理信息的图形信息和属性信息均应进行科学的分类和编码，图形信息分类一般采用线分类法，分类结果是形成树形结构的分类目录。

地理信息属性数据除要进行分类外，每类属性信息的值还要规定分级指标，或直接使用数值、名称等。分级指标应尽可能使用现已发布的国家标准、行业标准或地方标准。

一般地，表示地理现象的空间数据可以分为如下七种不同的类型：类型数据、面域数据、网络数据、样本数据、曲面数据、文本数据和符号数据。所有这些不同类型的数据都可以分为点、线、面三种不同的图形，并可以分别采用 X、Y 平面坐标，地理经纬度 λ、φ 或者格网法表示。

4.5.2　地理信息分类与编码的原则

地理信息按下列原则进行分类和编码：

(1)科学性：地理信息的分类应以适合现代计算机、地理信息系统和数据库技术对数据进行处理、管理和应用为目标，根据研究区域的地理信息特征进行严密的科学分类。

(2)系统性：地理信息分类应按合理的顺序排列，形成系统的、有机的整体，分类目既反映相互间的区别，又反映彼此间的联系。

(3)稳定性：地理信息分类应以我国使用多年的基础信息和各种专题信息常规分类为基础。以各要素最稳定属性或特征为依据制订出的分类方案及与之相对应的编码方案，应在较长时间里不发生重大变更。代码数值必须稳定，一旦确定就不再变更。

(4)不受比例尺限制：鉴于目前地理空间数据库一般仍然要按比例尺建成几级，地理信息特别是基础信息的分类和代码应当包容各级比例尺数据库所涉及的全部要素。在不同比例尺数据库中，分类的详尽程度可以有差异，但应形成上下层间的隶属关系，同一要素具有一致的分类和代码，以达到分类与编码的一致性，从而大大简化各部门间、各系统间交换地理信息的工作。然而这一原则并不否定不同比例尺数据库间存储地理信息详尽程度和精度的差异。

（5）兼容性：在进行地理信息分类和编码时，凡已经颁布实施的有关国家标准均应直接引用，还应充分引用有关行业标准和被研究区域颁布实施的有关地方标准，参考正在研究和制订的国家、行业及地方相关标准的成果，求得最大限度地兼容和协调一致。

（6）完整性和可扩展性：地理信息的分类体系在总体上应具有很大的概括性和包容性，能容纳研究区域的各专业领域现有的和将来可能产生的所有信息。分类既反映要素的属性，又反映要素间的相互关系，具有完整性。设计代码结构和进行具体编码时应留有适当的余地和给出扩充办法，以便在必要时扩充新的类别的代码，并且不影响已有的分类和代码。

（7）适用性：地理信息的分类和编码方案要便于使用，分类名应尽量沿用各专业习惯名称，应不会发生概念混淆和二义性，代码应尽可能简短和便于记忆。

（8）灵活性：鉴于国内一些区域和城市在其已建或正在建设的系统中采用了各自的分类和编码方案，并考虑到实际操作上的方便，可不必强求各个区域的地理信息系统内部一律采用标准分类与代码，但当与其他系统交换数据时，应转换成标准规定的分类与代码。对新设计开发系统的城市，建议采用标准方案。

除上述这些原则外，随着国际交往的增多，地理信息的分类与编码还应考虑国际信息交流的需求，尽量与国际相关标准接轨。

4.5.3　地理信息分类与编码的意义

分类是将具有共同属性或特征的事物或现象归并在一起，而把不同属性或特征的事物或现象分开的过程。分类是人类思维所固有的一种活动，是认识事物的一种方法。

地理信息分类码主要用于对数据进行存储、管理、检索和交换。在设计和建立数据库时，将数据类型作为基本存储单元，一类或几类相关的数据构成一个数据层，从而利用分类码实现对数据的有效组织和存储。在采集数据时，利用分类码作为用户标识码（即 ID）输入数据，会有如下几种情况：

（1）在维护管理数据库时，分类码可以用于检查数据的精度和完整性，对数据层进行调整或重新组织。当对数据进行修改补充和更新时，也需要利用分类码。

（2）在城市地理信息系统的应用中，分类码是使用最为频繁、最重要的检索因子。通过它可以按类检索数据，提取所需的信息，进行分析、运算或进行其他处理；利用它可以对数据进行取舍。通过分类码与符号库的连接，可以显示或输出符号化的地图。

（3）在信息服务和数据共享时，往往借助于分类码向用户提供所需的数据，不同系统间交换数据时，分类码也是最重要的数据标记，是实现系统间数据共享的重要基础。分类码在城市地理信息系统中的应用是多方面的，应当充分重视分类码的标准化。

4.6　数据交换标准

4.6.1　基本概念

数据交换标准 IFC(industry foundation classes)，是目前国际建筑工程领域的数据交换标准，并逐步发展为国际标准 ISO 16739。IFC 标准能够描述建筑产品各个方面的信息，是目前描述建筑信息最全面和详细的规范。

IFC 标准是通过一个分层和模块化的框架组成，包含和处理各种信息，自下而上分为四个层次，分别是资源层、框架层、共享层、领域层，每个层次又包含若干模块，同时遵守一个原则：每个层次只能引用同层次和下层的信息资源，而不能引用其上层资源。因遵守了这一规则，上层资源变动时，下层资源就不会受到影响，保证了信息描述的稳定性。IFC 模型是由实体、定义类型、枚举类型、选择类型、规则、函数及属性集根据一定的原则组成的。属性集是 IFC 模型实现信息扩展的方式之一，在 IFC 标准中已定义了一些比较常用的属性集，即预定义属性集，用来描述实体的附加属性，此外还提供了用户自定义属性集进行属性扩展的功能。

4.6.2　几何变换的类型

几何变换是建立在集合的变换与映射基础上的。地图在数字化时可能产生整体的变形，归纳起来主要有仿射变形、相似变形和透视变形。图纸的变形常常产生前两种变形，直接从没有经过几何变换的航空影像上提取的图形信息，会产生透视变形。另外一种情况是，当把数字化仪坐标、扫描影像坐标变换到投影坐标系，或两种不同的投影坐标系之间进行变换时，也需要进行仿射变换或相似变换。

几何变换有几种类型，各种方法的区别在于它所能保持的几何性质，以及对目标的操作和改变。

(1)旋转变换。允许旋转长方形，保持形状和大小不变。

(2)比例变换。允许旋转长方形，保持形状不变，但不保持大小不变。

(3)平行变换。允许长方形角度变形，但保留线的平行性。

(4)允许长方形角度和长度变形，而使长方形变换成不规则四边形。

(5)保持对象的拓扑性质，但不保持形状不变，例如使长方形变换成圆形。

4.7 数据质量控制标准

4.7.1 有关数据质量的基本概念

在地理信息系统中，数据的质量可以用下面几个概念来描述。

1)误差

误差反映了数据与真实性或者大家公认的真值之间的差异，它是一种常用的数据准确性的表达方式。

2)准确度

准确度是指结果、计算值或估计值与真实值或者大家公认的真值的接近程度。

3)分辨率

分辨率是指数据表示的精密程度，也即数据表示的有效位数。

4)不确定性

不确定性是关于空间过程和特征不能被准确确定的程度，是自然界各种空间现象自身固有的属性。在内容上，它是以真值为中心的一个范围(如误差范围)，这个范围越大，数据的不确定性也就越大。例如，不同等级国家测绘控制网中测量点的数值具有不同的误差范围。

5)定位精度

定位精度为空间实体的坐标数据与实体真实位置的接近程度，常表现为空间三维坐标数据精度。它包括数学基础精度、平面精度、高程精度、接边精度(指同类图形不同图幅的接边)、形状再现精度、像元定位精度(图像分辨率)等。

6)属性精度

属性精度是指空间实体的属性值与其真值相符的程度。通常取决于地理数据的类型，并且常常与位置精度有关，主要包括要素分类与代码的正确性、要素属性值的准确性及其名称的正确性等。

7)时间精度

时间精度是通过数据更新的时间和频度来表现；一般情况下，与交通管理、工业生产(主要指控制)有关的地理信息系统的精度要求高，而与矿产资源探查、社会调查有关的地理信息系统的精度要求低。

8)逻辑一致性

逻辑一致性是指地理数据关系上的可靠性，包括数据结构、数据内容(包括空间特征、专题特征和时间特征)，以及拓扑性质上的内在一致性。

9)数据完整性

数据完整性是指地理数据在范围、内容及结构等方面满足所有要求的完整程度，包括数据范围、空间实体类型、空间关系分类、属性特征分类等方面的完整性。

10）表达形式的合理性

表达形式的合理性主要指数据抽象、数据表达与真实地理世界的吻合性，包括空间特征、专题特征和时间特征的合理性等。

4.7.2　数据的主要误差来源

在空间数据使用的过程中也会导致误差的出现，主要包括两个方面：一是对数据的解释过程，二是缺少文档。对于同一种空间数据来说，不同用户对它的内容的解释和理解可能不同，处理这类问题的方法是随空间数据提供各种相关的文档说明，如元数据。另外，缺少对某一地区不同来源的空间数据的说明，如缺少投影类型、数据定义等描述信息，这样往往导致数据用户对数据使用的随意性而使误差扩散。数据的主要误差来源如下：

（1）数据收集：包括野外测量误差，即仪器误差、记录误差；遥感数据误差，即辐射和几何纠正误差、信息提取误差；地图数据误差，即原始数据误差以及坐标转换、制图综合及印刷等带入的误差。

（2）数据输入与数字化：包括仪器误差、操作误差、不同系统格式转换误差（如栅格-矢量转换、三角网-等值线转换）等。

（3）数据存储：在数值存储中会存在数值精度不够、空间精度不够、每个格网点太大、地图最小制图单元太大等误差。

（4）数据处理：这一过程中会出现分类间隔不合理、多层数据叠合引起的误差传播，以及插值误差、多源数据综合分析误差、比例尺太小引起的误差等。

（5）数据输出：包括输出设备不精确引起的误差，输出的媒介不稳定造成的误差。

（6）数据使用：包括对数据所包含的信息的误解，对数据信息的使用不当而产生的误差。

4.7.3　空间数据质量控制

从空间数据的形式表达到空间数据的生成，从空间数据的处理变换到空间数据的应用，在这两个过程中都会有数据质量问题的发生，如下所述：

（1）空间现象自身存在的不稳定性，包括空间特征和过程在空间、专题和时间内容上的不确定性。

（2）空间现象的表达，数据采集中的测量方法及量测精度的选择等受到人类自身的认识和表达的影响，这对于数据的生成会出现误差。

（3）空间数据处理中的误差，包括投影变换产生的差异，地图数字化和扫描后的矢量化处理都可能出现误差，数据格式转换中的位置差异性，数据抽象时产生的误差，建立拓扑关系过程中的位置坐标变化的误差；与主控数据层的匹配位移导致误差，数据叠加操作和更新产生空间位置和属性值的差异，数据集成处理产生的误差；数据的可视化产生表达上的误差，数据处理过程中误差的传递和扩散。

(4)空间数据使用中的误差，主要包括两个方面，一是对数据的解释过程，二是缺少文档，这样往往导致数据用户对数据的随意性使用而使误差扩散。

数据质量控制是个复杂的过程，要控制数据质量应从数据质量产生和扩散的所有过程和环节入手，分别用一定的方法减少误差。空间数据质量控制常见的方法有：

(1)传统的手工方法。将数字化数据与数据源进行比较，图形部分的检查包括目视方法、绘制到透明图上与原图叠加比较，属性部分的检查采用与原属性逐个对比或其他比较方法。

(2)元数据方法。数据集的元数据中包含了大量有关数据质量的信息，通过它可以检查数据质量，同时元数据也记录了数据处理过程中质量的变化，通过跟踪元数据可以了解数据质量的状况和变化。

(3)地理相关法。用空间数据的地理特征要素自身的相关性来分析数据的质量。

第5章 历史文化名城保护规划地理信息系统建设

5.1 前期准备工作

实施前期，一般主要是项目的调研，也可以说成是调研阶段。此阶段是项目的开始，也是整个项目的重要部分。首先成立调研项目小组，寻找三家或三家以上的单位进行项目调研工作。调研工作主要是了解单位的发展状况，以及核心需求问题。此阶段必须了解以下要点：

(1)单位当前的组织结构。

(2)单位当前基本的运作模式，即业务流程方式。

(3)单位当前的信息化程度。

(4)单位当前遇到的瓶颈问题，即当前所遇到的核心问题。

(5)单位后期的发展需求。

5.1.1 立项阶段

项目组织，主要分为领导小组、实施小组和执行小组。建立一个富有思想和执行力的项目组织是项目实施成功的重要因素。

1. 领导小组

由高层领导主管、信息主管、实施人员组成，组长最好是单位一把手。强调领导小组对整个实施负总责。领导小组负责动员、组织、检查、督促、协调、拍板和签收。遇到重大问题，或者项目各阶段的启动和完成，实施人员均应及时提议召开领导小组会议，进行报告和讨论，保持自上而下的高度参与。领导小组的主要工作包括：制定方针策略，设定实施目标，批准实施计划，监控实施进程，调配人力安排，解决实施小组不能解决的问题，制定各部门业务流程、工作规范，建立组织架构，审批新系统的工作流程及规范，保证实施能够正常进行，对实施成败全面负责。

2. 实施小组

实施小组负责整个实施的细节工作，由最高管理层及各个业务部门负责人组成项目实施小组。实施小组组长是个关键的岗位，最好是单位信息部门的负责人。实施小组组长必须也是领导小组的成员，方便实施小组组长向领导小组汇报实施情况。实施小组的成员应该是系统实施人员和各部门相关的主管，这些主管或业务骨干必须既熟悉本部门的工作，也了解其他相关部门的情况及相互关系。实施小组对领导小组负责，主要的工作包括：落实整体实施计划，保证计划的顺利实现，指导、组织和推动执行小组的工作，需求及业务流程的分析确认，研究制定业务流程，负责基础数据的确认，组织开展单位及企业内部的培训，并对培训人员进行考核，提交各阶段的工作文档。

3. 执行小组

执行小组由单位各部门组成，用户信息主管参与，组长为各部门负责人。执行小组负责各部门的人员培训与考核，与部门需求及流程有关的分析、确认、试验，部门上线效果的维护。主要的工作包括：保证整个项目的实施可以高效务实地进行，对部门的工作职能和业务流程进行有序执行，并评估实际业务流程的可行性，及时向实施小组反馈实施进度和存在风险。

领导小组、实施小组和执行小组的关系环环相扣，形成一个金字塔形结构，并且由下而上紧密配合，保证软件的正常实施和开展。在实施过程中，建立好项目组织的主要作用体现在：让领导和员工共同参与到实施中来，更好地执行相应的实施计划，做到具体实施到位、整体工作责任清晰、分工明确，为实施的具体执行做好准备。

5.1.2　需求调研阶段

在调研过程中，会发现系统运作中存在方方面面的问题，如果它们对软件的实施和日后软件的正常运作产生一定的影响，可以结合实际情况在调研阶段向实施小组提出相关意见，进行探讨研究，这可以使日后软件的正常运作减少瓶颈性问题，并提高工作效率。用户往往更希望有一些实事求是的观点，并且能在新系统运作时体现出来。调研过程中，用户常常会提出一些需求，可能此需求在软件中还未实现，或者不成熟。实施人员必须针对软件本身的特点，以及用户的业务流程，预测软件实施过程中的一些问题和困难，并且事先向用户说明，哪些功能可以实现，哪些功能无法实现，实事求是，让用户体会到实施人员是务实的。

分部门调研就是详细了解各部门的日常管理和运作细节情况，特别是业务流程、人员水平和配合程度、重点需求、岗位职责及日常工作量等资料，形成新系统的流程草案。

各部门调研的核心内容就是整理工作流程，实施人员只有通过了解各部门的工作状况和日常运作模式，才能有针对性地提出新系统的解决方案。

1. 系统的流程规范

系统的流程规范是保证信息系统得以正常运行的关键，是管理过程中人与人之间、人与计算机之间进行精确通信的保证。为此，规范人的行为方式是一种管理规程，是按照业务流程说明，让员工明确管理策略、部门职能和分工，并落实日常工作责任。

2. 系统基础设置规范

系统基础设置规范内容本身是软件作为一个平台在结合用户本身管理特色而制定的规范，在实际操作中可围绕流程文档对中层干部进行再次的培训讨论，并落实系统有关的基础设置。

3. 用户需求文档

用户需求文档体现用户对软件的实际业务应用需求。在软件流程设计与需求调研阶段，难免会发现用户应用的特殊业务需求，这些需求往往在现有的软件功能中没有非常好的体现。如果它可以作为一个行业应用的代表性需求，或者该需求对软件本身架构改变不大，可以考虑将这部分内容登记在用户需求文档中，以提交给有关人员进行需求分析，并确认修改方案。

4. 二次研发协议

二次研发主要是针对用户的需求超出原有软件本身的业务框架范畴，实施人员应根据调研情况，形成文档，然后与用户展开讨论，形成解决方案，同用户需求文档一并提交给有关人员进行需求分析，并确认修改方案。

5. 提交业务重组方案审批

提交业务重组方案就是把以上调研的结果，提交给领导小组，再次沟通确认，然后领导对所有文档进行批准签字。实施后期的培训及上线，必须严格按照以上文档执行。如果某部门人员对文档内容有异议，必须将所提问题及解决办法提交给领导小组讨论后再决定是否进行调整。

5.1.3 分析设计阶段

项目实施要有一个目标具体、内容详细、顺序合理、责任明确且进度积极可行、前后衔接有序的实施计划。计划必须是可以检查的，没有使人无所适从的空洞言辞。

5.1.4 项目实施阶段

在测试用户的主持下由项目小组提出项目实施计划，经过领导批准后才能执行。也许很多人会认为项目实施计划只要安排好整个培训的时间就好。其实，实施计划不单单只是培训，其中软件项目的准备阶段就要占用实施计划 1/4 的时间，流程重组和系统培训大概就要 1/2 的时间，还有软件正式使用过程也需要大概 1/4 的时间。为什么说需要在测试用户的主持下由项目小组提出并制订实施计划，原因是单位不可能停下自己的业务来配合软件供应商完成任务，而是软件供应商和用户单位协商，并制订合理的实施计划时间表。实施过程中一定是由用户和实施人员根据实施计划共同主导项目的进展。虽然培训是整个软件实施的重要工作，但很多时候软件上线后可能会发现更多的问题，在确定软件的培训计划时，可以考虑把部分软件的流程细节培训放置在软件上线时也是非常有好处的。完成上述的实施项目准备，开始整个软件开发的项目启动，项目启动过程会通过单位组织进行，并且合法正规地进行招标。之后向项目实施小组和全单位传达将如何开展项目实施的信息。参加项目启动会的人员应该有：领导小组、实施小组、执行小组成员和用户单位其他中高层领导。项目启动是项目实施工作的一个好的开始。

在实际工作中，实施人员要非常重视这一个过程，并且建议创建一个正式的项目启动过程。而用户高层常会忽略这样一个重要的过程，实施人员有责任去带动和要求用户召开一个实施软件的“动员大会”。动员大会召开的目的是让用户内部各部门员工都能清晰地认识这次软件实施的重要性，强化管理意识和学习意识，也让整个实施工作更规范化地进行。

当项目启动大会开始后，那么就进入了项目的实施过程。项目实施过程是整个实施的核心。

5.1.5 项目验收阶段

在实施过程中，任何项目都必然存在预定的结束时间。通过项目的验收，标志着项目在实际的项目周期内已完成预定的项目目标和功能需求，标志着项目实施工作结束。信息化项目是以用户为主体实施的，项目的验收，并不意味着用户内部实施工作的结束，而是进入一个新的起点。用户内部实施人员应当在已达到的实施成果基础上，继续优化业务处理和流程，巩固实施成果。整体软件项目的验收过程可由实施人员配合用户单位领导和各部门负责人分层次地进行，以更彻底地完成用户软件项目的升级过渡。

一些人认为，项目的验收标准是只要培训完成且用户会操作了就是结束了，其实这是个误区。培训结束，执行小组成员会操作系统了，这只是项目验收的基本条件。实施人员在完成上面两个阶段后，应该和用户领导沟通，让用户判断当前系统的业务处理和业务流程是否需要进行再次优化或调整，最好是按部门有层次地去确定，最后签字验收。

在项目实施过程中，特别要注意以下几点：

(1)在实施阶段，要让用户多提问题，对不清晰的业务流程和不合理的部分要一起交流。尽可能在软件培训和试用上线阶段解决更多的软件问题，并引导用户的网管人员学会分析问题、解决问题，以减轻软件正式使用后各部门的工作压力，提高系统运行的效率。对于软件操作问题，需要让用户更多地熟悉使用技巧，对于部门流程中存在的问题，最好结合实际的业务内容做真正的演示，确保员工思路清晰、操作熟练。

(2)在通常的需求调研阶段，可以了解到用户感性和宏观的需求，而更多的软件的微观需求会在软件上线后被用户的各部门员工发现。在实施培训阶段或练习阶段，建议用户多提需求，但同时要让用户明白：只解决与业务相关的核心需求，而对个别用户所提到的方便个人操作使用的不充分需求，可以尽可能按照具体的部门流程和管理规范进行解决。实际上，几乎任何一个用户在日常业务和部门管理上都有一定的独特之处，对于行业性质的信息化软件，本身就是为了满足或解决行业共性的业务问题，肯定做不到面面俱到。当实施人员接到用户问题时，首先要分析问题是否属于软件功能上的缺陷，或者具有通用管理上的需求，进而形成需求文档，向有关人员反映相应的问题，最终将结果反馈给用户。实施人员在分析用户需求的时候，应该首先从业务流程去分析和思考。

(3)正式上线的时候一定要对用户的数据库起始数据进行盘点。执行用户的首次盘点和过程盘点，是整个实施环节中必须最小心和全程关注的一步。建议实施人员应到现场密切参与配合，尽量指导用户相应负责人全程参加盘点，主要参与前期盘点设计和培训，确保盘点的数据生效。

正式上线以后，对用户的数据库设置数据库备份机制。

1. 验收目的

验收是项目从实施到售后维护的一个过渡阶段，验证应用(软件)系统是否符合设计需求，以及功能实现的正确性及运行的安全可靠性。通过系统的软件验收测试，发现软件存在的潜在的重大问题，最大限度保证软件的工程质量。验收通过后项目正式实施完成，项目进入系统维护阶段。验收是项目建设过程的一个里程碑，说明项目建设完成了实施这一过程，进入了下一个阶段。因此，为使信息化项目建设按照设计要求进行，确保项目完成后达到有关要求和标准，运行正常平稳，必须进行项目验收。

2. 项目验收前提条件

(1)整个系统的运行已经进入正轨，需求的响应也已基本完成，并稳定运行。

(2)所有系统模块按照合同要求全部建成，并满足使用要求。

(3)已通过软件系统测试评审。

(4)软件已置于配置管理之下。

(5)各种技术文档和验收资料完备，符合合同的内容。

(6)系统建设和数据处理符合信息安全的要求。

(7)外购的操作系统、数据库、中间件、应用软件和开发工具符合知识产权相关政策法规的要求。

(8)各种设备经加电测试运行，应用软件部署完成，状态正常。

(9)经过相关主管部门和项目用户同意。

(10)符合合同或合同附件规定的其他验收条件。

3. 验收方法

项目验收是项目开发建设中有组织的主动性行为，它是对项目建设高度负责的体现，也是项目建设成功的重要保证。切实做好项目建设中的验收工作至关重要，应当采取有效措施，实实在在地做好项目验收工作。为保证项目验收质量，针对不同的验收内容，在实施验收操作中，可以采取以下不同的方法。

1)登记法

对项目中所涉及的所有硬件、软件和应用程序一一登记，特别是硬件使用手册、软件使用手册、应用程序各种技术文档等一定要登记造册，不可遗漏，并妥善保管。对项目建设中根据实际进展情况双方同意修订的合同条款、协调发展建设中的问题进行登记。

2)对照法

对照检查项目各项建设内容的结果是否与合同条款及工程施工方案一致。

3)操作法

这是项目建设最主要的验收方法。首先，对项目系统的硬件一一进行加电操作，验证是否与硬件提供的技术性一致；其次，运行项目软件系统，检验其管理硬件及应用软件的实际能力是否与合同规定的一致；最后，运行应用软件，实际操作，处理业务，检查是否与合同规定的一致且达到了预期的目的。

4)测试法

对能使用检测仪器进行检测的设备，应当一一进行实际测试，检查是否与设备、实施的规格、性能要求一致。

4. 验收步骤

1)需求分析

项目监理单位组织人员对项目进行验收需求分析。针对项目验收，监理单位需配备两名有经验的工程师和一名行业专家来组成项目团队，负责具体工作。

2)编写验收方案(计划书)

项目监理单位在对项目进行深入的需求分析的基础上编写验收方案(计划书)，提交用户单位审定。

3)成立项目验收小组

实施测试验收工作时，应当成立项目验收小组，具体负责验收事宜。

4)项目验收的实施

严格按照验收方案对项目应用软件、网络集成效果、系统文档资料等进行全面的测试和验收。

5)提交验收报告

项目验收完毕，对项目系统设计、建设质量、硬件设备、网络环境、软件运行情况等做出全面的评价，得出结论性意见，对不合格的项目不予验收，对遗留问题提出具体的解决意见。

6)召开项目验收评审会

召开由验收委员会全体成员参加的项目验收评审会,全面细致地审核项目小组所提交的验收报告,给出最终的验收意见,形成验收评审报告,提交项目用户存档。

5. 验收程序

验收程序总体流程如图 5.1 所示。

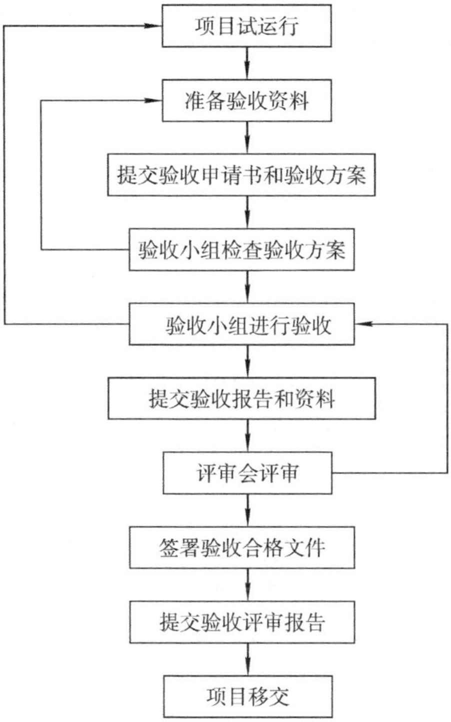

图 5.1　验收程序总体流程

6. 初验

(1)申请:项目竣工后经测试和试运行合格,施工单位根据合同、招标书、计划任务书,检查、总结项目完成情况后向用户提出初验申请。

(2)方式:项目用户组织监理和施工单位进行初验。

(3)施工单位提供材料:初验申请书、完工报告、项目总结,以及要求的验收评审资料。

7. 终验

(1)申请:初验合格后,项目用户根据合同、招标书、任务书,检查、总结项目实施和完成情况后向主管部门提出验收申请。

(2)经过审核,材料齐全则由主管部门组织验收。验收工作由主管部门和项目用户、监理等单位和专家组组成验收小组进行验收。验收工作分为两个步骤:验收小组和验收评委会评审，由验收小组共同确定验收时间、评审时间及其他安排。

(3)验收小组验收。验收小组一般由5～8人组成，成员由主管部门和项目用户的管理人员、监理单位专业技术人员共同完成。验收时参照相关验收内容及标准进行，验收后必须提交验收报告。

(4)验收委员会评审。验收委员会一般由多名专家组成，成员由验收小组及主管部门、项目用户和监理单位的领导、专家等组成。验收委员会评审一般采取会议评议方式进行，听取验收总结报告说明、验收小组验收结果及意见，通过评审并提交验收评审报告。

(5)项目用户提供材料。验收申请、项目建设总结性评价报告(组织与实施协调)、项目实施报告(技术、项目管理、质量控制)、相关文档资料、验收安排计划、验收小组及委员会名单、验收计划书(由监理单位负责)。

8. 验收签字

经过验收、评审形成的验收报告和评审报告，验收委员会成员签字，通过验收。

9. 验收依据

验收依据为系统功能设计(项目过程中依据需求调研结果而提交的各子系统的软件功能描述与操作说明书，即功能清单，投标文件提交的各技术方案及相关资料也是验收的依据之一)。

具体依据如下：

(1)项目招投标书的所有文件，尤其是项目需求部分。

(2)工程施工过程中的经双方签字的变更需求，包括项目开发方案、软件功能描述与操作说明书、合同或合同变更情况，确认的系统运行情况报告；确认的合同执行情况报告，确认收到的终验提交文档资料情况。

10. 验收内容和标准

验收内容和标准要根据项目的具体内容制定，由项目监理单位负责编写，主管部门和项目用户审定。项目验收标准是判断项目成果是否达到要求的依据，因而应具有科学性和权威性，只有制定科学的标准，才能有效地验收项目结果。验收内容一般包括测试(复核)、资料评审、质量鉴定三部分。验收内容一般包括软件验收(按功能要求的可执行软件)、开发计划文档、详细设计文档、质量保证计划、设备相应附件、设备运行和网络运行情况等。验收评测工作主要包括：文档分析、方案制定、现场测试、问题单提交、测试报告编写。验收测试内容主要包括：功能度、安全可靠性、易用性、可扩充性、兼容性、效率、资源占用率、用户文档。文档验收标准一般包括：文档完备性、内容针对性、内容充分性、内容一致性、文字明确性、图表翔实性、易读性、文档价值等。软件、硬件验收标准要符合国家和相关标准。基础资料包括：招标书、投标书、有关合同、有关批复文件、系统设计说明书、系统功能说明书、系统结构图、项目详细实施方案。项目竣工资料包括:项目开工报告、项目实施报告、项目质量测试报告、项目检查报告、测试报告、材料清单、项目实施质量与安全检查记录、操作使用说明书、售后服务保证文件、培训文档、其他文件。软件开发文档包括:需求说明书、概要设计说明书、详细设计说明书、数据库设计说明书、测试计划、测试报告、程序维护手册、程序员开发手册、用户操作手册。软件开发管理文档包括:项目计划书、质量控制计划、配置管理计划、用户培训计划、质量总结报告、会议记录和开发进度月报。

11. 验收结论

验收结论分为:验收合格、需要复议和验收不合格三种。符合信息化项目建设标准、系统运行安全可靠、任务按期完成、保证质量、经费使用合理的视为验收合格;由于提供材料不详难以判断,或目标任务完成不足80%而又难以确定其原因等导致验收结论争议较大的,视为需要复议。以下情况属验收不合格:未按项目考核指标或合同要求达到所预定的主要技术指标的;所提供材料不齐全或不真实的;项目的内容、目标或技术路线等已进行了较大调整,但未曾得到相关单位认可的;实施过程中出现重大问题,尚未解决和做出说明,或项目实施过程及结果等存在纠纷尚未解决的;没有对系统或设备进行试运行,或者运行不合格;项目经费使用情况审计发现问题的;违犯法律、法规的其他行为。

由主管单位同相关部门根据验收情况和相关资料得出结论,并进行确认。验收结论为验收合格的,项目用户将全部验收材料统一装订成册并连同相应的电子文档分别报主管部门及相关部门备案。验收结论需要复议的,主管部门以书面形式通知建设单位在三个月内补充有关材料或者进行相关说明。验收结论为验收不合格的,主管部门以书面形式通知项目用户和设计、施工单位,限期整改,整改后试运行合格的,项目用户重新申请验收。未通过验收的信息化项目,不得交付使用。

12. 项目交接

项目验收合格后,应办理项目交接手续。项目交接包括实体交接和项目文件交接两部分组成。

5.1.6 项目更新维护阶段

1. 系统数据维护流程

系统数据维护流程如图5.2所示。

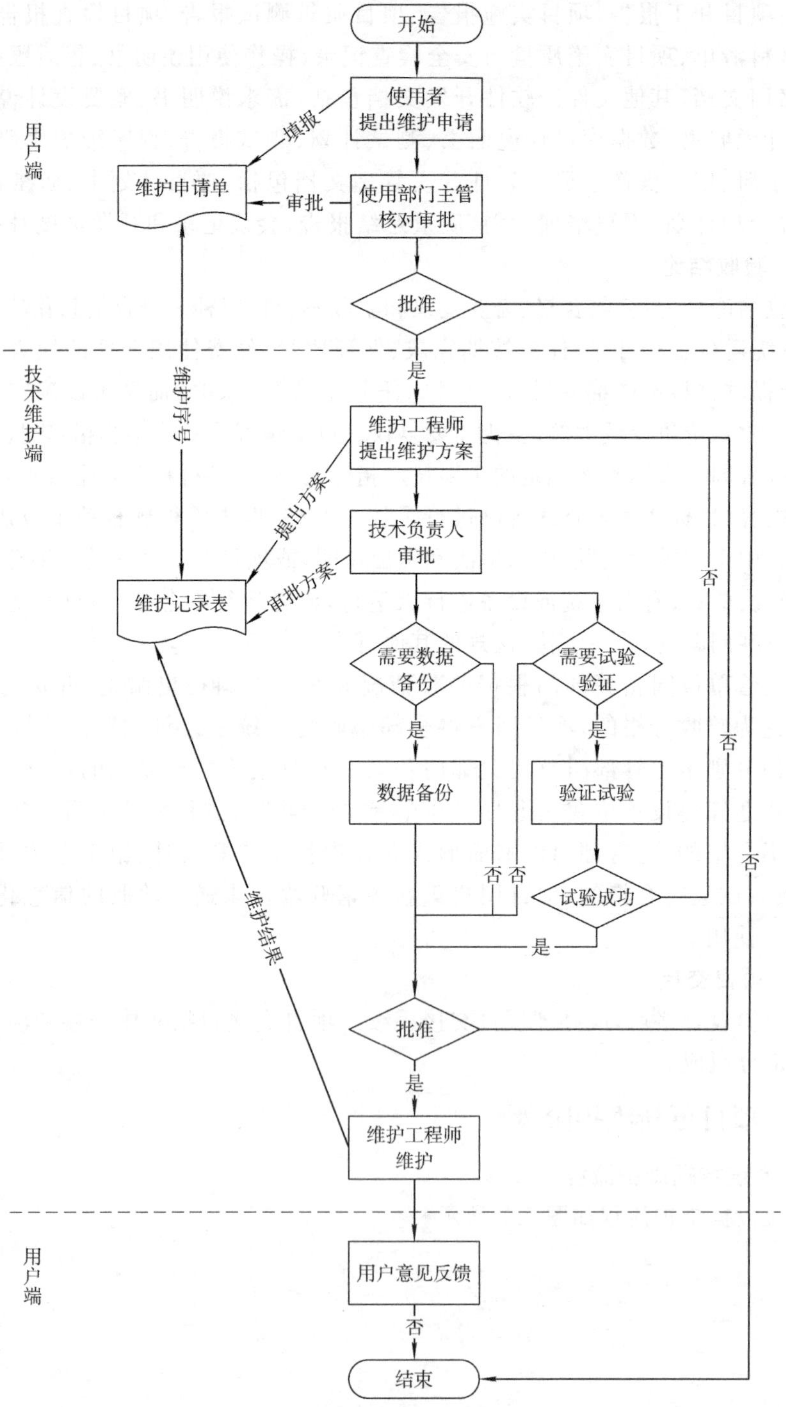

图 5.2　系统数据维护流程

流程说明：

(1)使用者因为各种原因需要对已经产生的数据进行修改，提出维护申请，维护范围只包括错误数据修正。

(2)提出申请的部门负责人需要对申请内容进行核实，并确认。

(3)维护工程师(一般由软件开发组专人负责)接收到确认后的维护请求，分析并提出修改方案。

(4)技术部门负责人对方案进行审核，确保方案的安全性和正确性。

(5)如需要，对系统进行备份(具体操作由方案确定)。

(6)如需要，对维护操作进行模拟验证(具体操作由方案确定)。

(7)维护工程师(一般指方案提出本人)按照方案进行修改操作。完成维护后，需通知用户验证。

(8)维护申请提出者对维护结果进行反馈和评价。

2. 系统变更、升级流程

系统变更、升级流程如图5.3所示。

流程说明：

(1)用户提出系统功能变更、增加或删除的需求。

(2)技术部门对需求进行分析和指导，初步确认需求的可行性和合理性。

(3)用户对分析后的需求进行确认(一般可以召集需求相关部门人员进行讨论)，部门负责人确认需求。

(4)软件开发部门根据需求提出设计、实施方案。

(5)软件开发负责人确认方案，如方案需要修改则返回上一步，直至方案通过。

(6)完整的需求和方案设计完成后提交用户领导确认。

(7)用户领导确认后，方可实施。在开发、测试、实施上线完成后，通知用户，并及时提供升级说明。

(8)用户需求提出者对升级后的使用情况提出反馈意见。

5.1.7　项目使用后评估

1. 基本信息

基本信息包括：项目名称、开发小组、成员、组长、软件信息、产品内容。

2. 项目内容

内容要求：完成软件需求说明书上的全部功能；明确使用者；软件的发布与部署；运行环境的适用性调试；界面布局合理，层次清晰；界面设计美观；界面元素风格统一。

功能要求：包括技术运用的合理性、内容实现的正确性，即各种技术表现与具体内容有机结合，各种媒体使用协调，多媒体信息的呈现可控，链接准确、无死链。

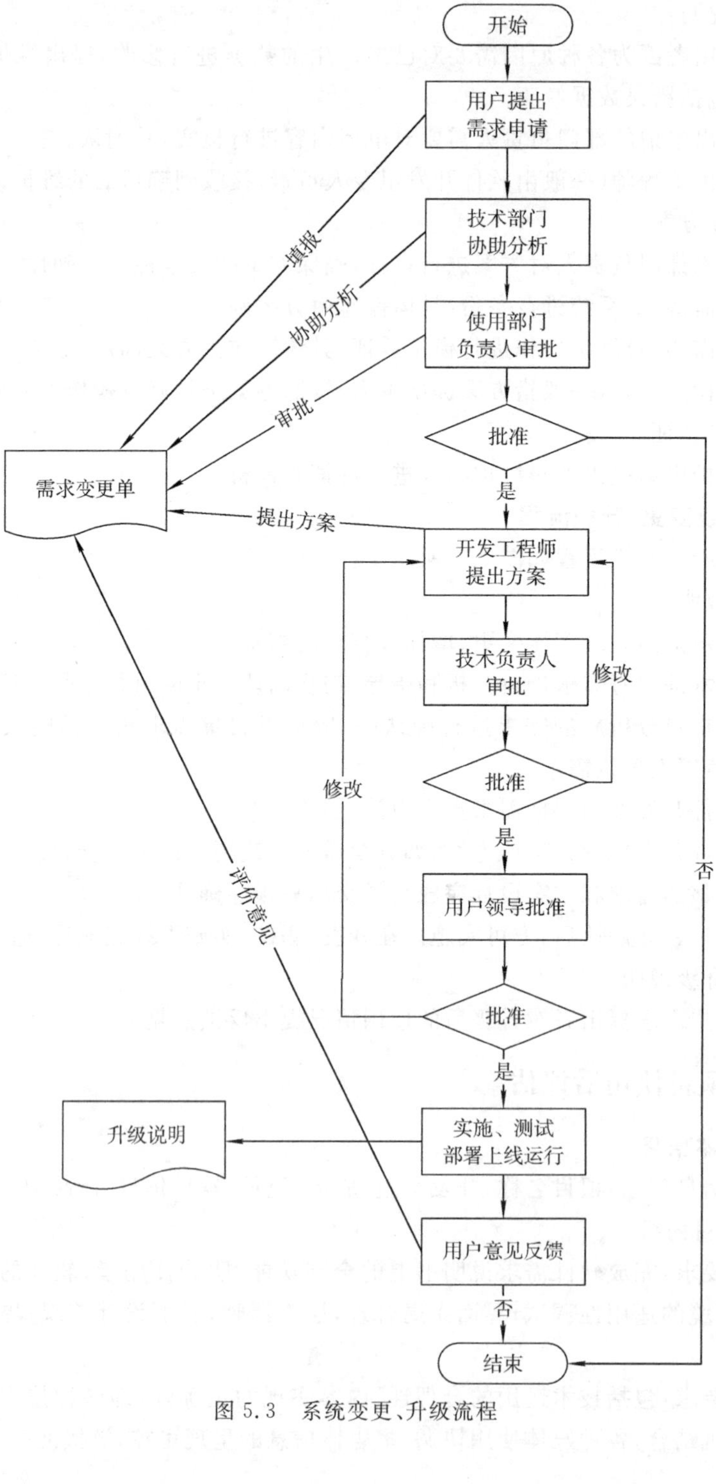

图 5.3　系统变更、升级流程

交互要求:包括简易性、一致性、反馈性、容错性、图形化,人机交互简单,形象输入。

输出要求:即对用户的操作及时做出反馈,对可能出现的错误进行检测、报告和处理。

稳定要求:即帮助机制的完备性,错误处理机制完备性,确认退出机制的完备性,每个操作都有联机帮助或提示,联机帮助易读、易懂,处理用户可能出现的任何错误操作,避免出现数据未保留而退出。

安全要求:即访问安全性,使用安全性(进行用户身份管理和访问控制),数据安全性。

开发文档:包括文档资料的完整性和规范性(如愿景说明书、开发计划说明书、需求规格说明书、架构设计说明书、详细设计说明书、测试报告等开发文档,开发过程管理文档,用户手册);文档编写符合标准和要求。

5.1.8　系统集成

系统集成包含以下五大要素:

1. 用户行业知识

要求对用户所在行业的业务、组织结构、现状、发展,应较好地理解和掌握。

2. 应用系统模式和技术解决方案

以系统的高度为用户需求提供应用的系统模式,以及实现该系统模式的具体技术解决方案和运作方案,即为用户提供一个全面的系统解决方案。

3. 产品技术

对原始厂商提供的产品的技术掌握;系统集成商的自有研发产品,包括应用系统软件的开发。

4. 项目管理

包括对项目所有进程进行质量管理。

5. 服务

随着行业的健康发展和规范化,系统服务的质量已逐渐成为重要参考点。

5.2　制度保障体系

项目实施过程中出现的一般问题(如系统运行故障等)由承建商当时指导解决(电话或现场);重大问题(系统崩溃等)由建设单位和承建商协调解决,一般一周内予以解决。以下是大型信息系统中容易出现的几种典型技术故障情况及相应的预防措施和应急策略。

(1)软件故障。通常在软件安装之前,全部软件产品均经过严格的测试,在安装时也会安装好相应的补丁程序,很大程度上减少了软件故障发生的可能。一旦出现软件故障，首先了解问题的详细情况，根据具体问题，提出相应的应急策略，同时负责将问题通知售后服务专员，及时地提供软件补丁或者软件修正方案，在得出相应的解决方法和软件补丁后，尽快与信息中心人员一起解决故障问题。

(2)操作失误。为了尽量减少操作失误，在技术培训中应把设备、软件的操作作为重点内容讲授给项目单位的技术人员，同时，协助项目单位制定系统运行管理制度及规范，尽量避免或减少误操作的发生。

(3)配置丢失。为避免这一问题的产生，首先要对项目单位各级技术人员强调系统备份工作的重要性，同时提供系统备份与恢复工作的培训内容，使得项目单位技术人员掌握网络设备配置、各类关键数据文件等多种类型的系统备份与恢复步骤，信息中心管理员可以独立或者在有关技术人员的指导下利用事前的配置备份完成系统恢复工作。

(4)病毒破坏。在进行方案设计时，应充分考虑到整个系统对病毒的抵抗能力，采用成熟的防病毒产品，降低病毒破坏的可能性。为项目单位提供实用的病毒专杀工具或病毒代码库，并协助项目单位完成病毒的清除工作，同时帮助项目单位使用备份数据进行系统恢复工作，将病毒造成的损失减到最小。

(5)非法入侵。在进行方案设计时，应充分考虑到系统的安全性，采用多种成熟的安全技术和产品，降低非法入侵的可能性。

5.2.1 组织保证

建立并维护单位内部的质量保证体系，对可能导致产品不合格的问题予以识别，并采取措施予以避免。

(1)发现并记录产品的质量问题。

(2)提出、采取或推荐问题的解决办法。

(3)验证解决办法的实施效果。

(4)对不合格产品的处理、交付过程进行控制，确保最终问题得以纠正。

(5)质量保证部门的评审活动应由与被评审工作无直接责任的人员组成，制定质量方针和质量目标。

(6)确保项目组成员均理解质量方针并能坚持贯彻执行。应制定一般性的质量方针及以软件产品的质量目标，作为各项目组的参照。各项目组可根据具体的用户期望及需求做出具体的质量目标及质量承诺。具体的质量目标及承诺，特别是超出原定目标的部分，提交给质量保证部门，以便让质量保证部门充分理解并协助实施。

(7)质量保证部门负责人应每月对质量体系进行评审，主要是对内部质量审核结果做评定，以保证质量体系持续有效，保存评审记录。在项目中，应向用户提出具体要求，明确其需要承担的职责，以便相互配合，共同保证项目的顺利实施。审核结果形成报告，提交审核部门负责人。对于审核时发现的问题，相关负责人应及时采取措施。

(8)纠正措施必须制订书面规程，应包括以下内容：调查问题产生的直接原因，并制订防止同类事件发生所需的措施。查询分析各类过程记录、操作记录、质量记录、用户投诉等。

5.2.2 使用后需求调整

在系统试运行阶段中，会存在系统操作不合理等问题，使用者应将这些问题进行书面反馈，提出操作问题及所需优化意见，承建方积极配合并且进行二次调整。当调整中存在无法实现等情况时，建设方应向使用者说明无法实现的原因，并且提出可实施的建议及方案。

5.2.3 设计开发

1. 可行性分析和项目开发计划

软件可行性研究的目的就是用最小的代价在尽可能短的时间内确定该软件项目是否能够开发，是否值得去开发。

1)技术可行性

在现有资源(软件、硬件、技术人员)的条件下，确定项目是否能实现。

2)经济可行性

在对项目的开发成本进行估算，并对其可能产生的经济效益进行评估后，确定该项目是否有开发和投资的价值。

3)社会可行性

首先要确定开发的项目是否存在任何侵犯、妨碍等责任问题，要开发项目的运行方式在用户方是否行得通，现有管理制度、人员素质、操作方式是否可行。然后是编写文档，即可行性研究报告和项目开发计划。项目开发计划是一个管理性文档，说明项目的各项主要工作，双方承担的责任，项目完成期限及其他条件限制。

2. 需求分析

需求分析是指开发人员准确理解用户的要求，进行细致的调查分析，将用户非形式的需求陈述转化为完整的需求定义，再由需求定义转化到相应形式的功能规约(需求规格说明书)的过程。

1)需求分析的任务

(1)问题识别。功能需求识别，即所开发的软件必须具备怎样的功能；性能需求识别，即待开发的软件的技术性能指标；环境需求识别，即软件运行时所需的软硬件的要求；用户界面需求识别，即人机交互方式等。

(2)利用分析与综合导出软件的逻辑模型。在分析与综合中，逐步细化软件功能，划分各个子功能，用图文结合的形式，建立系统的逻辑模型。

(3)编写文档。包括《需求规格说明书》，即把双方共同的理解与分析结果用规范的方式描述出来，作为今后各项工作的基础；《初步用户使用手册》，即着重反映被开发软件的用户功能界面和用户使用的具体要求；《确认测试计划》，即对原计划进行适当修整。

2)需求分析方法

结构化分析方法(structured analysis，SA)，是面向数据流进行分析的方法。该方法使用简单易读的符号，根据软件内数据传递、变换的关系，自上而下逐层分解，描绘出满足功能要求的软件模型。

3)描述工具

(1)数据流图(DFD)，以图形方式描绘数据在系统中流动和处理的工程。

(2)数据字典(DD)，为分析人员查找数据流图中有关名字的详细定义而服务。

3. 概要设计

概要设计是要软件"做什么"的逻辑模型变换为"怎么做"的物理模型，把软件需求转换为软件表示，描述软件的总的体系结构。

1)概要设计任务

(1)设计软件系统结构。

(2)采用某种设计方法，将一个复杂的系统按功能划分为模块。

(3)确定每个模块的功能。

(4)确定模块之间的调用关系。

(5)确定模块之间的接口。

(6)数据结构及数据库设计。

(7)对于大型数据处理的软件系统，除了控制结构的模块设计外，数据结构与数据库设计也比较重要。

(8)编写概要设计文档(《概要设计说明书》《数据库设计说明书》)。

2)概要设计优化准则

(1)划分模块时，尽量做到高内聚、低耦合，保持模块相对独立性，可将功能过于简单而又有联系的模块进行合并，合并时消除重复功能。

(2)有判定功能的模块应与受其影响的模块在层次上尽量靠近。

(3)软件结构的深度、宽度、扇入、扇出应适当。

(4)模块的大小要适中。

(5)模块的接口要简单、清晰，含义明确、便于理解，易于实现、测试与维护。

4. 详细设计

详细设计任务：

(1)为每个模块进行详细的算法设计和概要设计，将每个模块处理过程的详细算法描述出来。

(2)设计模块内的数据结构，确切地定义需求分析，概要设计确定的、概念性的数据类型。

(3)对数据库进行物理设计。

(4)编写详细的设计说明书。

5. 编码

编码即“编程序”，它是在前一阶段详细设计的基础上进行的。它是详细设计得到的处理过程的描述转换为基于某种计算机语言的程序，即程序设计。

1)程序设计语言的选择

(1)项目的应用领域。

(2)软件开发的方法。

(3)软件执行的环境。

(4)软件开发人员的知识。

2)程序设计风格

(1)源程序文档化(编码规范)。

(2)数据说明(注释)。

(3)语句构造。

(4)输入输出(结束标志)。

(5)效率。

6. 测试

测试阶段的基本任务是根据软件开发的各阶段文档资料和程序内部结构，精心设计一组测试用例，找出软件潜在的各种错误和缺陷。

1)测试原则

(1)测试用例应由输入数据和预期的输出数据两部分组成。

(2)测试用例不仅要选择合理的输入数据，还要选择不合理的输入数据。

(3)除了检查程序是否做了它应该做的事，还要检查程序是否做了它不应该做的事。

(4)长期保留测试用例。

(5)程序员避免测试自己开发的程序。

2)测试方法

(1)静态测试。不在机器上运行，采用人工检测和计算机辅助分析的手段对程序进行检测。

(2)动态测试。①黑盒测试，测试人员不考虑程序的内部结构和处理过程，只在软件接口进行测试，依据需求规格说明书，检查程序是否满足功能需求；②白盒测试，测试人员需了解程序的内部结构和处理过程，以检查处理过程的细节为基础，对程序中尽可能多的逻辑路径进行测试，检查内部控制结构和数据结构是否有错，实际的运行状态与预期的状态是否一致。

3)测试过程

(1)单元测试。对源程序中每一个程序单元进行测试，检查各个模块是否正确实现规定的功能，从而发现模块在编码中或算法中的错误。

(2)集成测试。检查与设计相关的软件体系结构的有关问题。

(3)确认测试。主要检查已实现的软件是否满足需求规格说明书中确定了的各种需求。

(4)系统测试。把已确认的软件与其他系统元素(其他支出软件、硬件等)结合在一起测试。

5.2.4 运行阶段

运行阶段需要注意的问题。

(1)建设单位。进行组织、调度、安排实施。

(2)检测站。具体做好试运行期间各项巡检、监测和运行记录，并把所发现的问题及时报告各方。

(3)承建单位。准备试运行的各种资料，协助承建单位完善整个系统。

(4)内容记录。试运行期间不定期进行特别操作或特殊环境测试记录；每周生成一份日常问题记录；每半月生成一份半月问题汇总(含问题处理记录)；出现重大问题(系统崩溃等)生成重大问题记录(含处理记录)；建设单位负责对问题处理情况作汇总分析，统一汇总，统一上报；试运行结束后承建方出具试运行总结报告。

5.2.5 项目管理

项目管理包括管理体制，完善运行操作、系统维护规范、设备运行档案。

(1)建立专责管理队伍。

(2)建立健全运行操作规程。

(3)建立健全系统日常维护规范。

(4)建立设备运行档案。

5.2.6 更新维护

在进行试运行或正式上线的时候，尽量避免数据的变更升级及流程的调整，升级和流程的调整，必须在试运行前结束，试运行或正式上线前应该注意以下几点：

(1)修改并完成所有的需求及二次研发，并升级。

(2)建立测试版本和正式版本两个运作方式。

(3)对基础数据进行重新整理，设置相关人员的操作角色和权限。

(4)对培训的相关部门进行检验,发现问题及时解决更新。

(5)整理相关部门的所有业务流程下的打印报表。

(6)针对以上几点逐步检查,并形成文档,方便试运行和正式上线后的验收操作。

通过既定时间段的试运行,全面考察项目建设成果,并通过试运行发现项目存在的问题,从而进一步完善项目建设内容,确保项目顺利通过竣工验收并平稳地移交给运行管理单位。

通过实际运行中系统功能与性能的全面考核,来检验系统在长期运行中的整体稳定性和可靠性。

1. 系统功能、性能与稳定性考核

系统功能、性能与稳定性考核包括:

(1)系统功能及性能的实际应用考核。

(2)系统应用软件、软件支撑平台的长期稳定性和可靠性。

(3)系统主要硬件设备、辅助设备的长期稳定性和可靠性。

(4)数据通信系统的长期稳定性和可靠性。

(5)检测数据的长期准确性和完整性。

(6)系统长期的安全性能。

(7)网络连接的可靠性。

2. 系统稳定性和可靠性

系统稳定性和可靠性包括:

(1)不同的操作条件下,系统工作的稳定性、可靠性和功能、指标的正确性。

(2)在各种工作情况的条件下,特别是在局部故障或个别设备故障时,系统整体功能的正确性。

(3)各种环境、工作情况的条件下,对设备的安全保护性能和系统的工作性能。

(4)各种环境、工作情况的条件下,远程控制功能在实际操作中的安全性能。

3. 检验系统实际应用效果和应用功能的完善

检验系统实际应用效果和应用功能的完善包括:

(1)系统运行检测数据在管理中的应用。

(2)数据档案的应用及备份。

(3)系统实时管理能力的应用。

(4)系统远程控制能力的应用。

(5)各类报表的应用。

(6)其他应用。

5.2.7　系统培训

软件使用人员的培训是软件上线的主要内容,它与流程重组关系密切,必须在同用户确认好重组的业务流程和基础设置后，再去做培训工作。在软件实施过程中，培训是十分重要的环节，培训工作要贯穿实施的全过程，培训工作要分层次不断深化。

软件培训的人员包括领导小组相关人员、实施小组和执行小组人员，其中主要是对执行人员的培训。遇到接受能力比较差的人员，需要有耐性、有节奏地引导用户练习操作。培训过程中，尽量避免讲解软件和技术上的问题，尽量用实际案例进行操作讲解。

软件培训是一个具有层次性的工作。实施人员应该根据和用户确认下来的业务流程，有计划、有层次地进行培训讲解，最好是根据业务流程，分部门进行讲解，然后用实际案例进行系统讲解和操作。讲解完后，尽量给操作人员多点时间练习，以便操作人员对软件操作思路进行固化。

对管理人员、系统维护人员、系统应用人员等，培训的内容应包括对项目的管理、操作和运维，主要侧重于对系统的使用及系统的基本维护、常见问题及解决办法等，并提供实践性的操作，旨在使受训者熟悉系统设计的思路，掌握系统的操作和维护等。按培训的目的和对象不同，项目中的培训主要包括系统操作及管理培训和系统技术及管理培训两种。

(1)系统操作及管理培训：对管理人员、系统应用人员进行培训，主要包括分功能、分步骤地完成系统的全部管理、应用的培训，使相关人员能独立、熟练地操作系统完成相关业务。

(2)系统技术及管理培训：对系统维护人员进行培训，主要包括数据处理平台、虚拟化平台的安装调试、配置、升级，以及使用系统的初始化和操作应用、人员角色基础信息的录入和功能权限配置、系统监控分析优化、系统日常运维、系统紧急故障处理和系统灾备及恢复、系统接口交互等。

为管理人员、系统技术人员和系统操作人员提供所需要的技术类、管理类、操作类的培训。一方面，让各级操作人员能够熟练地应用项目支撑环境顺利地完成各项日常工作；另一方面，让业务管理人员可以根据业务需要，灵活运用系统，并能为业务管理人员提供相应的业务指导，帮助他们熟悉系统的操作。同时，系统管理人员和系统技术人员能够熟练掌握项目支撑环境的日常管理和运行维护等。

1. 项目培训的方式

1)培训过程全程跟踪与监控

每期培训都应安排培训负责人对培训的过程进行跟踪，包括对前期的培训准备工作的开展、培训的通知发放、培训签到、培训记录、培训效果反馈、培训考试等各个环节进行控制，以保证培训过程能够按照规范有序地开展，达到好的培训效果。

2)有针对性的培训

由于一套功能完善的应用系统,涉及的人员众多,培训对象也包括业务管理人员、系统操作人员、系统技术人员及第三方技术人员等,针对不同人员安排不同的课程,采取不同的培训方式,培训的详细程度也会不一样。

3)与工程实施紧密结合

项目规模大、系统复杂,工程实施路径多,培训工作需要分阶段进行,与项目实施紧密结合,更好地为工程建设服务。

4)采用授课结合练习的方式

每期培训班的内容将设置多个环节,每个环节都分为授课和练习两部分。授课部分将按照培训讲义对当期培训班所设置的内容进行详细的介绍,并配发培训教材以做参考。练习部分可要求学员按照事先准备好的案例进行实际操作,以加强对所学知识的记忆和理解。在练习中还要实现教师和学员的互动,不但对学员的操作进行辅导,还将对学员们提出的疑问予以回答。

5)提供多种形式的培训教材

提供多种形式、全面和标准的文档给用户,其形式包括电子文档、印刷品,以成为后续稳定应用系统的保障。其中电子文档应放在系统中供随时下载。

6)利用考核验收加强学习效果

为保证最终的学习效果,宜为每期培训班布置考试题目,以验收学员的学习成果,保证培训质量。

7)培训效果评估与改进

每次培训结束后,每个学员都有机会对该次培训进行评价,包括培训内容、培训讲师、培训环境、培训组织等各个方面进行反馈,同时可以提出对培训的改进意见,便于以后进行分析和改进。

2. 项目培训计划

管理和业务、技术人员对项目的管理、操作、运维等工作有更清楚的理解和掌握,依据项目管理的不同阶段划分,制定培训工作计划。具体的培训日期以项目实际进展情况为依据。项目的培训工作与项目的实施过程紧密结合,在项目开发准备阶段、试运行及上线阶段、定版验收阶段等分别进行。

3. 培训目的

对项目的管理人员及各项目责任单位的系统应用人员的培训,主要包括分功能、分步骤地完成系统的全部应用,另外对数据处理平台与虚拟化平台的安装调试配置升级、使用系统的初始化和操作应用、人员角色基础信息的录入和功能权限配置、系统监控分析优化、系统日常运维、系统紧急故障处理和系统灾备及恢复、系统接口交互等进行培训,使业务人员能独立、熟练地操作系统完成相关业务。

4. 培训对象

(1)操作的培训对象主要是对各单位管理人员和系统应用人员进行培训。

(2)系统技术的培训对象主要是用户方的管理人员、系统维护人员。

5. 培训资料

针对不同培训对象和培训课程提前组织编制相应的培训教材。提供详细的操作手册及相关培训文档(包括各种课件)。

6. 培训角色与职责

培训的角色与职责如下所述。

1)培训组长

培训组长负责项目总体计划、各阶段计划,以及根据项目的实施进度来调整项目培训计划,全面部署培训工作,组织准备各种资源,同时与用户负责人进行讨论和沟通,形成最终的、具体的培训实施计划。培训开始前负责发布培训通知、组织师资力量进行培训前期的准备工作;培训过程中对培训实施过程进行监控,分析培训的反馈意见并对培训工作进行改进;定期对培训工作进行总结。

2)培训管理员

每次培训会安排培训管理人员。培训管理员负责培训班日常管理工作,是用户方培训期间生活学习的对接人,具体负责交通、食宿的组织服务,教材、场地、实验环境的安排服务,文体活动安排和日常联络,配合培训组长完成质量保障、配置管理、文档管理等工作。培训管理员按实际情况可由培训讲师(主讲或辅助讲师)兼任。

3)培训讲师

培训讲师包括主讲和辅助讲师,负责相应课程的教材准备与推荐,课件准备及上机实验设计;负责讲授相应的课程并进行实验指导;负责课后的答疑;配合其他培训组长的工作。

4)配置管理员

项目组配置管理员的主要职责是对培训过程中的产品成果进行管理。

5)质量保证人员

项目组质量保证人员应按项目质量管理规程进行质量管理工作。

7. 用户方

1)项目培训负责人

其职责是对培训实施计划进行验证和确认;负责组织协调用户方参与培训人员按计划参加并完成培训;负责培训方面的一些信息流转和沟通,包括给培训学员发放培训通知、负责评估意见收集;协助进行一些培训的前期准备,负责培训过程中的一些资产保留或备份。

2)培训班长

每次培训需要用户方指定1名班长配合培训管理员和培训讲师开展组织管理工作。

3)学员

参与听课,参与讨论,进行培训效果评估和参与培训考试。

8. 师资配备

在项目培训过程中,可安排具有培训经验,并且直接参与项目设计开发的主要分析设计人员、主要测试人员或者全程跟踪项目实施的主要实施人员担任培训讲师,这些人员对于系统各功能的业务流程和系统实现思想都有最准确和直接了解。

9. 培训方式

系统操作培训方式采用集中培训方式。

10. 培训安排

(1)系统操作培训的集中培训阶段,安排在试运行及上线阶段,即在系统升级后专门进行。具体时间与用户方协商。

(2)系统技术培训的集中培训阶段,安排在开发准备阶段、试运行及上线阶段、定版验收阶段,即在系统升级后专门进行。具体时间与用户方协商。

11. 培训地点

提供集中培训地点或者用户培训办公室。

12. 培训准备

(1)培训开始之前将根据管理人员和系统应用人员的计算机操作为基础,有针对性地安排课程进度和侧重点,并根据接收培训人员的特点有针对性地安排现场辅导人员,务必提高现场辅导的效率。

(2)编制应用系统使用的培训教材并装订成册,教材数量根据实际培训人数与用户方商定,做到人手一册。

(3)师资力量的准备,派遣专业的应用系统教师。

(4)培训环境准备,准备培训教室,做到每人一台计算机。

13. 主要交付成果

培训主要交付成果包括内容如下:

(1)培训方案,包括总体培训方案和阶段培训方案。

(2)培训计划,包括总体计划和阶段计划。

(3)培训教材。

(4)培训总结报告。

项目投标方完成培训,并提交全部报告文档,经用户方确认后,视为培训工作完成。

5.3 系统测试

5.3.1 测试基础

测试在系统全部部署完成后进行，保证了测试环境为真实的使用环境。

5.3.2 测试过程

测试人员由系统开发单位及业主单位相关工作人员数名进行，主要对系统功能、性能、页面、图标文字等进行了使用测试，测试完成后填写测试表格，对有问题的部分提交至开发单位，修改完善后再进行使用，直至功能满足业主要求。

5.3.3 测试策略

系统测试分别进行功能测试、性能测试、安装测试、备份测试、网络测试和稳定性测试。

1. 功能测试

对系统各项功能进行检测，根据功能用例，对系统功能进行逐项测试，检查产品是否达到用户要求的功能。

2. 性能测试

通过自动化的测试工具模拟多种正常、峰值及异常负载条件对系统的各项性能指标进行测试。负载测试和压力测试都属于性能测试，两者可以结合进行。通过负载测试，确定在各种工作负载下系统的性能，目标是测试当负载逐渐增加时，系统各项性能指标的变化情况；压力测试是通过确定一个系统的瓶颈或者不能接受的性能点，来获得系统能提供的最大服务级别的测试。

3. 安装测试

使用系统软件安装包，在不同操作系统中进行安装使用，检测安装过程及使用过程中是否有错误，并根据错误类型对安装包进行修改完善，以保证系统安装包具有最大兼容性。

4. 备份测试

在系统运行一段时间后，对系统数据进行备份，并通过备份恢复系统进行恢复测试，以保证系统数据备份及恢复功能正常有效，避免数据丢失带来的损失。

5. 网络测试

测试应在不同的网络环境中对系统进行使用，根据使用过程中各功能响应时间等数据，判断网络带宽是否达到使用要求。

6. 稳定性测试

在给系统加载一定业务压力的情况下，使系统运行一段时间，以此检测系统是否稳定。通过测试得出系统稳定状态下的资源利用、连接池、响应时间、数据库健康情况等数据。

5.4　系统评价及数据质量报告

5.4.1　系统评价

1. 自检

昆明市历史文化名城保护规划地理信息系统在开发完成后进行了大量的内部测试，并进行了数次修改完善后正式上线，已经在城市规划管理部门、街区保护部门、规划设计单位及企业等七家单位进行了广泛应用，为昆明市历史文化街区及历史建筑保护提供了科学手段，取得了显著的社会效益和经济效益，对其他城市进行历史文化名城保护的相关研究工作起到示范作用，达到了国内领先水平。

2. 第三方检测

2015—2016年，在经过专业第三方检测评价后，本系统分别荣获昆明市科技进步三等奖、云南省测绘科学技术奖三等奖，并取得中华人民共和国国家版权局计算机软件著作权登记证书。

5.4.2　数据质量

1. 质量检查内容

成果数据库的质量检查主要包括数据完整性、逻辑一致性和数据现势性三个方面，具体包括成果完整性检查、数据库内容一致性检查和数据库内容现势性检查三个部分。

1)成果完整性检查

检查历史文化名城保护规划成果图层、属性结构、信息内容的完整性。

2)数据库内容一致性检查

检查历史文化名城保护规划成果中第三次全国文物普查数据与文物普查登记项目一览表的一致性；检查历史文化名城保护规划成果中文物保护单位数据与文物保护单位一览表的一致性。

3)数据库内容现势性检查

对比最新收集的资料与已入库数据，以数据现势性最新作为更新数据入库。

2. 质量控制措施

项目内设质量检查小组，对项目全程跟踪检查，项目组内部进行及时的自检、互检、抽检，如实记录错误原因及修改情况，保证入库质量。

建立完整的自互检表，每个作业人员的数据生产都进行100%的自检，并将自检所发现的问题及时改正。在自检的基础上，由项目负责人安排其他作业人员进行100%互检，并将互检结果和修改处理结果如实、完整地记录下来。修改完善后提交质量检查小组进行检查。

作业人员提交的数据由质量检查小组进行100%检查，检查出的问题及时反馈给作业人员进行修改完善。确保检查内容全部符合质量要求后，提交项目负责人。

质检组提交的数据由项目负责人进行20%抽检，对不合格数据返回作业人员修改，再提交质检小组检查，直至合格，并形成质量检查文档。

在项目实施过程中对于现有技术无法处理的信息缺失与错误，分析整理原因后及时反馈项目管理部门，沟通协商后确定处理策略，并建立反馈沟通记录文档。

5.5 系统更新与维护

5.5.1 系统更新背景及基础现状

1. 背景

昆明是一个历史悠久的文明古城，是一座以“山水城市”著称的历史文化名城，一直以来都是云南省政治、经济、文化的中心，也是近代革命运动和重大历史事件发生地的重要城市。昆明市主城建城始于唐代大理国时期，距今已有1250多年。现存的老城经过历史变迁和战乱及历史上的多次改造，主要反映清末民初的商铺、居民建筑和街巷空间。昆明由于历史遗产丰富，风景名胜及著名历史事件众多，1982年被国务院公布为首批24个国家级历史文化名城之一。昆明市保留了大量历史文物和革命文物，这些文物体现了昆明市的悠久历史、光荣革命传统和光辉灿烂的文化。

昆明市从2000年开始成立昆明历史街区与建筑保护办公室，将除文物保护单位以外的历史文化遗产保护工作纳入规划管理内容。在近十年来的历史文化名城保护和研究工作中，积累了大量的历史村镇、历史街区和历史建筑保护的研究成果。

2. 基础现状

2011年，昆明市开发了昆明市历史文化名城保护规划地理信息系统，对相关已批准的、已上报的、已调查的被保护历史村镇、历史街区和历史建筑建立基于地理信息系统（地形图、规划数据、图形审批数据等）的可查询的电子档案，从而对昆明历史文化遗产进行有效的科学管理。该项目被列为住建部2012年信息化示范项目，并获得住建部的评审验收。

项目的建设内容主要包括以下几个部分：

(1)建立完善的主要标准体系,包括空间数据标准化体系和应用维护标准化体系。

(2)建立城市历史文化资源数据库,包括空间数据库和多媒体数据库。

(3)开发具有信息存储、分析、管理、展示和辅助审批功能的历史文化名城保护规划地理信息系统。

(4)开发历史文化名城保护对外宣传与公众参与平台。

(5)建立内部数据共建共享机制,与现有的规划审批系统、网站系统相结合;开发与市委办局相关专业信息系统的接口。

主要实施内容如图 5.4 所示。

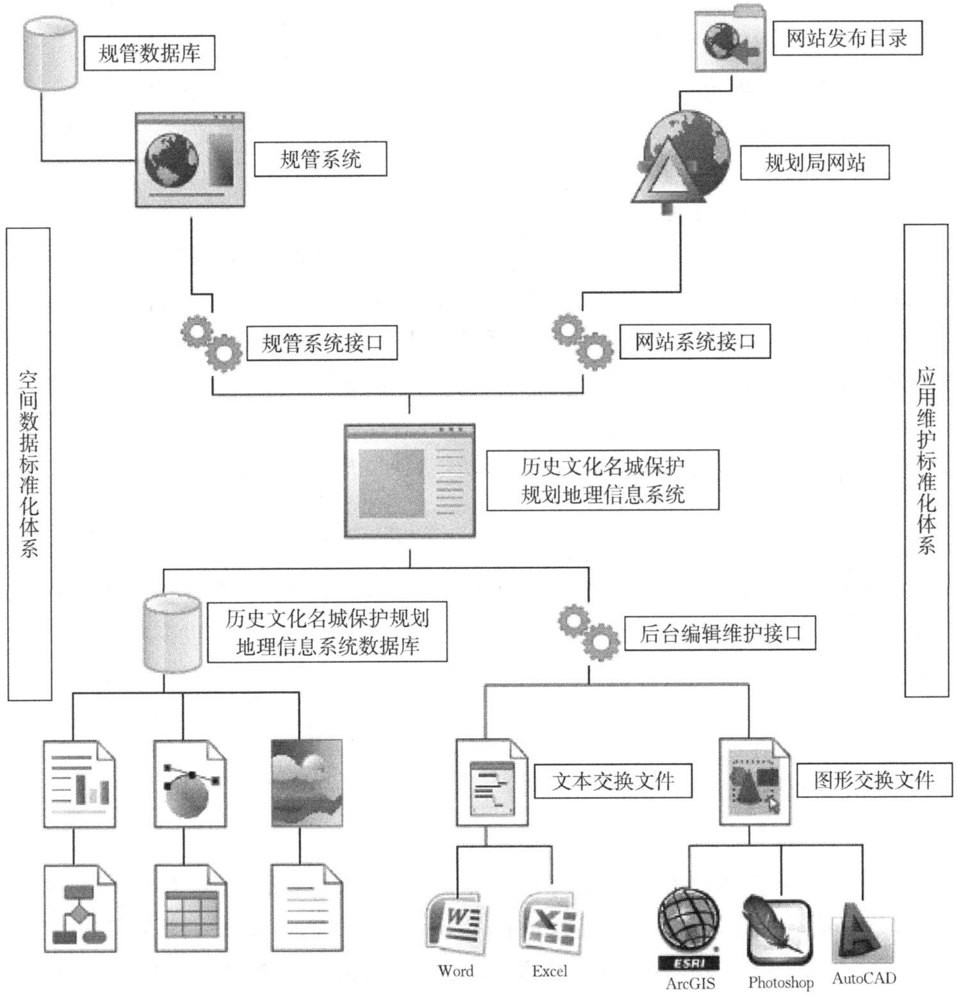

图 5.4　实施内容

2016年,昆明市规划编制与信息中心开展了针对近三年来,三普文物点、文物保护单位、挂牌保护建筑、《昆明历史文化名城保护规划(2014—2020)》的数据更新整理及入库工作,并完成配套的标准规范文本编制工作,于2016年9月30日完成了现场调研采集、数据收集整理、数据库建库、数据库更新,以及标准编制等工作。

3. 存在问题

随着数据不断地更新录入,在使用过程中存在以下问题:

(1)系统内矢量化数据结构较为复杂,可读性较差。

(2)规划数据多样,可维护性不够全面,每次维护可能导致系统需要重新修改。

(3)一些配准坐标的栅格数据没有以地理信息方式显示在地图上,不能全面展示规划成果。

针对上述问题,提出以下修改意见:

(1)针对系统内数据结构复杂,可读性差的问题,提出将数据按大类分开后以独立模块的方式展示,将数据分为保护对象(包括保护历史村镇、历史街区及历史建筑等保护对象)、普查点(主要展示每次普查的成果分布情况)、保护规划(主要以各保护规划项目为对象展示规划成果)。

(2)针对规划数据多样,难以维护的问题,系统将建立此类数据的独立维护机制,以保护规划项目为更新单元,如新增保护规划项目在数据更新前准备好更新数据,并通过系统对数据结构的验证后由系统完成数据导入工作,并重新发布。对更新的保护规划项目,系统会在数据录入后自动完成重新切片的功能。其他各类型数据维护时,同样采用独立维护的机制。

(3)新增保护规划栅格数据叠加显示功能,保证规划成果数据中的一些配准栅格数据能够叠加到影像或地形中进行查阅。

(4)由于不能直接接入规管系统来进行数据交换,针对辅助规划审批工作问题,系统新增叠加分析功能,将事先处理好的规划范围导入系统进行空间叠加分析,分析结果按各类数据所需提供必要的分析报告,分析报告需由使用者提供模板。

(5)数据共享机制完善,需针对各类数据设计权限控制机制,保证按数据权限访问系统数据。

5.5.2 技术设计

1. 技术路线

本次更新主要还是以B/S结构开发基于ArcGIS10.4的ASP.NET。

MVC应用程序,因考虑性能及数据量问题,本次升级将采用纯Web方式开发,采用ArcGIS for Javascript接口实现地理信息相关功能,数据库采用Oracle 11g存储矢量及属性数据,包括多媒体数据。地图数据展示采用MapServer方式提供前端应用系统浏览,按数据分类来发布地图服务,主要分为基础地图服务类

(影像服务、地形服务、地理服务等)、保护对象地图服务(所有保护对象)、普查地图服务(按普查批次分开发布地图服务)和保护规划专题地图服务(按规划项目组织,并将项目中不同性质的规划分开发布地图服务)。

1)*技术方法*

软件开发环境如表5.1所示。

表5.1　软件开发环境

开发环境	配置选型
操作系统	Windows 8.1,Windows 7
开发工具	Visual Studio 2017
数据库	Oracle 11g
源代码管理软件	VSS
数据库设计软件	PowerDesigner
地理信息系统平台	ArcGIS Server 10.4

2)*系统内部分层结构设计*

系统内部分层结构中的表现层又细分为三个组成部分,即视图层、模型层及视图模型层。视图层提供针对用户的界面表现(UI);模型层实际上是一系列DTO(data transfer object)的集合,便于将服务层接收和访问的数据进行组织传输;视图模型层是整个表现层和业务逻辑层之间的桥梁,提供诸如数据校验、数据传输前的转换等工作。

业务逻辑层由领域对象层和服务层构成,其中领域对象层是系统业务对象的核心,其作用是对系统中的业务对象进行一个封装,并且仅封装和业务对象紧密相关的属性及关联操作,而服务层则是依据表现层的请求将领域对象重新进行组织和封装,以提供上层所需的数据。必要时,服务层可以直接和数据访问层进行数据交换。

数据访问层则主要提供针对系统数据的直接访问,除了访问数据库数据之外,针对文件类数据的访问也得到封装,便于业务逻辑层的访问实现。

采用三层架构实现后,降低了层与层之间的依赖,系统内部的耦合性减弱,进一步对于每一层,可以很容易地用新的实现来替换原有层次的实现,增加了系统随应用变化的能力,提高了系统的可扩展性。

系统采用典型的三层结构设计,即“数据访问层＋业务逻辑层＋表现层”,如图5.5所示。

3)*数据库*

(1)数据体系:系统数据在存储形式上分为直接存储于数据库中的数据和以文件形式存储的数据。其中数据库数据可以分为地理空间数据及业务类属性数据;文件形式存储的数据包括地图切片数据及业务文档数据。

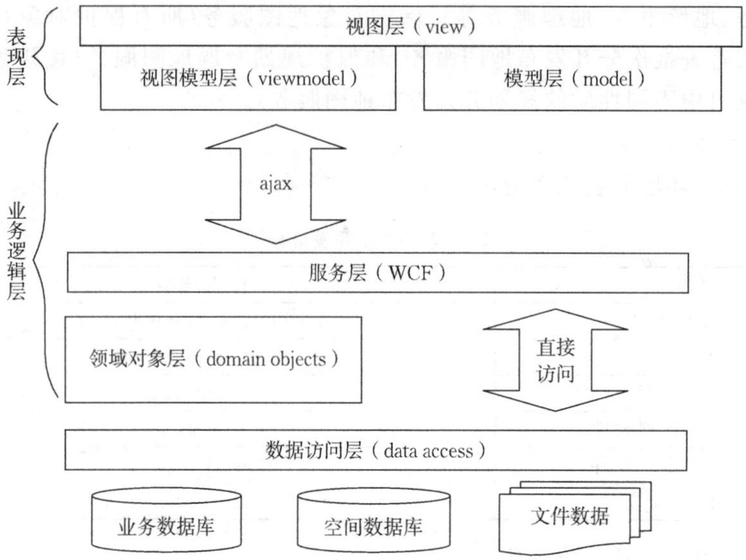

图 5.5 系统分层架构设计

（2）地理空间数据：地理空间数据在业务上可以细分为地理影像类数据、基础地理信息数据、基础地形数据、其他业务专题数据。各类数据基本构成如表 5.2 所述。能够支持的影像数据格式包括 Erdas Image、MrSID、Ecw、GeoTIFF 及经过配准的其他栅格图片格式。原始的矢量数据（如 Shape 或 Personal Geodatabase）通过在应用系统中开发数据转换功能转入 Oracle 数据库中存储。

表 5.2 地理空间数据

分类	包含内容
卫星影像	全市范围影像及局部高分辨率卫星影像
基础地形	地形图，包括河流、水域面、交通线、境界线、高程控制点、地形等高线、城镇等，重点突出地形地貌和水系特征
基础地理	包括地名、道路、建筑物等基础地理信息
规划成果	历史文化名城保护专项规划成果数据
保护对象数据	历史城区、历史村镇、历史地段、历史建筑、不可移动文物、地下文物、体现历史文化名城内涵的纪念设施等
普查数据	按普查批次整理后的普查分布数据

（3）属性数据：基础背景数据及历史文化名城保护对象的属性数据分类存储在 Oracle 数据库中。包括声、像、文等多媒体文件数据，以及一些配准的保护规划栅格数据。

（4）数据建库：按照整理的数据结构标准建立空间数据库，并结合业务逻辑实现其他业务数据的建设。

4)参考资料

(1)《中华人民共和国城乡规划法》。

(2)《中华人民共和国文物保护法》。

(3)《历史文化名城名镇名村保护条例》。

(4)《云南省历史文化名城名镇名村名街保护条例》。

(5)《昆明市历史文化名城保护条例》。

(6)《历史文化名城保护规划标准》(GB/T 50357)。

(7)《中国文物古迹保护准则》。

(8)《中华人民共和国文物保护法实施条例》。

(9)昆明市规划管理技术规定。

5)术语

现象:所描述的事实或存在。

要素:真实世界现象的抽象。

目标:对一个要素的全部或部分的数字表示。

类:具有共同特性和关系的一组要素的集合。

属性:要素的特性描述。

矢量数据:以 x、y、z 坐标表示的点、线、面等空间图形数据及与其相联系的属性数据的总称。

图像数据:用数值表示各像素(pixel)的灰度值的集合。

标识码:对某一要素进行唯一标识的代码。

元数据:对数据的内容、质量、状况及其他特征的描述。

空间数据:用来表示空间实体的位置、形状、大小和分布特征等方面信息的数据,适用于描述所有呈二维、三维和多维分布的关于区域的现象。空间数据的特点是,不仅具有实体本身的空间位置及形态信息,而且还具有实体属性和空间关系(如拓扑关系)等信息。

数据类型:定义数据项所表现的数据属性,如:字符型C、数值型N、日期型D。

分层:按照一定的规则,对地图数据进行分组的过程。

图元:图面上表示空间信息特征的基本单位,分为点、弧段、多边形三种类型。

图层:由一类图元组成的空间数据集合,包括用于描述这些图元特征的属性数据。

境界:指各级行政区划界。包括已确定、未确定、有争议的国界、省(自治区、直辖市)界、市(自治州、盟)界、县(自治县、旗)界、乡(镇)界。

行政区域:由行政区界线组成的封闭区域,通过目标标识码与属性表连接。

地形地貌:地貌表面和其所携带的信息,如坡度、坡向、地形、地形粗糙度、地形起伏度等,是理解城市空间格局的基础要素,很多宏观微观的分析都要基于此进行。

水系：是构成城市空间物质形态的重要空间因素，也是城市形态变迁中的重要影响因素，是自然因素和人为因素并重的典型代表。

植被绿化：城市绿色开放空间，是研究环境质量品质的重要因素之一。

交通基础设施：一般包括各级道路、轨道交通站点和交通节点。

公共设施：各级文体卫设施。

城市中心：各级城市商业、文化、行政中心。

地块：分析城市空间的基本单元，包括行政单元、各级道路和自然山水划分的地块。

建筑：城市研究中的重要考察对象之一。名城保护规划中关于建筑的研究重点不是建筑单体，而是其所构成的群体空间形态和分布规律，建筑单体则作为分析需要的微观空间信息载体。

城墙：空间意义上的老城的界限。有些城墙已没有物质痕迹，但为了研究历史格局依然会将其按照朝代落在空间位置上。

历史资源点：包括各级别的文物保护单位和其他优秀的历史建筑、构筑物等。

历史廊道：与历史格局关系密切的街道、城墙、水系等带状物。

风景名胜区：具有观赏、文化或者科学价值，自然景观、文化景观比较集中，环境优美，可供人们游览或进行科学、文化活动的区域。

底图：遥感影像或测绘地图。

2. 历史文化名城保护规划

历史文化名城保护规划是以保护历史文化名城、协调保护与建设发展为目的，以确定保护的原则、内容和重点，划定保护范围，提出保护措施为主要内容的规划，是城市总体规划中的专项规划。

1)数据文件存储路径

数据文件存储路径如表 5.3 所示。

表 5.3　数据文件存储路径

文件名	文件内容	说明	路径示例
空间数据	空间数据库	含平面坐标和高程	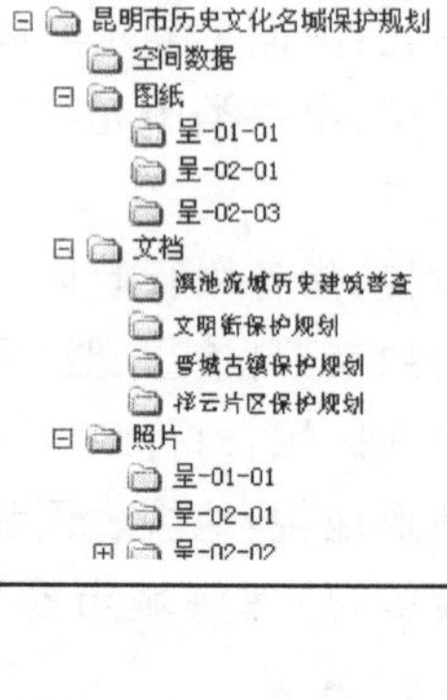
图纸	保护单位相关的图纸，如平面图、示意图、区位图等	按保护单位编号存储	
文档	保护单位相关的文档	按规划项目和保护单位编号存储	
图片	保护单位照片	按保护单位编号存储	

2)数学基础

(1)平面坐标系统:采用1987昆明地方坐标系统。

(2)高程系统:采用1985国家高程基准。

(3)投影方式:高斯-克吕格投影。

(4)数据格式:文件数据主要包括图形、表格、文档、图片等格式,其中扩展属性表以Access的*.mdb格式保存,文档以Word的*.doc格式保存,图片以*.pdf或*.jpg文件格式保存,另外,影像数据以*.img格式保存。

(5)单位说明:如无特别说明,在数据库中的数据的基本单位说明如表5.4所述。

表5.4　数据中的基本单位

名称	单位	保留位数
距离单位	m	0.1
面积	m^2	0.01
	hm^2	0.01
高度	m	0.1
*X*坐标	m	0.001
*Y*坐标	m	0.001
*Z*坐标	m	0.001

3)要素分类编码

(1)要素编码依据。历史文化名城保护单位具有地域、空间及时代等要素,代码根据这些要素编制。参照国家相关标准,代码按照地域代码、类别代码、顺序码,依次标识,并通过程序实现。保护单位资源按要素分类编码。

(2)现状评估主要图纸。包括(历史文化名城)土地使用现状图、现状建筑年代分类图、现状建筑质量分类图、现状建筑高度分类图、建筑风貌和历史文化价值评估分类图、文物古迹及历史环境要素分布图。

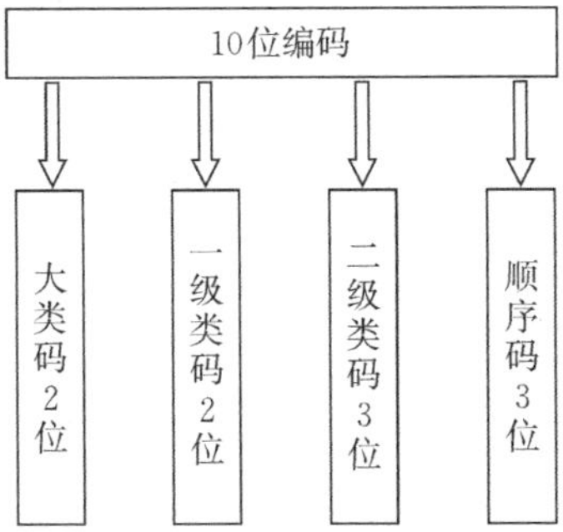

图5.6　编码结构

(3)编码原则。根据大类码、一级类码、二级类码、顺序码生成编码。编码结构如图5.6所示。编码由大类码2位、一级类2位、二级类3位、顺序码3位组成(注:位数不够时用“0”补充;无分类级别时位数用“0”补充;顺序码从1开始编制,位数不足用“0补充”,如001)。要素代码举例:大类“保护区划”下的一级类“历史建筑、历史文化街区、村镇、地段”无二级类中的第一个元素。要素编码为:1010000001(表5.5、表5.6)。

表 5.5 昆明市历史文化名城保护规划数据库要素分类代码表

要素代码	要素名称
1000000000	保护区划
1010000000	历史建筑、历史文化街区、村镇、地段
1020000000	文物保护单位
1020001000	保护范围
1020002000	建设控制地带
2010000000	文物保护单位
2020000000	历史城区范围
2030000000	历史建筑(挂牌保护建筑)

表 5.6 昆明市历史文化名城保护规划数据库要素代码表

要素代码	要素名称
3000000000	保护规划
3010000000	晋城古镇保护规划(已通过规委会审议)
3010001000	用地规划图
3010002000	现状用地分析图
3010003000	现状建筑价值分析图
3010004000	现状街巷及开敞空间分析图
3010005000	现状建筑高度分析图
3010006000	平面布局示意图
3010007000	分地块规划控制图
3010008000	保护与整治规划图
3010009000	保护界线规划图
3020000000	祥云片区保护规划(已通过专家批审)
3020001000	现状土地利用图
3020002000	现状交通分析图
3020003000	历史建筑及环境要素分布图
3020004000	文物建筑保护范围图
3020005000	现状建筑年代分类图
3020006000	现状建筑高度分析图
3020007000	现状建筑使用功能分析图
3020008000	现状公共设施分布图
3020009000	保护规划图
3020010000	城市设计总平面示意图
3020011000	道路交通规划图
3020012000	道路交通分析图
3020013000	土地利用规划图
3020014000	高度控制图
3020015000	容积率控制图

续表

要素代码	要素名称
3020016000	地下空间规划图
3020017000	消防规划图
3020018000	分地块控制编号图
3030000000	文明街保护规划(2006 年市政府批准)
3030001000	现状图
3030002000	紫线方案
3030003000	风貌规划图
3030004000	总平面布局示意图
4000000000	普查资料
4010000000	滇池流域历史建筑普查
4020000001	文物三普资料
4020000002	文物保护单位
5000000000	应用研究成果
5010000000	文明街历史文化街区建筑保护整治控制图则
5010001000	建筑导则

3. 要素分层及属性结构

1)空间要素分层

规划空间数据要素分层及属性表描述,如表 5.7 所示。

表 5.7　昆明市历史文化名城保护规划数据库要素代码

<table>
<tr><th colspan="4">工程目录树</th><th>要素类型编码</th></tr>
<tr><th>一级</th><th>二级</th><th>三级</th><th>四级</th><th>层代码</th></tr>
<tr><td rowspan="10">保护区划</td><td rowspan="7">历史建筑、文化街区、村镇、地段</td><td>紫线(核心保护范围+建设控制地带)</td><td></td><td>ZX_ZTGH</td></tr>
<tr><td>核心保护范围_线</td><td></td><td>HXBHFQ_X_ZTGH</td></tr>
<tr><td>建设控制地带_线</td><td></td><td>JSKZDD_X_ZTGH</td></tr>
<tr><td>风貌协调区_线</td><td></td><td>FMXTQ_X_ZTGH</td></tr>
<tr><td>核心保护范围_面</td><td></td><td>HXBHFW_M_ZTGH</td></tr>
<tr><td>建设控制地带</td><td></td><td>JSKZDD_ZTGH</td></tr>
<tr><td>风貌协调区_面</td><td></td><td>FMXTQ_M_ZTGH</td></tr>
<tr><td rowspan="3">文物保护单位</td><td>文物保护单位主体范围</td><td></td><td>WBDWFW</td></tr>
<tr><td>文物保护单位保护范围</td><td></td><td>WBDWBHFW</td></tr>
<tr><td>文物保护单位建设控制地带</td><td></td><td>WBDWJKDD</td></tr>
</table>

续表

工程目录树				要素类型编码
一级	二级	三级	四级	层代码
已批准保护对象	文物保护单位			WWJZ_DC
	历史城区范围			LSCQFW_PZ
	历史建筑(挂牌保护建筑)	第一批		GPBHJZ_1_PZ
		第二批		GPBHJZ_2_PZ
保护规划	晋城古镇保护规划(已通过规委会审议)	用地规划图	土地使用规划_晋城	TDSYGH_JC
			建设控制区_线_晋城	JSKZQ_X_JC
		现状用地分析图	土地使用现状_晋城	TDSYXZ_JC
			建设控制区_线_晋城	JSKZQ_X_JC
		现状建筑价值分析图	建筑现状价值分析_晋城	JZXZJZFX_JC
			建设控制区_线_晋城	JSKZQ_X_JC
		现状街巷及开敞空间分析图	现状街巷及开敞空间分析_晋城	XZJXJKCKJFX_JC
			建设控制区_线_晋城	JSKZQ_X_JC
		现状建筑高度分析图	现状建筑高度分类_晋城	XZJZGDFL_JC
			建设控制区_线_晋城	JSKZQ_X_JC
		平面布局示意图	平面布局示意_晋城	ZPMBJSY_JC
			建设控制区_线_晋城	JSKZQ_X_JC
		分地块规划控制图	紫线控制_晋城	ZXKZ_JC
			建设控制区_线_晋城	JSKZQ_X_JC
			分地块规划控制_晋城	FDKGHKZ_JC
		保护与整治规划图	保护与整治规划图_晋城	BHYZZGH_JC
			建设控制区_线_晋城	JSKZQ_X_JC
		保护界线规划图	核心保护区_线_晋城	HXBHQ_X_JC
			核心保护区_面_晋城	HXBHQ_M_JC
			建设控制区_线_晋城	JSKZQ_X_JC
			建设控制区_面_晋城	JSKZQ_M_JC
	祥云片区保护规划(已通过专家批审)	现状土地利用图	土地使用现状_祥云	TDSYXZ_XY
			规划范围_线_祥云	GHFW_X_XY
		现状交通分析图	现状交通分析_点_祥云	XZJTFX_D_XY
			现状交通分析_线_祥云	XZJTFX_X_XY
			现状交通分析_面_祥云	XZJTFX_M_XY
			规划范围_线_祥云	GHFW_X_XY
		历史建筑及环境要素分布图	历史建筑及环境要素分布_祥云	LSJZJHJYSFB_XY
			规划范围_线_祥云	GHFW_X_XY

续表

工程目录树				要素类型编码
一级	二级	三级	四级	层代码
保护规划	祥云片区保护规划（已通过专家批审）	文物建筑保护范围图	文物保护建筑_祥云	WWBHJZ_XY
			核心保护范围_祥云	HXBHFW_M_XY
			规划范围_线_祥云	GHFW_X_XY
			建设控制范围_面_祥云	JSKZFW_M_XY
		现状建筑年代分类图	规划范围_线_祥云	GHFW_X_XY
			现状建筑年代分类_祥云	XZJZNDFL_XY
		现状建筑高度分析图	现状建筑高度分类_祥云	XZJZGDFL_XY
			规划范围_线_祥云	GHFW_X_XY
		现状建筑使用功能分析图	现状建筑使用功能分析_祥云	XZJZSYGNFX_XY
			规划范围_线_祥云	GHFW_X_XY
		现状公共设施分布图	现状公共设施分布_祥云	XZGGSSFB_XY
			规划范围_线_祥云	GHFW_X_XY
		保护规划图	紫线_祥云	ZXKZ_XY
			核心保护区_线_祥云	HXBHQ_X_XY
			建设控制区_线_祥云	JSKZQ_X_XY
			文物保护建筑_祥云	WWBHJZ_XY
			核心保护区_面_祥云	HXBHQ_M_XY
			建设控制区_面_祥云	JZKZQ_M_XY
			规划范围_线_祥云	GHFW_X_XY
		城市设计总平面示意图	总平面布局示意_祥云	ZPMBJSY_XY
			规划范围_线_祥云	GHFW_X_XY
		道路交通规划图	道路交通规划_祥云	DLJTGH_XY
			规划范围_线_祥云	GHFW_X_XY
		道路交通分析图	道路交通分析_点_祥云	DLJTFX_D_XY
			道路交通分析_线_祥云	DLJTFX_X_XY
			道路交通分析_面_祥云	DLJTFX_M_XY
			规划范围_线_祥云	GHFW_X_XY
		土地利用规划图	土地使用规划_祥云	TDSYGH_XY
			规划范围_线_祥云	GHFW_X_XY
		高度控制图	高度控制_祥云	GDKZ_XY
			规划范围_线_祥云	GHFW_X_XY
		容积率控制图	容积率控制_祥云	RJLKZ_XY
			规划范围_线_祥云	GHFW_X_XY
		地下空间规划图	地下空间规划_线_祥云	DXKJGH_X_XY
			地下空间规划_面_祥云	DXKJGH_M_XY
			规划范围_线_祥云	GHFW_X_XY

续表

工程目录树				要素类型编码
一级	二级	三级	四级	层代码
保护规划	祥云片区保护规划(已通过专家批审)	消防规划图	消防规划_线_祥云	XFGH_X_XY
			消防规划_面_祥云	XFGH_M_XY
			规划范围_线_祥云	GHFW_X_XY
		分地块控制编号图	分地块控制编号_祥云	FDKGHKZ_XY
			规划范围_线_祥云	GHFW_X_XY
	文明街保护规划(2006年市政府批准)	现状图	紫线控制_文明街	ZXKZ_WMJ
			核心保护区_线_文明街	HXBHQ_X_WMJ
			详细规划现状_线_文明街	XXGHXZ_X_WMJ
		紫线方案	紫线方案_线_文明街	ZXFA_X_WMJ
			建设控制区_面_文明街	JSKZQ_M_WMJ
		风貌规划图	核心保护区_线_文明街	HXBHQ_X_WMJ
			紫线控制_文明街	ZXKZ_WMJ
			核心保护区_线_文明街	HXBHQ_X_WMJ
			风貌协调区_线_文明街	FMXTQ_X_WMJ
			建设控制区_面_文明街	JSKZQ_M_WMJ
			核心保护区_面_文明街	HXBHQ_M_WMJ
			风貌协调区_面_文明街	FMXTQ_M_WMJ
		总平面布局示意图	总平面布局示意_线_文明街	ZPMBJSY_X_WMJ
			紫线控制_文明街	ZXKZ_WMJ
			核心保护区_线_文明街	HXBHQ_X_WMJ
普查资料	滇池流域历史建筑普查	历史建筑_滇池		LSJZ_DC
		历史建筑群_滇池		LSJZQ_DC
		普查建筑研究范围		PCJZYJFW_DC
	三普	文物保护单位		WWBHDW
		第三次文物普查		SP
应用研究成果	文明街历史文化街区建筑保护整治控制图则	建筑导则	建筑导则_点_文明街	JZDZ_D_WMJ

注:保护区划指“对历史建筑、文化街区、村镇、地段、文物保护单位划定的紫线、核心保护范围、建设控制地带、风貌协调区”;已批准保护对象指“经由人民政府审批批准为文物保护单位、历史建筑、一般建筑等受保护的对象”;保护规划指对“以保护历史文化名城、协调保护与建设发展为目的,以确定保护的原则、内容和重点,划定保护范围,提出保护措施为主要内容的规划,是城市总体规划中的专项规划”;普查资料指“对调查区域内的文物、历史建筑进行全面调查的详细资料”。

2)空间要素属性结构

具体如表 5.8 至表 5.52 所示。

表 5.8　风貌协调区表结构(属性表名:FMXTQ_ *)

字段代码	字段名称	字段类型	字段长度	小数位数	取值	说明
BSM	标识码	Int	10			
YSDM	要素代码	Int	10			
LX	类型	Text	255			
XMBH	项目编号	Text	2			
RKSJ	入库时间	Date				

表 5.9　挂牌保护建筑表结构(图层属性,表名:GPBHJZ_ *)

字段代码	字段名称	字段类型	字段长度	小数位数	取值	说明
BSM	标识码	Int	10			
YSDM	要素代码	Int	10			
BH	编号	Text	50			
MC	名称	Text	255			
DZ	地址	Text	255			
PC	批次	Text	255			
XYGN	现有功能	Text	255			
SFWWW	是否为文物	Text	255			
SSXZQ	所属行政区	Text	255			
XMBH	项目编号	Text	2			
RKSJ	入库时间	Date				

表 5.10　历史城区范围表结构(属性表名:LSCQFW_ *)

字段代码	字段名称	字段类型	字段长度	小数位数	取值	说明
BSM	标识码	Int	10			
YSDM	要素代码	Int	10			
MC	名称	Char	255			
XMBH	项目编号	Text	2			
RKSJ	入库时间	Date				

表 5.11　历史建筑表结构(图层属性,表名:LSJZ_ *)

字段代码	字段名称	字段类型	字段长度	小数位数	取值	说明
BSM	标识码	Int	10			
YSDM	要素代码	Int	10			
BH	编号	Text	50			
MC	名称	Text	255			
DZ	地址	Text	255			
JZND	建造年代	Text	255			

续表

字段代码	字段名称	字段类型	字段长度	小数位数	取值	说明
JZTZ	建筑特征	Text	255			
JZJG	建筑结构	Text	255			
JZMJ	建筑面积	Float				
JDMJ	基底面积	Float				
CS	层数	Float				
GD	高度	Float				
CQ	产权	Text	255			
CSGN	初始功能	Text	255			
XYGN	现有功能	Text	255			
BZ	备注	Text				
SSXZQ	所属行政区	Text	255			
DCRQ	调查日期	Date				
JZJK_CBPJ	建筑简况、初步价值评价	Text				
XMBH	项目编号	Text	2			
RKSJ	入库时间	Date				

表 5.12　历史建筑及环境要素分布表结构(属性表名:LSJZJHJYSFB_*)

字段代码	字段名称	字段类型	字段长度	小数位数	取值	说明
BSM	标识码	Int	10			
YSDM	要素代码	Int	10			
LB	类别	Text	255			
BHJZZFS	保护及整治方式	Text	50			
XMBH	项目编号	Text	2			
RKSJ	入库时间	Date				

表 5.13　历史建筑群表结构(图层属性,表名:LSJZQ_*)

字段代码	字段名称	字段类型	字段长度	小数位数	取值	说明
BSM	标识码	Int	10			
YSDM	要素代码	Int	10			
BH	建筑物编码	Text				
MC	建筑名称	Text	255			
DZ	建筑地址	Text	255			
FW	范围	Text	255			
MJ	面积	Float				
SJND	始建年代	Text	255			
TZND	特征年代	Text	255			
ZTMZ	主体民族	Text	255			
SYXZ	主要姓氏	Text	255			

续表

字段代码	字段名称	字段类型	字段长度	小数位数	取值	说明
JG	结构	Text	255			
GD	高度	Float				
CS	层数	Float				
LX	类型	Text	255			
ZRDLHJ	自然地理环境	Text	255			
ZYGCJJZ	主要构成及建筑	Text	255			
SSXZQ	所属行政区	Text	255			
DCRQ	调查日期	Text	255			
JZJK_CBPJ	建筑简况、初步价值评价	Text				
XMBH	项目编号	Text	2			
RKSJ	入库时间	Date				

表5.14　普查建筑研究范围结构表(图层属性,表名:PCJZYJFW_*)

字段代码	字段名称	字段类型	字段长度	小数位数	取值	说明
BSM	标识码	Int	10			
YSDM	要素代码	Int	10			
BH	编号	Text				
MC	名称	Text	255			
DZ	地址	Text	255			
JZND	建造年代	Text	255			
JZTZ	建筑特征	Text	255			
JZJG	建筑结构	Text	255			
JZMJ	建筑面积	Float				
JDMJ	基底面积	Float				
CS	层数	Float				
GD	高度	Float				
CQ	产权	Text	255			
CSGN	初始功能	Text	255			
XYGN	现有功能	Text	255			
BZ	备注	Text				
SSXZQ	所属行政区	Text	255			
DCRQ	调查日期	Text				
JZJK_CBPJ	建筑简况、初步价值评价	Text				
XMBH	项目编号	Text	2			
RKSJ	入库时间	Date				

表 5.15　第三次文物普查表结构(图层属性,表名:SP)

字段代码	字段名称	字段类型	字段长度	小数位数	取值	说明
BSM	标识码	Int	10			
YSDM	要素代码	Text	10			
BH	编号	Text	11			
DCLB	调查类别	Text	10			
MC	名称	Text	50			
BHJB	保护级别	Text	20			
DZ	地址及位置	Text	255			
LBD	类别(大类)	Text	50			
LBX	类别(小类)	Text	50			
ND	年代	Text	50			
TJND	统计年代	Text	50			
MJ	面积	Float	10	2		
GC	海拔高程	Float	10	2		
SYQ	所有权	Text	10			
SYDW	使用单位(人)	Text	50			
LS	隶属	Text	50			
YT	用途	Text	50			
SL	数量	Text	10			
SM	说明	Text	255			
JJ	简介	Text				
XZPG	现状评估	Text	10			
XZMS	现状描述	Text				
SHZRYS	损坏自然因素	Text	50			
SHRWYS	损坏人为因素	Text	50			
SHYYMS	损坏原因描述	Text	255			
BZ	备注	Text				
TZLJ	图纸路径	Text	255			位置示意图
BZ2	备注 2	Text				

表 5.16　土地使用现状表结构(属性表名:TDSYXZ_*)

字段代码	字段名称	字段类型	字段长度	小数位数	取值	说明
BSM	标识码	Int	10			
YSDM	要素代码	Int	10			
DLBH	地类编码	Text	4			
DLMC	地类名称	Text	100			
XMBH	项目编号	Text	2			
RKSJ	入库时间	Date				

表 5.17 文物保护单位表结构(图层属性,表名:WWBHDW)

字段代码	字段名称	字段类型	字段长度	小数位数	取值	说明
BSM	标识码	Int	10			
YSDM	要素代码	Text	10			
XH	序号	Int	10			
MC	名称	Text	50			
JB	级别	Text	10			
SD	时代	Text	50			
LB	类别	Text	50			
DLWZ	地理位置	Text	50			
GBSJ	公布时间	Text	10			
GLSYDW	管理使用单位/人	Text	50			
CQDW	产权单位/产权人	Text	50			
SFKF	是否开放	Text	2			
TZLJ	图纸路径	Text	255			图片存储路径
XZQ	行政区	Int	6			

表 5.18 文物普查照片表结构(属性表名:WWPC_ZP)

字段代码	字段名称	字段类型	字段长度	小数位数	取值	说明
YSDM	要素代码	Text	10			
BH	编号	Text	11			与 WWPC 一致
ZPMC	照片名称	Text	50			
ZPBH	照片编号	Text	16			
PSSJ	拍摄时间	Text	20			
SYZ	摄影者	Text	20			
PSFW	拍摄方位	Text	50			
ZPLJ	照片路径	Text	255			照片存储路

表 5.19 文物普查图纸表结构(属性表名:WWPC_TZ)

字段代码	字段名称	字段类型	字段长度	小数位数	取值	说明
YSDM	要素代码	Text	10			
BH	编号	Text	11			与 WWPC 一致
TZMC	图纸名称	Text	50			
TZBH	图纸编号	Text	16			
TZLJ	图纸路径	Text	255			图片存储路

表 5.20 文物保护范围表结构(属性表名:WWBHFW_*)

字段代码	字段名称	字段类型	字段长度	小数位数	取值	说明
BSM	标识码	Int	10			
YSDM	要素代码	Int	10			
LX	类型	Text	255			

续表

字段代码	字段名称	字段类型	字段长度	小数位数	取值	说明
XMBH	项目编号	Text	2			
RKSJ	入库时间	Date				

表 5.21　文物保护建筑表结构(属性表名:WWBHJZ_＊)

字段代码	字段名称	字段类型	字段长度	小数位数	取值	说明
BSM	标识码	Int	10			
YSDM	要素代码	Int	10			
LX	类型	Text	255			
XMBH	项目编号	Text	2			
RKSJ	入库时间	Date				

表 5.22　文物单位表结构(属性表名:WWDW_＊)

字段代码	字段名称	字段类型	字段长度	小数位数	取值	说明
BSM	标识码	Int	10			
YSDM	要素代码	Int	10			
LX	类型	Text	255			
XMBH	项目编号	Text	2			
RKSJ	入库时间	Date				

表 5.23　文物建筑表结构(图层属性,表名:WWJZ_＊)

字段代码	字段名称	字段类型	字段长度	小数位数	取值	说明
BSM	标识码	Int	10			
YSDM	要素代码	Int	10			
BM	编号	Text				
MC	名称	Text	255			
DZ	地址	Text	255			
JZND	建造年代	Text	255			
JZTZ	建筑特征	Text	255			
JZJG	建筑结构	Text	255			
JZMJ	建筑面积	Text				
CS	层数	Text				
CQ	产权	Text				
BHJB	保护级别	Text				
SSXZQ	所属行政区	Text	255			
XMBH	项目编号	Text	2			
RKSJ	入库时间	Date				

表 5.24　现状公共设施分布表结构(属性表名:XZGGSSFB_*)

字段代码	字段名称	字段类型	字段长度	小数位数	取值	说明
BSM	标识码	Int	10			
YSDM	要素代码	Int	10			
LX	类型	Text	255			
XMBH	项目编号	Text	2			
RKSJ	入库时间	Date				

表 5.25　现状交通分析表结构(属性表名:XZJTFX_*)

字段代码	字段名称	字段类型	字段长度	小数位数	取值	说明
BSM	标识码	Int	10			
YSDM	要素代码	Int	10			
LX	类型	Text	255			
XMBH	项目编号	Text	2			
RKSJ	入库时间	Date				

表 5.26　现状街巷及开敞空间分析表结构(属性表名:XZJXJKCKJFX_*)

字段代码	字段名称	字段类型	字段长度	小数位数	取值	说明
BSM	标识码	Int	10			
YSDM	要素代码	Int	10			
LX	类型	Text	255			
XMBH	项目编号	Text	2			
RKSJ	入库时间	Date				

表 5.27　现状建筑高度分类表结构(属性表名:XZJZGDFL_*)

字段代码	字段名称	字段类型	字段长度	小数位数	取值	说明
BSM	标识码	Int	10			
YSDM	要素代码	Int	10			
GD	高度	Text	255			
XMBH	项目编号	Text	2			
RKSJ	入库时间	Date				

表 5.28　现状建筑年代分类表结构(属性表名:XZJZNDFL_*)

字段代码	字段名称	字段类型	字段长度	小数位数	取值	说明
BSM	标识码	Int	10			
YSDM	要素代码	Int	10			
JSND	建筑年代	Text	255			
XMBH	项目编号	Text	2			
RKSJ	入库时间	Date				

表 5.29 现状建筑使用功能分析表结构(属性表名:XZJZSYGNFX_*)

字段代码	字段名称	字段类型	字段长度	小数位数	取值	说明
BSM	标识码	Int	10			
YSDM	要素代码	Int	10			
GN	功能	Text	255			
XMBH	项目编号	Text	2			
RKSJ	入库时间	Date				

表 5.30 保护与整治规划表结构(属性表名:BHYZZGH_*)

字段代码	字段名称	字段类型	字段长度	小数位数	取值	说明
BSM	标识码	Int	10			
YSDM	要素代码	Int	10			
BHFS	保护方式	Text	255			
XMBH	项目编号	Text	2			
RKSJ	入库时间	Date				

表 5.31 道路交通分析表结构(属性表名:DLJTFX_*)

字段代码	字段名称	字段类型	字段长度	小数位数	取值	说明
BSM	标识码	Int	10			
YSDM	要素代码	Int	10			
LX	类型	Text	255			
XMBH	项目编号	Text	2			
RKSJ	入库时间	Date				

表 5.32 道路交通规划表结构(属性表名:DLJTGH_*)

字段代码	字段名称	字段类型	字段长度	小数位数	取值	说明
BSM	标识码	Int	10			
YSDM	要素代码	Int	10			
LX	类型	Text	255			
XMBH	项目编号	Text	2			
RKSJ	入库时间	Date				

表 5.33 地下空间规划表结构(属性表名:DXKJGH_*)

字段代码	字段名称	字段类型	字段长度	小数位数	取值	说明
BSM	标识码	Int	10			
YSDM	要素代码	Int	10			
LX	类型	Text	255			
XMBH	项目编号	Text	2			
RKSJ	入库时间	Date				

表 5.34　分地块规划控制表结构(属性表名:FDKGHKZ_ *)

字段代码	字段名称	字段类型	字段长度	小数位数	取值	说明
BSM	标识码	Int	10			
YSDM	要素代码	Int	10			
DKBH	地块编号	Text	255			
XMBH	项目编号	Text	2			
RKSJ	入库时间	Date				

表 5.35　高度控制表结构(属性表名:GDKZ_ *)

字段代码	字段名称	字段类型	字段长度	小数位数	取值	说明
BSM	标识码	Int	10			
YSDM	要素代码	Int	10			
GD	高度	Text	255			
XMBH	项目编号	Text	2			
RKSJ	入库时间	Date				

表 5.36　规划范围表结构(属性表名:GHFW_ *)

字段代码	字段名称	字段类型	字段长度	小数位数	取值	说明
BSM	标识码	Int	10			
YSDM	要素代码	Int	10			
LX	名称	Text	255			
XMBH	项目编号	Text	2			
RKSJ	入库时间	Date				

表 5.37　核心保护范围表结构(属性表名:HXBHFW_ *)

字段代码	字段名称	字段类型	字段长度	小数位数	取值	说明
BSM	标识码	Int	10			
YSDM	要素代码	Int	10			
LX	名称	Text	255			
XMBH	项目编号	Text	2			
RKSJ	入库时间	Date				

表 5.38　文物保护单位主体范围表结构(属性表名:WBDWFW)

字段代码	字段名称	字段类型	字段长度	小数位数	取值	说明
BSM	标识码	Int	10			
YSDM	要素代码	Text	10			
XH	序号	Int	10			
MC	名称	Text	50			
JB	级别	Text	10			
SD	时代	Text	50			
LB	类别	Text	50			

续表

字段代码	字段名称	字段类型	字段长度	小数位数	取值	说明
DLWZ	地理位置	Text	50			
GBSJ	公布时间	Text	10			
GLSYDW	管理使用单位/人	Text	50			
CQDW	产权单位/产权人	Text	50			
SFKF	是否开放	Text	2			
TZLJ	图纸路径	Text	255			图片存储路径
XZQ	行政区	Int	6			

表 5.39 文物保护单位保护范围表结构(属性表名:WBDWBHFW)

字段代码	字段名称	字段类型	字段长度	小数位数	取值	说明
BSM	标识码	Int	10			
YSDM	要素代码	Text	10			
XH	序号	Int	10			
MC	名称	Text	50			
JB	级别	Text	10			
SD	时代	Text	50			
LB	类别	Text	50			
DLWZ	地理位置	Text	50			
GBSJ	公布时间	Text	10			
GLSYDW	管理使用单位/人	Text	50			
CQDW	产权单位/产权人	Text	50			
SFKF	是否开放	Text	2			
TZLJ	图纸路径	Text	255			图片存储路径
XZQ	行政区	Int	6			
BHFW	保护范围	Text	255			

表 5.40 文物保护单位建设控制地带表结构(属性表名:WBDWJKDD)

字段代码	字段名称	字段类型	字段长度	小数位数	取值	说明
BSM	标识码	Int	10			
YSDM	要素代码	Text	10			
XH	序号	Int	10			
MC	名称	Text	50			
JB	级别	Text	10			
SD	时代	Text	50			
LB	类别	Text	50			
DLWZ	地理位置	Text	50			
GBSJ	公布时间	Text	10			
GLSYDW	管理使用单位/人	Text	50			

续表

字段代码	字段名称	字段类型	字段长度	小数位数	取值	说明
CQDW	产权单位/产权人	Text	50			
SFKF	是否开放	Text	2			
TZLJ	图纸路径	Text	255			图片存储路径
XZQ	行政区	Int	6			
JSKZDD	建设控制地带	Text	255			

表 5.41　核心保护区表结构(属性表名:HXBHQ_*)

字段代码	字段名称	字段类型	字段长度	小数位数	取值	说明
BSM	标识码	Int	10			
YSDM	要素代码	Int	10			
MC	名称	Text	255			
XMBH	项目编号	Text	2			
RKSJ	入库时间	Date				

表 5.42　建筑控制地带表结构(属性表名:JSKZDD_*)

字段代码	字段名称	字段类型	字段长度	小数位数	取值	说明
BSM	标识码	Int	10			
YSDM	要素代码	Int	10			
LX	名称	Text	255			
XMBH	项目编号	Text	2			
RKSJ	入库时间	Date				

表 5.43　建设控制范围表结构(属性表名:JSKZFW_*)

字段代码	字段名称	字段类型	字段长度	小数位数	取值	说明
BSM	标识码	Int	10			
YSDM	要素代码	Int	10			
LX	名称	Text	255			
XMBH	项目编号	Text	2			
RKSJ	入库时间	Date				

表 5.44　建设控制区表结构(属性表名:JSKZQ_*)

字段代码	字段名称	字段类型	字段长度	小数位数	取值	说明
BSM	标识码	Int	10			
YSDM	要素代码	Int	10			
LX	名称	Text	255			
XMBH	项目编号	Text	2			
RKSJ	入库时间	Date				

表 5.45 建筑现状价值分析表结构(属性表名:JZXZJZFX_＊)

字段代码	字段名称	字段类型	字段长度	小数位数	取值	说明
BSM	标识码	Int	10			
YSDM	要素代码	Int	10			
LX	名称	Text	255			
XMBH	项目编号	Text	2			
RKSJ	入库时间	Date				

表 5.46 容积率控制表结构(属性表名:RJLKZ_＊)

字段代码	字段名称	字段类型	字段长度	小数位数	取值	说明
BSM	标识码	Int	10			
YSDM	要素代码	Int	10			
RJL	高度	Text	255			
XMBH	项目编号	Text	2			
RKSJ	入库时间	Date				

表 5.47 土地使用规划表结构(属性表名:TDSYGH_＊)

字段代码	字段名称	字段类型	字段长度	小数位数	取值	说明
BSM	标识码	Int	10			
YSDM	要素代码	Int	10			
DLBH	地类编码	Text	4			
DLMC	地类名称	Text	255			
XMBH	项目编号	Text	2			
RKSJ	入库时间	Date				

表 5.48 消防规划表结构(属性表名:XFGH_＊)

字段代码	字段名称	字段类型	字段长度	小数位数	取值	说明
BSM	标识码	Int	10			
YSDM	要素代码	Int	10			
LX	类型	Text	255			
XMBH	项目编号	Text	2			
RKSJ	入库时间	Date				

表 5.49 详细规划现状表结构(属性表名:XXGHXZ_＊)

字段代码	字段名称	字段类型	字段长度	小数位数	取值	说明
BSM	标识码	Int	10			
YSDM	要素代码	Int	10			
LX	类型	Text	255			
XMBH	项目编号	Text	2			
RKSJ	入库时间	Date				

表5.50　总平面布局示意表结构(属性表名:ZPMBJSY_ *)

字段代码	字段名称	字段类型	字段长度	小数位数	取值	说明
BSM	标识码	Int	10			
YSDM	要素代码	Int	10			
LX	类型	Text	255			
XMBH	项目编号	Text	2			
RKSJ	入库时间	Date				

表5.51　紫线控制表结构(属性表名:ZXKZ_ *)

字段代码	字段名称	字段类型	字段长度	小数位数	取值	说明
BSM	标识码	Int	10			
YSDM	要素代码	Int	10			
LX	类型	Text	255			
XMBH	项目编号	Text	2			
RKSJ	入库时间	Date				

表5.52　建筑导则表结构(属性表名:JZDZ_ *)

字段代码	字段名称	字段类型	字段长度	小数位数	取值	说明
BSM	标识码	Int	10			
YSDM	要素代码	Int	10			
BH	编码	Text	50			
MC	名称	Text	50			
DZ	地址	Text	255			
JZLX	建筑类型	Text	255			
JZND	建筑年代	Text	255			
JZFM	建筑风貌	Text	255			
CS	层数	Text	10			
JZJG	建筑结构	Text	255			
ZZLX	整治类型	Text	255			
XZQ	行政区	Text	50			
XMBH	项目编号	Text	2			
RKSJ	入库时间	Date				

3)空间数据交换格式

昆明历史文化名城保护规划地理信息系统数据采集和更新维护项目空间数据交换格式可参照《地球空间数据交换格式》(GB/T 17798—2007)进行描述。

4. 元数据

元数据(metadata)是"关于数据的数据"或"关于信息的信息",即关于数据的内容、质量、状况和其他特性的信息。随着计算机技术和地理信息系统技术的发展,管理和访问大型数据集的复杂性已成为数据生产和系统使用过程中共同面临的突出问题。一方面,数据生产需要有效的办法来组织、管理和维护海量数据;另一方面,用户需要能够有效地发现、访问和获取自己所需的信息。所以,空间数据的内容、质量和状况等元数据信息就显得十分重要,通过建立空间数据的元数据库并进行有效的管理,已经成为信息资源实现有效管理和应用的重要手段。

1)*元数据的层次结构*

按照国家基础地理信息系统(NFGIS)元数据标准的规定,元数据在层次结构上可分为元数据子集、元数据实体和元数据元素三层。元数据元素是元数据最基本的信息单元,元数据实体是同类元数据元素的集合,元数据子集是相互关联的元数据实体和元素的集合。在同一个子集中,实体可以有两类即简单实体和复合实体,简单实体只包含元素,复合实体既包含简单实体又包含元素,同时复合实体与简单实体及构成这两种实体的元素之间具有继承关系。在分级上可分为基本元数据和完全元数据。

(1)元数据的性质。对于每一种元数据了集、元数据实体和元数据元素在性质上可分为:①必选(mandatory),元数据的核心内容,适用于各种被描述对象,是元数据文件必须包含的子集、实体或元素;②一定条件下必选(conditional),针对不同的被描述对象的特征,元数据文件所必须提供的子集、实体或元素;③可选(optional),该子集、实体或元素是可选的,由用户决定是否将其包含在元数据文件中。

(2)元数据的分级。元数据可分为:①基本元数据,提供地理数据源基本文档所需要的最少的元数据元素集;②完全元数据,提供完整的地理数据源(单独的数据集、数据集系列、各种地理要素)文档所需要的必选的和可选的元数据元素集,它完整地定义全部元数据,以便标识、评价、摘录、使用和管理地理信息。

(3)元数据内容。在昆明市历史文化名城保护规划地理信息系统数据采集和更新维护信息系统中,应建立包括数字高程模型、数字正射影像图等各类地理信息的空间数据库。这些空间数据不仅数量巨大,而且数据中包含的信息量也十分丰富。在实际应用中,首先通过元数据来检索和访问空间数据库,便可以有效利用计算机的系统资源,更好地满足社会各行业用户对空间地理数据的需求。在该系统中元数据包括与空间数据相关的很多有用信息,如数据属性全名、原始数据比例尺、定位精度、投影、坐标系、高程基准等。这些元数据基本上是对整个系统数据的一个基本说明,通过这些"关于数据的数据"大体可以了解系统的一些基本情况。元数据主要包括下列内容:数据库的整体描述信息,作业人员,数据获取方法,数据来源,数据获取时间、比例尺,属性和空间信息描述,空间数据的精度,属性数据的可靠性,空间数据更新的方法,属性数据更新的方法,空间参考系的描述,空间地理范围的描述,组织结构的描述,数据集内容信息(如行政界线、历史建筑、文物建筑等),专题内容的结构(字段及字段属性描述),数据关系的描述。元数据具体内容参见《昆明市历史文化名城保护规划元数据》相关内容。

2)元数据的扩展原则

在元数据内容不能满足某种应用的需要时,可以按照规定的原则进行扩充。

(1)扩展的类型:扩展元数据元素的值域;增加新的元数据元素;增加新的元数据实体类型;增加新的元数据子集;对已有元数据元素增加更严格的限定;对已有元数据元素值域增加更多的限定。

(2)扩展的原则:扩展的元数据元素不应是现有元数据元素改名、改定义或改数据类型;扩展的元数据可以定义为实体,而且可以包含扩展的和现有的元数据元素,被包含的现有元数据元素特征不能改变;允许对现有元数据元素施加更严格的限定(如元数据元素在本原则中是可选的,在扩展后可以是必选的);允许对现有元数据元素域值施加更严格的限定(如域值为“任意长文本”的元数据元素,扩展后可限定为一个闭合的取值范围);允许对现有元数据元素域值的使用范围加以限制(如元数据元素在标准中域值有五个可用的值,在扩展中可以规定只使用其中三个值,要求用户从三个中选择一个使用);不允许扩展原标准规定不应包含的内容(如标准中规定元数据元素域值有四个可用的值,扩展时不允许使用这四个值以外的值)。

(3)扩展的方法:检查规定的元数据内容,确定不适合具体应用的部分或需扩展补充的部分;按照前面规定的扩展类型和扩展原则确定扩展的子集、实体或元素;定义每一个扩展子集、实体或元素的特征;对扩展内容进行标准的一致性测试。

5.5.3　实施方案

1. 实施计划

编码工作预计需要 70 天左右完成,根据概要设计制定出周计划,每周的开发工作完成情况需要提交用户查看,以便及时收集用户意见。在首轮编码完成后,立即组织质保组开展系统内部测试工作和缺陷修复工作。内部确认后,提交试用版本给用户并及时收集反馈意见。在为期 3 天的试用期结束后,变更需求和设计文档,并开展第二轮设计工作。变更设计经过内部评审后,便进入第二轮编码,研发时间大概为 7 天,紧接着完成第二轮系统测试,成果经评审通过后,正式发布版本。

2. 人员组织

项目在领导小组下直接由项目实施人员组成,包括系统设计、系统编码、系统测试人员、数据整理建库人员及系统投入使用后的技术支持人员。

项目小组的具体职能如下:

(1)项目领导小组:负责领导实施人员高效协作,尽快完成项目的实施。

(2)系统设计人员:负责项目小组在项目实施中的技术路线、界面风格确定等工作,并在项目实施过程中对各实施人员进行技术指导和业务培训工作。

(3)系统编码人员:依据系统设计实现系统的编码,并做必要的测试。

(4)系统测试与文档人员:负责编码阶段及编码结束后的系统测试,以确保系统使用过程中的稳定性。

(5)技术支持与后期维护人员:系统开始投入使用后,对用户在使用过程中的一些疑问进行说明,确保用户能够顺利使用该系统。

3. 安装部署

系统的安装部署由专人在云端远程部署。部署时间为系统测试完毕后、试运行前,试运行用户确认成果后,再进行一次系统最终成果的最终部署,作为系统交付和正式上线运行的最终成果。之后进入培训和售后服务工作。

第6章　历史文化名城保护规划地理信息系统数据采集与处理技术

空间数据获取包括全站仪测量、卫星定位测量、摄影测量、遥感、地面激光扫描、地图数字化、属性数据获取等方式。本章主要介绍几种空间数据的获取与处理方法。

6.1　全站仪测量

全站仪(total station)出现以前,测量仪器主要是经纬仪、水准仪等光学仪器。经历了积木式全站仪、电子经纬仪、集成式全站仪等阶段后,目前的全站仪集机械、光学、电子于一体,可以同时进行角度测量、距离测量和数据处理,一次性完成测站上的所有测量工作,精确地确定地面两点间的坐标增量和高差,被广泛应用于野外数据采集。

全站仪的主要技术参数包括望远镜放大倍数和视场角、管水准器和圆水准器格值、测角精度、测距精度、补偿功能等。工作结构包括电子测角、电子测距、电子补偿、微机处理、显示屏、键盘和数据通信接口七个部分组成。

根据使用现状和大众化的程度,全站仪可分为以下几类:

(1)普通全站仪。

(2)Windows 全站仪。

(3)免棱镜全站仪。

(4)智能全站仪。

(5)超全站仪。

国外全站仪的主要代表是美国的天宝、瑞士的徕卡、日本的拓普康。国内全站仪的主要代表是南方、苏一光、科力达、瑞得等。

全站仪朝着高精度、多功能、微型化、自动化、便捷化、图形化、免棱镜等方向发展,出现了很多新功能,主要包括:

(1)可视对中、可视找准功能。

(2)电子气泡功能。

(3)SD 卡和 USB 接口的应用。

(4)免棱镜功能。

(5)自动照准功能。

(6)自动搜索及自动照准技术。

(7)跟踪锁定功能。

(8)遥控测量技术。

(9)带操作系统和图像显示功能。

(10)与卫星定位技术相结合。

6.2 GPS数据采集与数据处理

6.2.1 GPS简介

美国全球定位系统(GPS)出现之前,美国开发了第一代导航卫星定位系统——子午仪导航卫星系统(transit),又称海军导航卫星系统(navy navigation satellite system, NNSS)。子午卫星系统采用多普勒测量的方法进行导航和定位。由于作业效率低、定位精度低,无法为飞机等高动态用户服务等局限性,美国研制了第二代导航卫星定位系统——全球定位系统。全球定位系统分为空间部分、地面监控部分和用户部分。GPS卫星的空间部分可连续向用户播发用于进行导航定位的测距信号和导航电文,并接收来自地面监控系统的各种信息和命令以维持系统的正常运转;地面监控部分,包括主控站、监测站、注入站及通信和辅助系统。用户部分主要是用户通过GPS接收机测定从接收机至GPS卫星的距离,并根据卫星星历给出的信息求出自己的三维位置、三维运动速度、钟差等。

GPS卫星发射的信号由载波、测距码、导航电文三部分组成。载波是可运载调制信号的高频振荡波。GPS卫星所用的载波包含两个:位于微波L波段的L1载波和L2载波。随着GPS的发展,在Block ⅡF卫星中增设一个新的载波L5。采用多个载波频率可以组成更多的线性组合观测值,更好地消除电离层延迟。载波除了能传送测距码和导航电文,还被当作一种测距信号,其测距精度比伪距测量的精度高2~3个数量级。测距码是用于测定从卫星到接收机间的距离的二进制码,包括C/A码、P码、Y码、L2C码、L5码、M码等。导航电文,又称数据码(D码),是GPS卫星向用户播发的反映卫星在空间的运行轨道、卫星钟的改正参数、卫星工作状态等信息的二进制代码。

GPS定位中出现的各种误差,按性质可以分为系统误差和随机误差。按误差源可以分为以下三类:

(1)与卫星有关的误差,包括卫星星历误差、卫星钟的钟误差、相对论效应、信号在卫星内的时延、卫星天线相位中心偏差等。

(2)与信号传播有关的误差,包括电离层延迟、对流层延迟、多路径效应等。

(3)与接收机有关的误差,包括接收机钟的钟误差、位置误差、测量噪声、天线相位中心偏差、信号在接收机内的时延等。

消除或大幅度削弱这些误差所造成的影响的主要方法包括：建立误差改正模型、求差法、选择较好的硬件和较好的观测条件等。

可以用测距码、L1 和 L2 载波相位观测值测定从卫星至接收机间的距离。为获得完整的、正确的载波相位观测值，还必须解决整周跳变的探测及修复、整周模糊度的确定等相关问题。

GPS 定位，包括单点定位、相对定位及差分定位等。单点定位是根据观测瞬间卫星在空间的位置和卫星钟差，以及一台 GPS 接收机测定的从卫星至接收机的距离，通过距离交会方法测定接收机在地球坐标系中的三维坐标的定位方法。相对定位是确定同步跟踪相同的 GPS 卫星信号的若干台（至少两台）接收机之间的相对位置。静态定位是确定坐标固定不变的待定点的位置。动态定位是确定位置显著变化的待定点的位置。实时动态（real time kinematic，RTK）定位是利用 GPS 载波相位观测值进行实时动态相对定位，由基准站网、数据处理及数据播发中心、数据通信链路及用户等部分组成。进行 RTK 测量时，位于基准站上的 GPS 接收机通过数据通信链实时地把载波相位观测值及已知的站坐标等信息播发给在附近工作的流动站。流动站根据基准站及自己采集的载波相位观测值利用 RTK 数据处理软件进行实时相对定位，进而根据基准站的坐标求得自己的三维坐标，并估计其精度。在 RTK 测量中，流动站和基准站之间的距离一般在 15 km 以内。由于流动站的坐标只根据一个基准站来确定，因此可靠性较差。连续运行基准系统（continuously operating reference system，CORS），也称连续运行基准站（continuously operating reference station，CORS），是一种以提供导航卫星定位服务为主的多功能服务系统，也是一种多功能的连续运行的综合服务系统。与 RTK 相比，CORS 更多地强调了所提供服务的多样性，以及运行的长期性。

除位置信息外，GPS 还能向用户提供时间和速度等信息。

由于 GPS 卫星信号具有全天候、连续性、全球覆盖等特点，用户利用不同的观测值及不同定位方式可获得从亚毫米到 10 米级的定位精度，满足不同用户的要求。卫星定位技术与计算机技术、互联网技术一样，正在深刻影响着人类的生产生活。

6.2.2 GPS 数据采集

由于 GPS 具有测量精度高、选点灵活、无须造标、布网成本低、全天候作业、观测时间短、作业效率高、观测和处理自动化、获得三维坐标等优点，GPS 测量已基本取代了常规的测量方法来建立各种类型和精度的测量控制网。

(1)项目规划。GPS 工程的项目规划一般包括位置及范围、用途及精度等级、点位分布及数量、成果形式及内容等。

(2)技术设计。技术设计是依据控制网的用途及项目的要求,按照国家及行业主管部门颁布的测量规范(规程),对基准、精度、密度、网形、作业纲要等做出的具体规定和要求。技术设计必须依据相关标准、技术规章、要求来进行,常用的技术文档包括测量规范及规程、测量任务书或合同书。

(3)资料收集整理。

(4)仪器检验和检定。

(5)踏勘、选点、埋石。在选点时应注意:①测站高度角15°以上没有整片的障碍物;②远离大功率的无线电信号发射源;③避免多路径效应,远离围墙、广告牌、大面积平静水面等信号反射物;④测站处应地质条件良好、点位稳定、交通方便;⑤测站附近小环境尽可能与周围大环境一致;⑥充分利用符合要求的原有控制点的标石观测墩;⑦A级GPS点点位符合CH/T 2008有关规定,埋石包括埋设标石和建造观测墩。

(6)确定作业方案,进行外业观测。在进行外业观测前,应根据规范及技术设计中的有关规定、参与作业接收机数量、测区交通情况、通信条件、天气状况等拟订作业计划,制定观测方案。方案应包括确定接收机类型和数量、接收机参数设置、对中、整平、量仪器高、定向、观测记录等。严格按照作业计划和观测方案进行观测作业,做好相应记录。

(7)数据传输备份。

6.2.3 GPS数据处理

数据处理流程包括数据传输、格式转换、基线解算、网平差。

1. 数据传输

数据传输,指将GPS接收机上的数据下载到计算机。

2. 基线解算

基线解算模式包括单基线解算(或基线)模式、多基线解算(或时段)模式和整体解算(或战役)模式三种。

(1)单基线解算模式,也称基线模式,是以基线为单位进行解算,一次仅提取两台GPS接收机的同步观测数据,解算它们之间的基线向量。单基线解算模式的解算结果无法反映同步观测基线间的统计相关性,也无法充分利用不同基线所涉及的观测数据及参数间的关联性。该模式能满足一般工程应用的要求,是目前工程应用中最普遍的基线计算模式。

(2)多基线解算模式,也称时段模式,一次提取一个观测时段中所有进行同步观测的n台GPS接收机所采集的同步观测数据,在一个单一解算过程中,共同解求出所有$n-1$条相互函数独立的基线。与单基线解算模式相比,该模式数学模型严密,并能在结果中反映出同步观测基线之间的统计相关性。但是,由于其数学模型和计算过程复杂，常用于有高质量要求的应用。

(3)整体解算模式，也称战役模式，一次性解算出所有参与构网的相互函数独立的基线，在一个整体解结果中，包含整个 GPS 网中所有相互函数独立的基线向量的结果。该模式避免了同一基线的不同时段解不一致的问题，也避免了不同时段基线组成的闭合环的环闭合差不为 0 的问题。该模式最严密，主要运用于一些大型的高精度定位、定轨软件。

GPS 基线解算过程：

(1)导入观测数据。

(2)检查与修改外业输入数据。

(3)设定基线解算的控制参数。

(4)基线解算。

(5)基线质量控制。基线质量评估指标包括质量评价因子(Ratio)、位置精度衰减因子(PDOP)、均方根误差(RMS)、同步环闭合差、异步环闭合差、重复基线较差等。

(6)输出基线解算结果。

3. 网平差

在数据处理过程中，基线解算得到的基线向量仅能确定测量网形的几何形状，无法提供确定点绝对坐标所必需的绝对位置基准。为了消除由观测量和已知条件中存在的误差所引起的测量网形在几何上的不一致，改善测量网形质量，评定精度，确定测站点在指定参照系下的坐标及其他所需参数的估值，需要进行网平差。

网平差可以分为最小约束平差或自由网平差、约束平差、联合平差三种。最小约束平差和自由网平差可统称为无约束平差。无约束平差能评定网的内符合精度，探测处理粗差；约束平差和联合平差能确定点在指定参照系下的坐标。网平差包括选取构网基线、三维无约束平差、约束平差或联合平差、质量分析与控制等流程。

6.3　地面激光扫描

由国家测绘地理信息局发布的《地面三维激光扫描作业技术规程》(CH/Z 3017—2015)(以下简称《规程》)，于 2015 年 8 月 1 日开始实施，对地面三维激光扫描技术(terrestrial three dimensional laser scanning technology)给出的定义为：基于地面固定站的一种通过发射激光获取被测物体表面三维坐标、反射光强度等多种信息的非接触式主动测量技术。

地面三维激光扫描技术是一种全自动高精度立体扫描技术。该技术使用三维激光扫描仪获取目标物表面各点的空间坐标，从而构造目标物三维模型。

三维激光扫描技术是继卫星定位测量技术后测绘领域的又一次大的技术革命，可以连续、自动、快速地采集大量的目标物表面三维点云。地面三维激光扫描技术的特点包括：非接触测量、数据采样率高、主动发射扫描光源、高分辨、高精度、数字化采集、兼容性好、可以与外置数码相机和卫星定位装置配合使用、结构紧凑、防护能力强、适合野外使用、直接生成三维空间结果、全景化扫描、激光有一定穿透性。

传统的测量方式是单点测量，获取单点的三维空间坐标，而三维激光扫描则自动、连续、快速地获取目标物体表面的密集采样点数据，即点云；由传统的点测量跨越到面测量，实现了质的飞跃；获取的信息量也从点的空间位置信息扩展到目标物的纹理信息和色彩信息。

与全站仪测量技术相比，三维激光扫描技术在观测环境要求、被测目标获取方式、测量精度、数据获取量等方面有很大区别。与近景摄影测量相比，地面三维激光扫描测量在数据格式、数据拼接方式、测量精度、外界环境要求、建模方式、实体纹理信息获取方式等方面也不同。

《规程》指出，地面三维激光扫描总体工作流程包括：技术准备与技术设计、控制测量、数据采集、数据预处理、成果制作、质量控制与成果归档。

6.3.1　地面激光扫描点云数据采集

1. 设计野外扫描方案

为控制误差累积，提高扫描精度，首先应进行基于精度评估的技术设计。《规程》指出，技术设计应根据项目要求，结合已有资料、实地踏勘情况及相关的技术规范，编制技术设计书。

(1)明确项目任务要求。明确项目具体任务要求，是制定项目技术设计的主要依据。

(2)现场踏勘。

(3)制定技术设计方案。主要的设计内容包括扫描仪的选择与参数设置和测量控制点布设方案等。扫描仪的选择，应根据仪器成本、模型精度等因素综合考虑。参数设置，应结合项目技术要求，如最佳扫描距离、每站扫描区域等，能够满足用户的精度需要即可。测量控制点布设要考虑现场环境、点位精度要求等。

(4)设计野外扫描方案。根据测量场景、复杂程度、工程精度，确定扫描路线，布置扫描站点，确定扫描站数、扫描系统至扫描场景距离，确定扫描分辨率。主要包括标靶放置、测站设置。在涉及坐标转换问题时，需要测量一定数量的公共点，计算坐标变换参数，公共点一般采用特制的球面(形)标志(球形标靶)和平面标志(平面标靶)。标靶放置位置的要求包括：要能良好识别，不被遮挡；不要将标靶放置在一条直线上，否则会降低拼接精度；安放位置确保稳定；标靶之间有高度差。

相邻测站至少有三个公共点重合。测站的设置要保证三维激光扫描仪在有效范围内发挥最大的效率。各个测站合起来应可以扫描到目标区域的全部范围,测站数要进行优化,相邻两站之间有不少于三个可清晰识别的标靶或特别标志。

2. 基于标靶的点云数据采集

《规程》指出,数据采集流程包括:控制测量、扫描站布测、标靶布测、设站扫描、纹理图像采集、外业数据检查和数据导出备份等。

1)点云数据采集方法

点云数据采集方法,一般可分为三种,即基于地物特征点拼接的数据采集方法、基于标靶的数据采集方法和基于“测站点＋后视点”的数据采集方法。

(1)基于地物特征点拼接的数据采集方法,可以在任意位置架设扫描仪,不需要设后视或公共标靶,只需要保证相邻测站观测范围之间有 30%以上的重叠区域。其外业测量简单灵活,布设方式灵活。内业数据处理拼接时,需要人工选取公共点,过程复杂且精度较低。该方法适用于特征明显、精度要求不高的工程。

(2)基于标靶的数据采集方法,可以在任意位置架设扫描测站点,要求相邻测站的观测范围内有三个以上固定位置的公共标靶,需要对公共标靶进行精扫,不需要获取每个测站和标靶的测量坐标,内业点云拼接简单、快速、精度高。该方法适合小型、单一物体的扫描工程。

(3)基于“测站点＋后视点”的数据采集方法,需要采用其他设备对控制点坐标进行测量,加大了外业工作量;只需要对一个后视标靶进行扫描就可以完成定向,每站点云数据间不需要重叠;点云拼接精度高,适用于大面积或带状工程。

2)基于标靶的扫描步骤

针对不同品牌的仪器型号,在一个测站上具体的操作方法会有不同。以徕卡 ScanStation C10 为例,在一个测站上扫描的基本步骤包括:仪器安置、摆放标靶、仪器参数设置、开始扫描、换站扫描、数据输出、结束扫描工作等。在扫描中,应注意使用最佳距离和角度,防止在仪器工作温度范围外使用,不将设备直接对着阳光,避免三脚架晃动,避免造影,避免在潮湿区域作业。

6.3.2　点云数据预处理

点云数据预处理需要使用点云数据处理软件完成。点云数据处理软件一般包括扫描仪自带的控制软件和专业数据处理软件。

点云数据预处理一般包括数据配准、数据滤波、数据缩减、数据分割与数据分类等。

1. 数据配准

坐标配准,又称坐标纠正、点云拼接,是在扫描区域中设置控制点或标靶点,使相邻区域的扫描点云图上有三个或三个以上的同名控制点或控制标靶,通过控制点的强制附合，将相邻的扫描数据统一到同一坐标系下，即把不同站点获取的地面三维激光扫描点云数据变换到同一坐标系的过程。

常见的配准方法有，四元数配准算法、六参数配准算法和迭代最近点算法等。

2. 数据滤波

数据滤波，即在重建三维模型之前，对点云数据进行去噪。

产生噪声的原因主要包括：受被扫描对象表面因素影响而产生的点误差、偶然噪声和系统测量本身引起的误差等。

对于扫描线式点云数据、阵列式点云数据、格网式（三角化）点云数据，可以采用平滑滤波的方法进行去噪。常用的滤波包括高斯滤波、中值滤波、平均滤波等。对于散乱的点云数据，目前还没有一种快速、有效的去噪方法，一般将其转换成网格模型，或直接对其进行滤波操作，如双边滤波算法、拉普拉斯滤波、平均曲率流等。

对于漂移点噪声、孤立点噪声和冗余点噪声，通常可以采用现有的点云处理软件通过可视化交互式方式直接删除。

对混杂点噪声，则需要借助点云去噪算法才能删除。

3. 数据缩减

数据缩减是对密集的点云数据进行缩减，减少点的数量，提高点云数据处理效率。数据缩减方法包括：在数据获取时对点云数据进行简化；在正常采集数据的基础上，利用算法进行缩减。常用算法有基于德洛奈三角化的数据缩减算法、基于八叉树的数据缩减算法、点云数据的直接缩减算法。点云数据优化一般分两种，即去除冗余和抽稀简化。

4. 数据分割与数据分类

在三维激光扫描点云数据中进行分割，可以更好地进行关键地物提取、分析和识别。目前尚无通用的分割理论和适合所有点云的通用分割算法。

6.4 摄影测量与遥感

6.4.1 摄影测量与遥感

摄影测量学是信息的获取及对信息加工、处理的一门科学，包含获取被摄物体影像，研究单张和多张像片影像处理方法，包括理论、设备和技术，以及将所测得的结果以图解或数字形式输出的方法和设备。主要是测制各种比例尺地形图，建立地形数据库，为地理信息系统、各种工程应用提供基础测绘数据。主要特点是在像片上进行量测和解译，不需要接触被摄物体本身，很少受自然和地理条件限制。按摄影测量学的发展历史，可分为三个阶段，即模拟摄影测量、解析摄影测量和数字摄影测量。

自 20 世纪 60 年代以来，航天技术迅速发展，摄影测量学长期以来过分局限于测绘物体形状与大小的局面被遥感技术打破。遥感技术被广泛应用于资源勘查和环境监测等众多领域。

在 1957 年 10 月 4 日苏联第一颗人造地球卫星发射之前，基本都是航空摄影测量阶段。航天技术的发展使遥感的高度延伸到了太空。遥感从单纯的可视光摄影方式发展到了可探测感知近、中、热红外等各种波段的光电探测方式和微波辐射、雷达等各种电磁波遥感方式共存。

航空摄影测量由于成图速度快、精度高、不受天气限制等优点，成为我国基本地形图成图的主要方式，是测制地形图、获取影像的主要手段。航空影像获取主要包括航空摄影机和无人飞行器(unmanned aerial vehicles，UAV)采用的相机。航空摄影机是一种专门设计的大像幅的摄影机，也称航摄仪，包括框幅式光学航空摄影机、数字航空摄影机。目前数字航空摄影机厂家品牌包括 DMC 数字航空摄影机、ADS40 数字航空摄影机、UCD/UCX 数字航空摄影机等。低空摄影测量，一般指飞行高度在 1 000 米以下的摄影测量，多采用无人飞行器为飞行平台，搭载高分辨率的数码相机为传感器，直接获取摄影区域数字影像。

遥感通常指通过某种传感器装置，在不与被研究对象直接接触的情况下，获取电磁波反射辐射和发射辐射等特征信息，并对这些信息进行提取、加工、表达和应用的一门科学和技术。常用的传感器包括航空摄影机(航摄仪)、全景摄影机、多光谱摄影机、多光谱扫描仪、专题制图仪、合成孔径侧视雷达等。目前遥感技术具有更高的空间分辨率，更精细的光谱分辨率，综合多种遥感器的遥感卫星平台，多波段、多极化、多模式合成孔径雷达卫星，斜视、立体观测、干涉测量技术的发展等特点。

常用的遥感影像卫星包括法国 SPOT 卫星，美国的陆地卫星(Landsat)、IKONOS 卫星、QuickBird 卫星、GeoEye 卫星、WorldView 卫星等。中国目前也发射了很多类型的遥感卫星。

摄影测量与遥感已成为地理信息系统技术中数据采集的重要手段，而地理信息系统是摄影测量与遥感数据存储、管理、表达和应用的重要平台。

6.4.2　遥感影像处理

为了从遥感图像中提取地物的属性信息，需要利用影像的灰度信息。然而，地物在成像过程中受到许多因素的干扰，使所获得的图像在强度、频率、空间等方面出现退化，呈现出对比度下降、边缘模糊等缺陷。为了使影像清晰、目标突出，提高目视解译、计算机自动识别和属性分类的效果，常需要对影像灰度进行处理，主要包括图像复原和图像增强。

图像复原技术是把成像过程中由于各种因素干扰所构成的变质退化的图像，利用退化的某种先验知识进行处理，使它恢复到更接近真实的景物。图像增强的目的是改变图像的灰度结构关系，使其更适宜目视解译等。图像增强的方法包括代数变换、反差增强、滤波及彩色变换等。代数变换是使用两幅以上的输入图像，对应地逐个像元进行和、差、积、商等代数运算，产生某些增强效果的输出影像。反差增强包括线性扩展、非线性扩展、直方图调整等。滤波增强是增强图像的某些空间频率特征，改善目标与其领域间像元的反差关系。高通滤波是扩大边缘特征上像元间的反差，增强视觉效果；低通滤波是降低边缘特征上像元间的反差，只保留粗的、反差大的边缘。彩色增强是使用彩色或颜色深浅变化代替灰度的变化，增强影像解译的范围，常用彩色密度分割和假彩色合成等方法。

以上的遥感影像处理方法，主要是基于同一幅图像或来源于同一传感器的多幅影像进行的。如果将单一传感器的多波段信息或不同类传感器所提供的信息加以综合，则需要多源遥感图像融合，从而消除多传感器信息之间可能存在的冗余或矛盾。融合以前，需要几何配准，将待融合的不同图像进行处理，使其比例尺一致，点位一一对应。通常采用多项式函数进行几何配准。常用的融合方法包括 HIS 融合法、KL 变换融合法、高通滤波融合法和小波变换融合法等。

6.5 坐标转换

6.5.1 测量坐标基准

由于地球的自转运动，地球上任意一点都受到地球引力与离心力的双重作用，这两个力的合力，称为重力，重力的方向线称为铅垂线，铅垂线是测量工作的基准线。静止的水面所形成的曲面称为水准面。过水准面上的任意一点所做的铅垂线，在该点均与水准面正交。与水准面相切的平面称为水平面。由于海水面有高有低，因此水准面有无穷多个，其中与平均海水面重合并向陆地延伸所形成的封闭曲面，称为大地水准面。大地水准面是测量工作的基准面。由大地水准面所包围的地球形体，称为大地体，它代表了地球的自然形状和大小。为了计算和绘图方便，通常选择一个非常接近于大地水准面并可用数学式表示的几何曲面来代表地球的形状，这个面称为旋转椭球体面或地球椭球体面。

测量基准，又称大地原点，是测量的参照点。在大地测量学及测量中，大地原点是一组用来对照测量点的地球坐标，往往与物理测量体系的参考椭球体模型有关。

在大地测量学中，参考椭球体是一个数学上定义的地球表面，它近似于大地水准面。由于其相对简单，参考椭球是大地控制网计算和显示点坐标（如纬度、经度和海拔)首选的地球表面的几何模型。通常所说地球的形状和大小,实际上就是以参考椭球体的长半轴、短半轴和扁率来表示的。

6.5.2 我国常用坐标系统

1. 1954北京坐标系

1954北京坐标系的坐标原点在苏联普尔科沃,它是新中国成立以后建立的第一个国家级坐标系。其参数为:长半轴 a =6 378 245 m;短半轴 b =6 356 863.018 8 m;扁率 α =1/298.3。大地点高程是以1956黄海平均海水面为基准。

1954北京坐标系对许多地区进行了局部平差,其成果得到了广泛的应用。它是经过我国东北边境的吉拉宁、东宁和呼玛三个基线网,同苏联的大地网连测计算得到的坐标系。由于1942年在建立普尔科沃坐标系时没有中国资料,所以1954北京坐标系测量结果误差较大。虽然它对距离的影响为十万分之一,但对我国经济发达的东部地区产生了一定的影响,大地水准面误差最大可达±68 m。

1954北京坐标系的不足:

(1)椭球参数误差较大。同现代精确的椭球参数相比,克拉索夫斯基椭球参数长半轴约大109 m,误差较大,这对研究会产生一定的影响。同时,只采用克拉索夫斯基椭球的两个几何参数,已不能满足实际要求。

(2)椭球定位时采用苏联的定位,参考椭球面与我国大地水准面呈系统性倾斜,并且东部地区的误差明显大于西部地区。我国东部地区经济发达、地势平坦,工程建设对大比例尺地形图精度要求较高。但实际上参考椭球面与东部地区大地水准面差距最大达60多米,并不符合实际情况。

(3)定向不明确。椭球短半轴既不指向我国地极原点JYD1968.0也不指向国际用的CIO极,起始子午面也不是BIH所定义的格林尼治子午面。

2. 1980西安坐标系

1980西安坐标系是在1954北京坐标系基础上对全国天文大地网进行整体平差后建立的坐标系。参考椭球采用1975国际参考椭球,坐标原点在中国境内陕西省咸阳市泾阳县永乐镇。其参数为:长半轴 a =6 378 140 m;短半轴 b =6 356 755.288 2 m;扁率为 α =1/298.257。基准面采用1985国家高程基准。

与1954北京坐标系相比,1980西安坐标系的主要优点是:

(1)克拉索夫斯基椭球只给定了长半轴与扁率,仅描述了地球面的几何形状,而1980西安坐标系的椭球体参数精度更高,是一个完整的系统,精度大大提高,边长相对误差约为二十万分之一。

(2)高程异常为零的两条等值线分别穿过我国东部和西部,它对距离的影响小于三十万分之一,大部分地区高程异常在20 m以内。在全国范围内,采用的参考椭球面和大地水准面附合得很好。

(3)它与原1954北京坐标系的成果是不同的,平差后提供的大地点成果属于1980西安坐标系。这个差异除了它们属于不同椭球外,还因为前者只是作了局部平差,而后者是经过整体平差,坐标统一,精度优良。

(4)控制点坐标可以在一定的精度范围通过一定的数学模型进行互相转换。虽然比1954北京坐标系有了较大的进步,但受当时测绘技术的限制,1980西安坐标系也存在着很多不足。例如,平面坐标转换地心坐标时,受坐标转换误差影响较大。

3. WGS-84坐标系

WGS-84坐标系是一种很多国家采用的美国地心坐标系统,它是GPS卫星广播星历参考系。WGS-84坐标系是1984年美国修正NSWC9Z-2参考系的原点和尺度变化,旋转其参考子午面而得到的一个新坐标系。

WGS-84坐标系的原点为地球质心M,Z轴指向BIH1984.0定义的协议地极(conventional terrestrial pole,CTP),X轴指向BIH1984.0定义的零子午面与CTP相应的赤道的交点,Y轴垂直于XMZ平面,Y轴与Z、X轴构成右手坐标系,如图6.1所示。

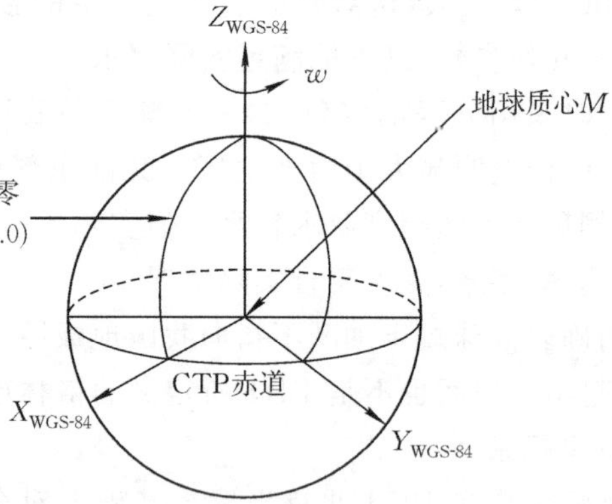

图6.1 WGS-84坐标系

WGS-84坐标系采用WGS-84椭球。其基本参数为:长半轴$a=6\,378\,137\pm2$ m;地心(含大气)引力常数$GM=(3\,986\,005\times10^8\pm0.6\times10^8)\ \mathrm{m^3/s^2}$;正则化二阶带谐系数$C_{2.0}=-484.166\,85\times10^{-6}\pm1.3\times10^{-9}$;地球自转角速度$w=(7\,292\,115\times10^{-11}\pm0.150\,0\times10^{-10})$ rad/s;扁率$f=1/298.257\,223\,563$。

WGS-84坐标系统不仅有几何特性,也有物理特性。除了可以获得三维坐标外,WGS-84还定义了一个地球重力场模型。

4. 2000国家大地坐标系

2000国家大地坐标系,简称CGCS2000。CGCS2000是一个现代协议地球参考系,符合国际地球参考系(ITRS)的标准。

2000国家大地坐标系的原点为包括海洋和大气的整个地球的质量中心，2000国家大地坐标系的Z轴由原点指向历元2000.0的地球参考极的方向，该历元的指向由国际时间局给定的历元为1984.0作为初始指向来推算，定向的时间演化保证相对于地壳不产生残余的全球旋转，X轴由原点指向格林尼治参考子午线与地球赤道面(历元2000.0)的交点，Y轴与Z轴、X轴构成右手正交坐标系。

2000国家大地坐标系是全球地心坐标系在我国的具体实现，参考椭球的四个常数如表6.1所示。

表6.1 CGCS2000参考椭球的四个常数值

参数名称	数值
长半轴	$a=6\,378\,137$ m
扁率	$f=1/298.257\,222\,101$
地心引力常数	$GM=3.986\,004\,418\times10^{14}\ \mathrm{m^3\cdot s^{-2}}$
地球自转角速度	$\omega=7.292\,115\times10^{-5}\ \mathrm{rad\cdot s^{-1}}$

其中，a、f采用的是GRS80值，GM、ω采用的是IERS推荐值。

CGCS2000具有比1980西安坐标系更高的精度，能够为国家提供高精度、实用、动态、地心、统一的三维坐标，能够满足我国国防建设、国民经济建设、科学研究、社会发展等的基本要求。

依据坐标系原点的不同，可知WGS-84坐标系和CGCS2000属于地心坐标系，1954北京坐标系和1980西安坐标系属于参心坐标系。

5. 几种常用测量坐标系的比较

综合以上几种常用的测量坐标系(表6.2)，表6.3列出了它们的参考椭球及高程基准，以便进行比较。

表6.2 常用测量坐标系

坐标系	1954北京坐标系	1980西安坐标系	WGS-84坐标系	2000国家大地坐标系
参考椭球	克拉索夫斯基椭球	1975国际椭球	WGS-84椭球	2000参考椭球
原点	苏联的普尔科沃	陕西省泾阳县永乐镇	地球质心	地球质心
高程基准	1956黄海平均海水面	1985高程基准	空间直角坐标系	空间直角坐标系
种类	参心坐标系	参心坐标系	地心坐标系	地心坐标系

表6.3 各基准基本参数

坐标系统	1954北京坐标系	1980西安坐标系	WGS-84	2000国家大地坐标系
椭球名称	克拉索夫斯基	1975国际椭球	WGS-84	CGCS2000
启用年代	50年代	1982	1984	2008
椭球类型	参考椭球	参考椭球	总地球椭球	总地球椭球
a/m	6 378 245	6 378 140	6 378 137	6 378 137
f	1∶298.3	1∶298.257	1∶298.257 223 563	1∶298.257 222 101

6.5.3 地图投影

地图投影是利用一定数学法则把地球表面的经、纬线转换到平面上的理论和方法。书面概念化定义为:地图投影就是指建立地球表面(或其他星球表面或天球面)上的点与投影平面(即地图平面)上点之间的一一对应关系的方法,即建立之间的数学转换公式。它将作为一个不可展平的曲面即地球表面投影到一个平面的基本方法,保证了空间信息在区域上的联系与完整。

1. 投影的分类

投影过程将产生投影变形,而且不同的投影方法具有不同性质和大小的投影变形。按投影方式大致可以分为几类。

1)按变形方式分类

(1)等角投影,又称正形投影,指投影面上任意两方向的夹角与地面上对应的角度相等。在微小的范围内,可以保持图上的图形与实地相似,不能保持其对应的面积成恒定的比例;图上任意点的各个方向上的局部比例尺都应该相等;不同地点的局部比例尺,是随着经、纬度的变动而改变的。

(2)等(面)积投影,地图上任何图形面积经主比例尺放大以后与实地上相应图形面积保持大小不变的一种投影方法,并且保持等积就不能同时保持等角。

(3)任意投影。任意投影为既不等角也不等积的投影,其中还有一类"等距(离)投影",在标准经纬线上无长度变形,多用于中小学教学图。

2)按经纬网的形状分类

投影分类为几何投影和非几何投影两类。

几何投影,即利用透视的关系,将地球体面上的经纬网投影到平面上或可展平面的圆柱面和圆锥面等几何面上。其分以下四种:

(1)平面投影,又称方位投影,将地球表面上的经纬线投影到与球面相切或相割的平面上的投影方法;平面投影大都是透视投影,即以某一点为视点,将球面上的图像直接投影到投影面上去。

(2)圆锥投影,用一个圆锥面相切或相割于球面的纬度圈,圆锥轴与地轴重合,然后以球心为视点,将地面上的经纬线投影到圆锥面上,再沿圆锥母线切开展成平面;地图上纬线为同心圆弧,经线为相交于地极的直线。

(3)圆柱投影,用一圆柱筒套在地球上,圆柱轴通过球心,并与地球表面相切或相割,将地球表面上的经纬线均匀地投影到圆柱筒上,然后沿着圆柱母线切开展平,即成为圆柱投影图网。

(4)多圆锥投影,投影中纬线为同轴圆圆弧,而经线为对称中央直径线的曲线。

非几何投影分以下三种:

(1)伪方位投影,在正轴情况下,伪方位投影的纬线仍投影为同心圆,除中央经线投影成直线外，其余经线均投影成对称于中央经线的曲线，并且交于纬线的共同圆心。

(2)伪圆柱投影，在圆柱投影基础上，规定纬线仍为同心圆弧，除中央经线仍为直线外，其余经线则投影成对称于中央经线的曲线。

(3)伪圆锥投影，投影中纬线为同心圆圆弧，经线为交于圆心的曲线。

3)根据投影面与地球表面的相关位置分类(投影轴与地轴的关系)

(1)正轴投影(重合)：投影面的轴中心线与地轴一致。

(2)斜轴投影(斜交)：投影面的轴中心线与地轴斜交。

(3)横轴投影(垂直)：投影面的轴中心线与地轴垂直。

2. 投影的应用

(1)圆锥投影：主要应用于中纬度地区沿着东西伸展区域的国家地区。

(2)圆柱投影：是圆锥投影的一个特殊情况，正轴圆柱投影表现为相互正交的直线。等角圆柱投影(墨卡托)具有等角航线表现为直线的特性，因此最适宜编制各种航海、航空图。

(3)方位投影：等变形线为同心圆，最适宜表示圆形轮廓的区域，如表示两极地区的地图。

3. 投影的常见种类

常用的投影有墨卡托投影(正轴等角圆柱投影)、高斯-克吕格投影、斜轴等面积方位投影、双标准纬线等角圆锥投影、等差分纬线多圆锥投影和正轴方位投影等。

4. 投影的基本方法

1)几何透视法

几何透视法是利用透视的关系，将地球体面上的点投影到投影面(借助的几何面)上的一种投影方法。如假设地球按比例缩小成一个透明的地球仪般的球体，在其球心或球面、球外安置一个光源，将球面上的经纬线投影到球外的一个投影平面上，即将球面经纬线转换成了平面上的经纬线。几何透视法是一种比较原始的投影方法，有很大的局限性，难以纠正投影变形，精度较低。绝大多数地图投影都采用数学解析法。

2)数学解析法

数学解析法是在球面与投影面之间建立点与点的函数关系，通过数学的方法确定经纬线交点位置的一种投影方法。大多数的数学解析法往往是在透视投影的基础上，发展建立球面与投影面之间点与点的函数关系的，因此两种投影方法有一定联系。

地图投影的建立是假定有一个投影面(平面、可展的圆锥面或圆柱面)与投影原面(地球椭球面)相切、相割或多面相切，用某种投影条件将投影原面上的地理坐标点一一投影到平面坐标系内，即构成某种地图投影。其实质是将地球椭球面上

地理坐标 (ϕ,λ) 转换为平面直角坐标 (x,y)。它们之间的数学关系式为

$$x=f_1(\phi,\lambda)$$

$$y=f_2(\phi,\lambda)$$

式中，f_1、f_2 为投影函数。

5. 投影变形

地图投影后的地图是一个平面，而地球椭球面是不可展的曲面，把不可展的曲面上的经纬线网描绘成平面的图形，必然会发生各种变形。这就使地图上不同点位的比例尺不能保持一个定值，而有主比例尺和局部比例尺之分。通常地图上注明的比例尺是主比例尺，是地球缩小的比率，而表现在不同点位上的实际比例尺称为局部比例尺。地图投影的变形，有角度变形、面积变形和长度变形。但不是所有投影都有这三种变形，等角投影就没有角度变形，等面积投影就没有面积变形，其他投影这三种变形都同时存在。了解某种投影变形的大小和分布规律，才能明确它的实际应用价值。地图投影的变形可用变形椭圆形象地来解释。变形椭圆是地球椭球面上以一点的半径为单位值的微分图，投影在平面上一般是一个微分椭圆。用它可以解释投影变形的特性和大小。

6. 常用投影举例

如正轴等面积割圆锥投影(等积圆锥投影)，其投影参数为：

(1)起算纬度：0°或 10°N。

(2)中央经线：105°E 或 110°E。

(3)标准纬线 1：25°N。

(4)标准纬线 2：45°N 或 47°N。

采用原因为：

(1)中国大部分地方属于中低纬度地区，故采用圆锥投影。

(2)中国疆域辽阔，纬度跨度很大(有 50°的纬差)，故用割投影(双标准纬线)来控制形变。

(3)为强调各省区之间和中国与相邻国家之间的面积对比关系，采用等面积投影。

7. 应用

制图区域的位置、形状和范围，地图的比例尺、内容、出版方式等均影响投影的种类选用。例如，在极地就常用正轴方位投影，中纬地区使用正轴圆锥投影。

制作地形图通常使用高斯-克吕格投影，制作洲际区域图通常使用方位投影、圆锥投影、伪圆锥投影，制作世界地图通常使用多圆锥投影、圆柱投影和伪圆柱投影。但通常而言，要依据实际情况具体选择。

6.5.4 地方坐标与 CGCS2000 坐标转换

1. 现行大地测量成果到 CGCS2000 的转换方法分析

利用公共点求解两套坐标系统的转换参数，利用转换参数实现坐标转换。省

级及全国范围的控制点空间直角坐标转换选用布尔莎模型；椭球面 3°及以上的省级及全国范围控制点坐标转换选用三维七参数转换模型或二维七参数模型；2°以内局部范围的控制点坐标转换选用三维四参数转换模型；小范围的控制点平面坐标转换、相对独立的平面坐标系统与 2000 国家大地坐标系的联系选用二维四参数转换模型；全国或大范围的大地坐标拟合选用椭球面多项式拟合模型，相对独立的平面坐标系统转换选用平面拟合模型。省级以下的坐标转换可选择三维四参数模型或平面四参数模型。对于相对独立的平面坐标系统与 2000 国家大地坐标系的联系，可采用平面四参数模型或多项式回归模型。以 B 级网为基准建立的 GPS 网成果转换为 2000 国家大地坐标系的成果，通过公共点进行坐标转换，为使其成果保持一致。坐标转换采用布尔莎模型，其公式为

$$\begin{bmatrix} X \\ Y \\ Z \end{bmatrix} = \begin{bmatrix} \Delta X \\ \Delta Y \\ \Delta Z \end{bmatrix} + \begin{bmatrix} 1 & \varepsilon_z & -\varepsilon_y \\ -\varepsilon_z & 1 & \varepsilon_x \\ \varepsilon_y & -\varepsilon_x & 1 \end{bmatrix} \begin{bmatrix} X' \\ Y' \\ Z' \end{bmatrix} + m \begin{bmatrix} X' \\ Y' \\ Z' \end{bmatrix}$$

式中，ΔX、ΔY、ΔZ 为平移参数，ε_x、ε_y、ε_z 为旋转参数，m 为尺度因子。在转换时可采用强制的方法转换，使公共点的坐标保持不变，非公共点采用配置法计算其改正数。计算公式为

$$V' = \frac{\sum_{i=1}^{n} P_i V_i}{\sum_{i=1}^{n} P_i}$$

式中，n 为公共点的个数；P 为权，可以根据非公共点与公共点之间距离平方的倒数定权；V_i 为公共点的改正数。

对于相对独立的平面坐标系，不需要转换到 2000 国家大地坐标系，但必须建立与 2000 国家大地坐标系之间的联系。可通过建立相对独立坐标系作为过渡来建立相对独立的平面坐标系与 2000 国家大地坐标系的联系。选取坐标转换模型时要同时适用于地方控制点转换和城市数字地图的转换。一般采用平面四参数转换模型，重合点较多时可采用多元逐步回归模型。当相对独立的平面坐标系统控制点和数字地图均为三维地心坐标时，采用布尔莎七参数转换模型。

通过与具有 CGCS2000 坐标的高等级点联测实现对低等级 GPS 网进行约束平差的方法实现转换，当一个 GPS 控制网周围存在若干足够数量的具有 CGCS2000 坐标的控制点时，可通过将低等级的 GPS 网与这些高等级点联测或者利用原有联测数据。以这些高等级的具有 CGCS2000 坐标的控制点作为约束条件，在 CGCS2000 椭球下进行三维约束平差，平差的结果将属于 CGCS2000。

将具有 ITRF 框架坐标的点位，通过框架转换和历元转换，转换到 2000 国家大地坐标系，因为 2000 国家大地坐标系目前采用的是 ITRF97 框架 2000.0 历元。

要获得高精度的2000国家大地坐标系下的点位坐标，则必须进行框架之间的转换。GPS C级网或城市基础控制网大多是以国家高精度GPS B级网为基准建立起来的。B级网其参考框架为ITRF93，历元为1996.365，其成果已于1998年公布在全国范围内使用。2000国家大地坐标系，其参考框架为ITRF97，历元为2000.0。GPS C级网或城市基础控制网成果转换到2000国家大地坐标系，可按已公布的ITRF框架之间的转换关系进行转换，用这种方式进行转换必须要知道网中各站的速度场。通过参考框架和参考历元转换的方法，将原B级网ITRF93框架，历元为1996.365下的成果转换到2000国家大地坐标系所在的ITRF97框架和2000.0历元下。方法如下：将参考框架ITRF93转换为ITRF97，框架转换公式为

$$\begin{bmatrix} X_S \\ Y_S \\ Z_S \end{bmatrix} = \begin{bmatrix} X \\ Y \\ Z \end{bmatrix} + \begin{bmatrix} T_1 \\ T_2 \\ T_3 \end{bmatrix} + \begin{bmatrix} D & -R_3 & R_2 \\ R_3 & D & -R_1 \\ -R_2 & R_1 & D \end{bmatrix} \begin{bmatrix} X \\ Y \\ Z \end{bmatrix}$$

式中，X、Y、Z为在ITRF93下的坐标，X_S、Y_S、Z_S为ITRF97框架下的坐标，其余各量为转换参数。

将参考历元1996.365转换为2000.0。如果没有直接的转换关系可将ITRF2000框架作为过渡，实施转换。在ITRF框架固定的前提下，控制点在不同历元下对应的坐标也是不同的，通过转换公式将同一框架下不同参考历元的控制点坐标转换为同一参考历元下的坐标成果。转换公式为

$$\begin{bmatrix} X_{t_2} \\ Y_{t_2} \\ Z_{t_2} \end{bmatrix} = \begin{bmatrix} X_{t_1} \\ Y_{t_1} \\ Z_{t_1} \end{bmatrix} + (t_2 - t_1) \begin{bmatrix} V_x \\ V_y \\ V_z \end{bmatrix}$$

式中，t_1为原参考历元；t_2为需转到的参考历元，V_x、V_y、V_z为控制点的速率。

2. 几种转换方法的对比分析

(1)转换参数转换法。该方法是原国家测绘局推荐使用的方法。该方法的好处是方法简单且技术上比较容易实现，只要待转换点附近有足够数量与待转点相同的坐标系及CGCS2000坐标的重合点，通过坐标转换的方法就可以实现转换。不足之处在于需要根据起算点精度和年代等复杂多样的情况，从多种转换模型中选取合适的模型，不同转换模型转换的难易程度也不相同，并且前提是周围具有足够数量的重合点。

(2)严密三维平差。严密三维平差法是利用GPS网平差方法直接采用高等级的GPS点的CGCS2000坐标作为约束条件，将低等级的GPS点利用网平差的方法纳入CGCS2000大地坐标系中去，若该GPS网与周边高等级具有CGCS2000坐标的点进行联测，那么，以这些点的CGCS2000坐标作为约束条件的三维平差的

结果就属于 CGCS2000 大地坐标系。该方法的不足之处在于也需要周边具有 CGCS2000 坐标的控制点，但不需要一定是重合点；需要待转换的网点是利用 GPS 的方法获得的；需要利用其基线向量网；需要该 GPS 网与高等级 CGCS2000 控制点进行联测。

(3)通过框架和历元转换。该方法适用于待转换点位坐标属于 ITRF 框架的情况。对于速度未知的待定点而言，速度参数获取及其精度是一个棘手的问题，处理过程较为复杂，并且转换后其坐标的精度除了与点位原有坐标的精度相关外，还与板块运动场模型的精度、ITRF 框架间转换参数的精度等相关。优点在于它不依赖于任何外部控制点，即不需要周围有 CGCS2000 坐标的控制点，单个待转换点也可实现转换。随着精密单点定位技术的日益成熟及其巨大的优势，精密单点定位技术作业模式在未来 GPS 定位中的地位日益举足轻重，因此，该方法将会越来越得到重视。

在现阶段，对于省级测绘部门施测的国家 C 级网点及各城市建立的 D 级及以下等级的 GPS 点，比较适合采用第一种方法进行。在以前各网数据保存完整的情况下，也可采用第二种方法进行转换。采用第二种方法与采用第一种方法相比相对简单。如果待定点解算获取的结果属于 ITRF 框架时，也可采用第三种方法。该方法要求知道站点的漂移速度，可采用目前的板块运动模型进行内插获取速度，然后再进行框架和历元转换。该方法可在无控制点的情况下直接将待转换点坐标转换到 CGCS2000 大地坐标系，但是该方法与第一、第二种方法相比，十分烦琐，并且转换的精度除了点位的观测精度外，还附加了板块运动模型的误差和框架转换参数的误差，精度较低，但是其与目前卫星大地测量领域的研究热点——精密单点定位技术结合得很好，相信未来将会越来越受到重视，也将积极促进我国在板块运动模型等相关领域的研究工作进一步深入和发展。

3. 地面激光扫描系统涉及的常用坐标系

地面上每个激光脚点的三维空间直角坐标都是通过一系列的坐标转换得到的。所以，在计算坐标之前，需要先定义坐标系统，随后将几何模型的推导、七参数求解、激光脚点坐标求解等均建立在此基础之上。

地面激光扫描系统涉及的坐标系常用的有三个，即激光扫描参考坐标系、WGS-84 坐标系和当地坐标系。其中，激光扫描参考坐标系为假定的施工坐标系，WGS-84 坐标系和当地坐标系为项目成果坐标系。

1)激光扫描参考坐标系(施工坐标系)

为了保证项目工期和点云数据的相对精度，先假定施工坐标系，以其为基准进行三维激光扫描工作。激光扫描参考坐标系的定义方法如下：

(1) 原点 O：激光发射参考点。

(2) X 轴：指向激光扫描系统零点(扫描角为零)。

(3) Y 轴:O-XYZ 构成右手坐标系。

(4) Z 轴:垂直于扫描仪旋转面向上。

2)WGS-84 坐标系

实际上,地理信息平台通常是以 WGS-84 坐标系和当地坐标系(1954 北京坐标系、1980 西安坐标系及地方坐标系)为基准的,为了将扫描成果导入地理信息平台中进行后期应用,需要将假定独立坐标转换成 WGS-84 坐标系和当地坐标系。

标靶点的 WGS-84 坐标可通过 GPS 观测得到。

3)当地坐标系

项目成果除要求 WGS-84 坐标系外,还要求一套当地坐标系(国家坐标系或地方坐标系)。

6.5.5 布尔莎-沃尔夫模型

布尔莎-沃尔夫模型(在我国常被简称为布尔莎模型)又被称为七参数转换或七参数赫尔默特变换。在该模型中共采用了七个参数,分别是三个平移参数 T_X、T_Y、T_Z,三个旋转参数 ω_X、ω_Y、ω_Z(也被称为三个欧拉角)和一个尺度参数 m。假设有两个分别基于不同基准的空间直角坐标系 O_A-$X_AY_AZ_A$ 和 O_B-$X_BY_BZ_B$,采用布尔莎模型将 O_A-$X_AY_AZ_A$ 下坐标转换为 O_B-$X_BY_BZ_B$ 下坐标的步骤如下:

(1)从 X_A 正向看向原点 O_A,以点 O_A 为固定旋转点,将 O_A-$X_AY_AZ_A$ 绕 X_A 轴逆时针旋转 ω_X 角,使经过旋转后的 Y_A 轴与 O_B-X_BY_B 平面平行。

(2)从 Y_A 正向看向原点 O_A,以点 O_A 为固定旋转点,将 O_A-$X_AY_AZ_A$ 绕 Y_A 轴逆时针旋转 ω_Y 角,使经过旋转后的 X_A 轴与 O_B-X_BY_B 平面平行,显然,此时 Z_A 轴也与 Z_B 轴平行。

(3)从 Z_A 正向看向原点 O_A,以点 O_A 为固定旋转点,将 O_A-$X_AY_AZ_A$ 绕 Z_A 轴逆时针旋转 ω_Z 角,使经过旋转后的 X_A 轴与 X_B 轴平行,显然,此时 O_A-$X_AY_AZ_A$ 的三个坐标轴已与 O_B-$X_BY_BZ_B$ 中相应的坐标轴平行。

(4)将 O_A-$X_AY_AZ_A$ 中的长度单位缩放 $1+m$ 倍,使其与 O_B-$X_BY_BZ_B$ 的长度单位一致。

(5)将 O_A-$X_AY_AZ_A$ 的原点分别沿 X_A、Y_A 和 Z_A 轴移动 $-T_X$、$-T_Y$、$-T_Z$,使其与 O_B-$X_BY_BZ_B$ 的原点重合。该转换过程用数学公式可表示为

$$\begin{bmatrix} X_B \\ Y_B \\ Z_B \end{bmatrix} = (1+m)R(\omega)\begin{bmatrix} X_A \\ Y_A \\ Z_A \end{bmatrix} + \begin{bmatrix} T_X \\ T_Y \\ T_Z \end{bmatrix}$$

其中

$$
\begin{aligned}
R(\omega) &= R(\omega_Z)\cdot R(\omega_Y)\cdot R(\omega_X)\\
&= \begin{bmatrix} \cos\omega_Z & -\sin\omega_Z & 0 \\ \sin\omega_Z & \cos\omega_Z & 0 \\ 0 & 0 & 1 \end{bmatrix}
\begin{bmatrix} \cos\omega_Y & 0 & \sin\omega_Y \\ 0 & 1 & 0 \\ -\sin\omega_Y & 0 & \cos\omega_Y \end{bmatrix}
\begin{bmatrix} 1 & 0 & 0 \\ 0 & \cos\omega_X & -\sin\omega_X \\ 0 & \sin\omega_X & \cos\omega_X \end{bmatrix}\\
&= \begin{bmatrix} \cos\omega_Z\cos\omega_Y & -\sin\omega_Z\cos\omega_X+\cos\omega_Z\sin\omega_Y\sin\omega_X & \sin\omega_Z\sin\omega_X+\cos\omega_Z\sin\omega_Y\cos\omega_X \\ \sin\omega_Z\cos\omega_Y & \cos\omega_Z\cos\omega_X+\sin\omega_Z\sin\omega_Y\sin\omega_X & \sin\omega_Z\sin\omega_Y\cos\omega_X-\cos\omega_Z\sin\omega_X \\ -\sin\omega_Y & \cos\omega_Y\sin\omega_X & \cos\omega_Y\cos\omega_X \end{bmatrix}
\end{aligned}
$$

6.5.6 七参数求解模型

本节以从施工坐标系到 WGS-84 坐标系转换为例，说明布尔莎七参数求解模型。假设控制点在施工坐标系中的坐标为 $[x_0\ \ y_0\ \ z_0]^{\mathrm{T}}$，在 WGS-84 坐标系中的坐标为 $[x_{\mathrm{WGS\text{-}84}}\ \ y_{\mathrm{WGS\text{-}84}}\ \ z_{\mathrm{WGS\text{-}84}}]^{\mathrm{T}}$，则有

$$
\begin{bmatrix} x_{\mathrm{WGS\text{-}84}} \\ y_{\mathrm{WGS\text{-}84}} \\ z_{\mathrm{WGS\text{-}84}} \end{bmatrix} = (1+m)R(\omega)\begin{bmatrix} x_0 \\ y_0 \\ z_0 \end{bmatrix} + \begin{bmatrix} T_X \\ T_Y \\ T_Z \end{bmatrix}
$$

将 $[x_{\mathrm{WGS\text{-}84}}\ \ y_{\mathrm{WGS\text{-}84}}\ \ z_{\mathrm{WGS\text{-}84}}]^{\mathrm{T}}$ 移至等号右侧，记为 $[f_x\ \ f_y\ \ f_z]^{\mathrm{T}}$，则

$$
\begin{bmatrix} f_x \\ f_y \\ f_z \end{bmatrix} = (1+m)R(\omega)\begin{bmatrix} x_0 \\ y_0 \\ z_0 \end{bmatrix} - \begin{bmatrix} x_{\mathrm{WGS\text{-}84}}-T_X \\ y_{\mathrm{WGS\text{-}84}}-T_Y \\ z_{\mathrm{WGS\text{-}84}}-T_Z \end{bmatrix}
$$

对 $[f_x\ \ f_y\ \ f_z]^{\mathrm{T}}$ 求全微分，得

$$
\begin{cases}
\mathrm{d}f_x = \left(\dfrac{\partial f_x}{\partial \omega_X}\right)\mathrm{d}\omega_X + \left(\dfrac{\partial f_x}{\partial \omega_Y}\right)\mathrm{d}\omega_Y + \left(\dfrac{\partial f_x}{\partial \omega_Z}\right)\mathrm{d}\omega_Z + \left(\dfrac{\partial f_x}{\partial T_X}\right)\mathrm{d}T_X + \left(\dfrac{\partial f_x}{\partial T_Y}\right)\mathrm{d}T_Y + \\
\qquad \left(\dfrac{\partial f_x}{\partial T_Z}\right)\mathrm{d}T_Z + \left(\dfrac{\partial f_x}{\partial m}\right)\mathrm{d}m \\
\mathrm{d}f_y = \left(\dfrac{\partial f_y}{\partial \omega_X}\right)\mathrm{d}\omega_X + \left(\dfrac{\partial f_y}{\partial \omega_Y}\right)\mathrm{d}\omega_Y + \left(\dfrac{\partial f_y}{\partial \omega_Z}\right)\mathrm{d}\omega_Z + \left(\dfrac{\partial f_y}{\partial T_X}\right)\mathrm{d}T_X + \left(\dfrac{\partial f_y}{\partial T_Y}\right)\mathrm{d}T_Y + \\
\qquad \left(\dfrac{\partial f_y}{\partial T_Z}\right)\mathrm{d}T_Z + \left(\dfrac{\partial f_y}{\partial m}\right)\mathrm{d}m \\
\mathrm{d}f_z = \left(\dfrac{\partial f_z}{\partial \omega_X}\right)\mathrm{d}\omega_X + \left(\dfrac{\partial f_z}{\partial \omega_Y}\right)\mathrm{d}\omega_Y + \left(\dfrac{\partial f_z}{\partial \omega_Z}\right)\mathrm{d}\omega_Z + \left(\dfrac{\partial f_z}{\partial T_X}\right)\mathrm{d}T_X + \left(\dfrac{\partial f_z}{\partial T_Y}\right)\mathrm{d}T_Y + \\
\qquad \left(\dfrac{\partial f_z}{\partial T_Z}\right)\mathrm{d}T_Z + \left(\dfrac{\partial f_z}{\partial m}\right)\mathrm{d}m
\end{cases}
$$

所以，误差方程为

$$\mathbf{V}=\begin{bmatrix} v_x \\ v_y \\ v_z \end{bmatrix}=\begin{bmatrix} \frac{\partial f_x}{\partial \omega_X} & \frac{\partial f_x}{\partial \omega_Y} & \frac{\partial f_x}{\partial \omega_Z} & \frac{\partial f_x}{\partial T_X} & \frac{\partial f_x}{\partial T_Y} & \frac{\partial f_x}{\partial T_Z} & \frac{\partial f_x}{\partial m} \\ \frac{\partial f_y}{\partial \omega_X} & \frac{\partial f_y}{\partial \omega_Y} & \frac{\partial f_y}{\partial \omega_Z} & \frac{\partial f_y}{\partial T_X} & \frac{\partial f_y}{\partial T_Y} & \frac{\partial f_y}{\partial T_Z} & \frac{\partial f_y}{\partial m} \\ \frac{\partial f_z}{\partial \omega_X} & \frac{\partial f_z}{\partial \omega_Y} & \frac{\partial f_z}{\partial \omega_Z} & \frac{\partial f_z}{\partial T_X} & \frac{\partial f_z}{\partial T_Y} & \frac{\partial f_z}{\partial T_Z} & \frac{\partial f_z}{\partial m} \end{bmatrix}\begin{bmatrix} \omega_X \\ \omega_Y \\ \omega_Z \\ T_X \\ T_Y \\ T_Z \\ m \end{bmatrix}-\begin{bmatrix} l_x \\ l_y \\ l_z \end{bmatrix}$$

简记为 $\mathbf{V}=\boldsymbol{B}\hat{\boldsymbol{x}}-\boldsymbol{l}$。其中

$$\boldsymbol{B}=\begin{bmatrix} \frac{\partial f_x}{\partial \omega_X} & \frac{\partial f_x}{\partial \omega_Y} & \frac{\partial f_x}{\partial \omega_Z} & \frac{\partial f_x}{\partial T_X} & \frac{\partial f_x}{\partial T_Y} & \frac{\partial f_x}{\partial T_Z} & \frac{\partial f_x}{\partial m} \\ \frac{\partial f_y}{\partial \omega_X} & \frac{\partial f_y}{\partial \omega_Y} & \frac{\partial f_y}{\partial \omega_Z} & \frac{\partial f_y}{\partial T_X} & \frac{\partial f_y}{\partial T_Y} & \frac{\partial f_y}{\partial T_Z} & \frac{\partial f_y}{\partial m} \\ \frac{\partial f_z}{\partial \omega_X} & \frac{\partial f_z}{\partial \omega_Y} & \frac{\partial f_z}{\partial \omega_Z} & \frac{\partial f_z}{\partial T_X} & \frac{\partial f_z}{\partial T_Y} & \frac{\partial f_z}{\partial T_Z} & \frac{\partial f_z}{\partial m} \end{bmatrix}$$

$$\boldsymbol{l}=\begin{bmatrix} l_x \\ l_y \\ l_z \end{bmatrix}=\begin{bmatrix} x_{\text{WGS-84}}-T_X \\ y_{\text{WGS-84}}-T_Y \\ z_{\text{WGS-84}}-T_Z \end{bmatrix}-(1+m)R(\omega)\begin{bmatrix} x_0 \\ y_0 \\ z_0 \end{bmatrix}$$

$$\hat{\boldsymbol{x}}=[\omega_X \quad \omega_Y \quad \omega_Z \quad T_X \quad T_Y \quad T_Z \quad m]^{\mathrm{T}}$$

根据最小二乘原理 $\mathbf{V}^{\mathrm{T}}\mathbf{V}=\min$，可以组成法方程为

$$\boldsymbol{B}^{\mathrm{T}}\boldsymbol{B}\hat{\boldsymbol{x}}-\boldsymbol{B}^{\mathrm{T}}\boldsymbol{l}=0$$

求解法方程，可得布尔莎转换七参数为

$$\hat{\boldsymbol{x}}=[\omega_X \quad \omega_Y \quad \omega_Z \quad T_X \quad T_Y \quad T_Z \quad m]^{\mathrm{T}}=(\boldsymbol{B}^{\mathrm{T}}\boldsymbol{B})^{-1}\boldsymbol{B}^{\mathrm{T}}\boldsymbol{l}$$

6.5.7　求解七参数举例

扫描仪每个测站的坐标系都可以作为一个独立的施工坐标系，通过标靶将所有测站数据拼接后，所有测站的数据都统一到一个假定的施工坐标系中。根据测区大小，分别在四个不同的地方选取了 12 个标靶点作为控制点，并读取控制点在施工坐标系中的坐标。然后通过 GPS 和全站仪测量 12 个控制点的 WGS-84 坐标和昆明 87 坐标。

1. 施工坐标系和 WGS-84 坐标系转换七参数求解

表 6.4 是控制点在施工坐标系和 WGS-84 坐标系中的坐标。

表 6.4　施工坐标系和 WGS-84 坐标系坐标

单位：m

点号	x_0	y_0	z_0	x_{WGS-84}	y_{WGS-84}	z_{WGS-84}
1	200.325 7	78.318 6	6.431 3	268 685.04	2 771 842.64	1 902.191
2	185.763 6	75.054 1	6.334 4	268 680.88	2 771 828.31	1 902.059
3	186.209 8	61.154 9	5.594	268 693.27	2 771 822	1 901.323
4	−10.415	2.035 4	1.600 7	268 650.17	2 771 621.28	1 897.034
5	13.323 5	−11.015 7	3.449 7	268 673.07	2 771 635.75	1 898.893
6	−96.65	−69.345 3	1.658 9	268 670.96	2 771 511.29	1 897.171
7	−95.084 7	−68.416 3	3.603 1	268 670.9	2 771 513.11	1 899.115
8	−103.887 6	−60.150 4	2.464 3	268 659.41	2 771 509.4	1 897.960
9	−115.240 2	−67.637 1	2.985 2	268 660.47	2 771 495.85	1 898.493
10	−64.323 5	−105.306 3	2.476 2	268 718.02	2 771 522.2	1 897.969
11	−79.0593	−110.150 4	3.196 4	268 715.14	2 771 506.96	1 898.695
12	−68.804	−99.146 5	3.454 9	268 710.47	2 771 521.26	1 898.946

表 6.4 给出了 12 个控制点的数据，这里可以列出 12×3=36 个误差方程。将控制点坐标代入法方程，迭代求解，得到布尔莎转换七参数如表 6.5 所示。

表 6.5　布尔莎转换七参数

ω_X /(°)	ω_Y /(°)	ω_Z /(°)	T_X /m	T_Y /m	T_Z /m	m
359.976 019	359.940 116	61.121 764	268 656.911	2 771 629.407	1 895.541	0

经过布尔莎七参数转换后的坐标残差如图 6.2 所示。

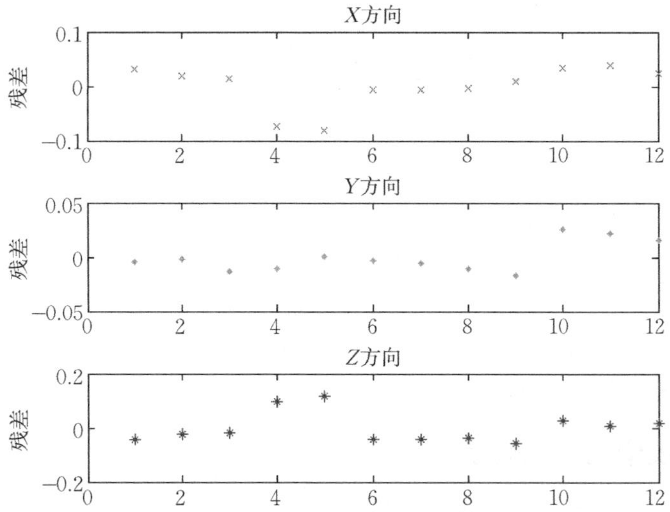

图 6.2　布尔莎七参数转换后的坐标残差

根据布尔莎七参数转换后的坐标残差可以求出，改正后的 X、Y、Z 方向的坐标残差中误差分别为：$M_X=0.0393$ m，$M_Y=0.014$ m，$M_Z=0.0563$ m，残差最大值为 0.116 3 m。综合考虑点云拼接、WGS-84 坐标测量等各方面的误差，该七参数完全满足施工坐标系中的应用。

2. 施工坐标系和昆明 87 坐标系转换七参数求解

表 6.6 是控制点在施工坐标系和昆明 87 坐标系中的坐标。

表 6.6　施工坐标系和昆明 87 坐标系坐标

单位：m

点号	x_0	y_0	z_0	x_{87}	y_{87}	z_{87}
1	200.325 7	78.318 6	6.431 3	886 577.085	2 572 286.300	1 902.191
2	185.763 6	75.054 1	6.334 4	886 573.216	2 572 271.887	1 902.059
3	186.209 8	61.154 9	5.594	886 585.732	2 572 265.829	1 901.323
4	−10.415	2.035 4	1.600 7	886 546.722	2 572 064.266	1 897.034
5	13.323 5	−11.015 7	3.449 7	886 569.322	2 572 079.200	1 898.893
6	−96.65	−69.345 3	1.658 9	886 569.746	2 571 954.722	1 897.171
7	−95.084 7	−68.416 3	3.603 1	886 569.650	2 571 956.541	1 899.115
8	−103.887 6	−60.150 4	2.464 3	886 558.236	2 571 952.599	1 897.960
9	−115.240 2	−67.637 1	2.985 2	886 559.578	2 571 939.064	1 898.493
10	−64.323 5	−105.306 3	2.476 2	886 616.584	2 571 966.588	1 897.969
11	−79.059 3	−110.150 4	3.196 4	886 614.004	2 571 951.292	1 898.695
12	−68.804	−99.146 5	3.454 9	886 609.045	2 571 965.493	1 898.946

表 6.6 给出了 12 个控制点的数据，这里可以列出 12×3=36 个误差方程。将控制点坐标代入法方程，迭代求解，得到布尔莎转换七参数如表 6.7 所示。

表 6.7　布尔莎转换七参数

ω_X /(°)	ω_Y /(°)	ω_Z /(°)	T_X /m	T_Y /m	T_Z /m	m
359.976 082	359.940 173	62.287 530	886 553.297	2 572 072.531	1 895.541	0

经过布尔莎七参数转换后的坐标残差如图 6.3 所示。

根据布尔莎七参数转换后的坐标残差可以求出，改正后的 X、Y、Z 方向的坐标残差中误差分别为：$M_X=0.0382$ m，$M_Y=0.0133$ m，$M_Z=0.0563$ m，残差最大值为 0.116 3 m。综合考虑点云拼接、昆明 87 坐标测量等各方面的误差，该七参数完全满足施工坐标系中的应用。

6.5.8　系统中的坐标转换

有了布尔莎转换七参数，将施工坐标系中的点云坐标代入下式即可求解激光点云在 WGS-84 和昆明 87 坐标系中的坐标。

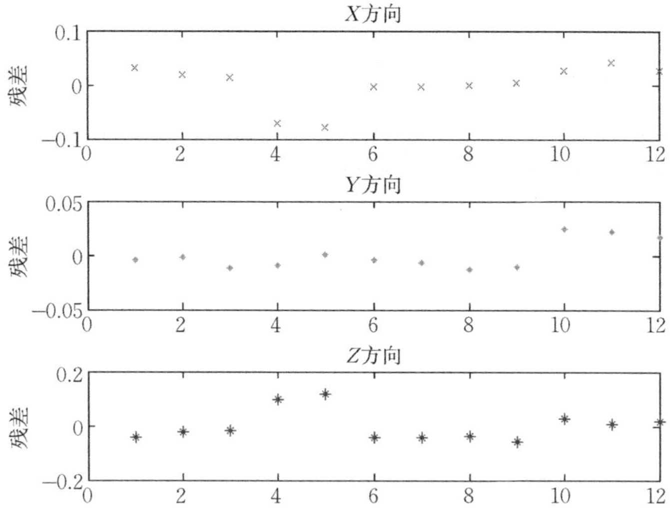

图 6.3　布尔莎七参数转换后的坐标残差

$$\begin{bmatrix} X_B \\ Y_B \\ Z_B \end{bmatrix} = (1+m)R(\omega)\begin{bmatrix} X_A \\ Y_A \\ Z_A \end{bmatrix} + \begin{bmatrix} T_X \\ T_Y \\ T_Z \end{bmatrix}$$

表 6.8 给出了求解出的部分激光脚点坐标数据样例。

表 6.8　部分点云的 WGS-84 坐标

X /m	Y /m	Z /m	反射强度
268 555.681	2 771 511.362	1 900.669	88
268 555.685	2 771 511.370	1 900.669	74
268 555.678	2 771 511.398	1 900.669	90
268 555.660	2 771 511.407	1 900.679	89
268 555.670	2 771 511.425	1 900.669	93
268 555.671	2 771 511.447	1 900.669	98
268 555.667	2 771 511.461	1 900.669	97
268 555.676	2 771 511.478	1 900.669	102
268 555.677	2 771 511.500	1 900.659	102
268 555.673	2 771 511.514	1 900.659	107
268 555.683	2 771 511.532	1 900.659	96
268 555.670	2 771 511.550	1 900.669	85
268 555.658	2 771 511.568	1 900.669	91
268 555.681	2 771 511.590	1 900.659	94
268 555.668	2 771 511.608	1 900.669	86
268 555.675	2 771 511.662	1 900.659	92
268 555.656	2 771 511.752	1 900.679	59

续表

X /m	Y /m	Z /m	反射强度
268 555.694	2 771 511.263	1 900.659	85
268 555.691	2 771 511.276	1 900.659	103
268 555.687	2 771 511.290	1 900.659	96

第 7 章　历史文化名城保护规划地理信息系统功能展示

7.1　系统登录

系统登录是权限管理的重要组成部分，也是其他权限管理与设计的基础。系统登录是指用户必须提供满足登录条件的信息后，才能进入系统。一般提供的信息都是用户名和密码。在使用系统之前需要做的第一件事就是登录，只有输入了有效的用户名和密码之后才可以使用该系统。在系统中所做的任何操作都将留下操作者的签名。系统登录要实现的功能是：根据用户输入的用户名和密码，从数据库中查询记录，判断是否存在这个用户，同时进行相应的处理。

用户打开浏览器，在地址栏中输入地址，如 http://192.168.40.115:92，即刻显示登录界面。登录界面如图 7.1 所示。

图 7.1　系统登录界面

在登录界面上输入相关登录用户信息后，点击“登录”按钮或按下“Enter”键后，系统会检查输入的用户信息是否正确。若验证失败则提示用户失败原因，如用户名或密码不正确；验证成功后，系统会根据输入用户所具有的权限跳转至相应的主界面。管理员主界面如图 7.2 所示。

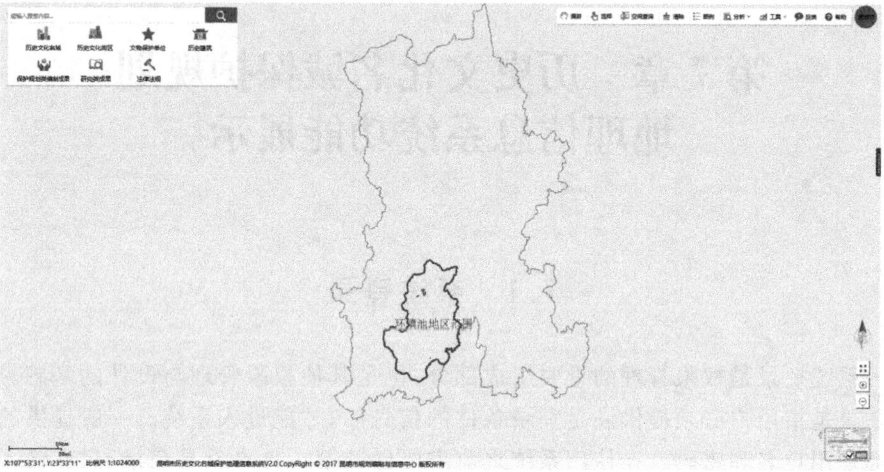

图 7.2　系统主界面

7.2　地图操作

地图操作包括地图放大、缩小和重置视野及底图操作。成功登录系统后，该工具条默认显示在系统右侧。操作按钮如图 7.3 所示。

7.2.1　地图放大

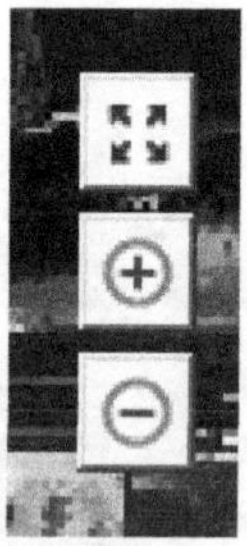

图 7.3　地图操作工具条

地图放大包括两种方式，即点击放大工具⊕及滚动鼠标滚轮放大。点击放大工具：在地图上用鼠标点击放大工具，则地图将以当前屏幕的中心为中心点进行放大。滚动鼠标滚轮放大：在地图上按住鼠标滚轮向前滚动，每次滚动地图将放大适当的比例尺。

7.2.2　地图缩小

地图缩小包括两种方式，即点击缩小工具⊖及滚动鼠标滚轮缩小。点击缩小工具：在地图上用鼠标点击缩小工具，则地图将以当前屏幕的中心为中心点进行缩小。滚动鼠标滚轮缩小：在地图上按住鼠标滚轮向后滚动，每次滚动地图将缩小适当的比例尺。

7.2.3　重置视野

重置视野：用户点选重置视野按钮，地图进行放大或缩小，返回系统默认比例尺大小。

7.2.4　底图操作

底图切换：用户点击底图展开按钮，选择基础地图或影像地图，如图 7.4 所示。

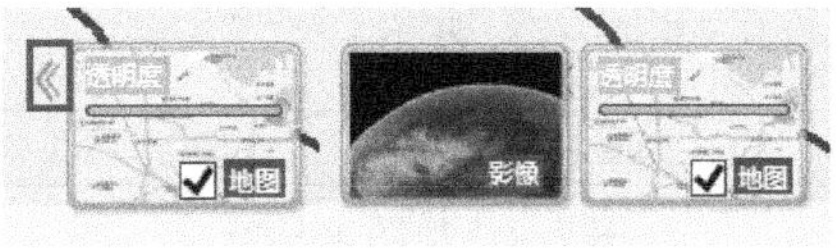

图 7.4　底图切换工具

底图显示或隐藏：点击底图缩略图上复选框，选中则显示底图，不选中则隐藏底图，如图 7.5 所示。

图 7.5　底图显示隐藏

底图透明度设置：滑动底图缩略图上透明度滑动条，调节底图透明度，如图 7.6 所示。

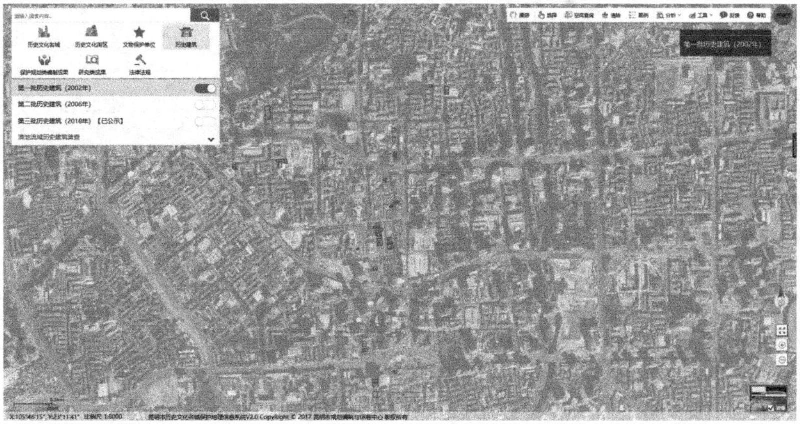

图 7.6　底图透明度设置

7.2.5 地图工具

地图工具条包括选择、清除、图例、分析和工具等。成功登录系统后，该地图工具条默认显示在系统右上方，如图 7.7 所示。

图 7.7 地图工具条

7.2.6 地图浏览

浏览工具 漫游：成功登录系统后，系统默认选中地图浏览按钮，界面上显示所有历史文化名城相关的地理信息。浏览工具可以在不改变地图显示比例尺的情况下浏览地图。

操作过程：在地图上点击鼠标左键不释放，然后移动鼠标，则地图将随鼠标移动，直至释放鼠标左键，释放后，地图将被移动到鼠标所指定的位置。

7.2.7 选 择

选择主要用于“文物保护单位”和“历史建筑”专题的单个或多个图层，以便查看、分析当前对象的基本属性。

1. 点击选取

(1)打开“文物保护单位”和“历史建筑”专题下的任意图层，鼠标移上历史要素，弹出名称提示条(tip)，如图 7.8 所示。

图 7.8 专题图层显示

(2)单击选中要素，选中后图层以绿色边框高亮显示，并且右下方弹出当前选中对象的基本属性对话框，如图7.9所示。

图7.9　单击选取图层

2. 选择框多个选取

(1)打开“文物保护单位”和“历史建筑”专题下的任意图层，如图7.10所示。

图7.10　专题图层显示

(2)点击选中右上方“选择”按钮，然后在地图中绘制一个矩形图框，选中后图层以边框高亮显示，并且右下方弹出当前选中对象的基本属性对话框，如图7.11所示。

(3)绘制完成后，矩形框内所有选中图层为高亮显示，此时系统左侧展开所有选中图层名称列表，如图7.12所示。

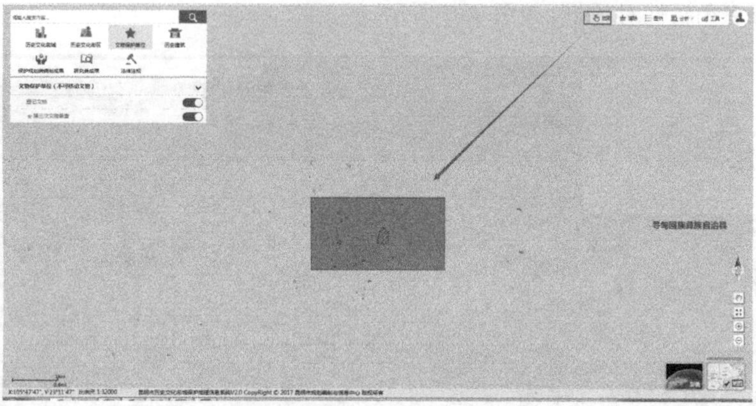

图 7.11　绘制区域

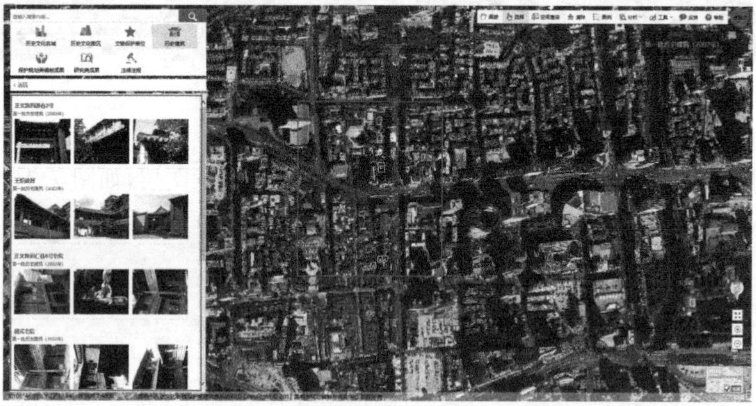

图 7.12　选中图层高亮显示后的界面

(4)点击左侧图层列表中任一图层名称，右下方弹出当前选中对象的基本属性对话框，如图 7.13 所示。

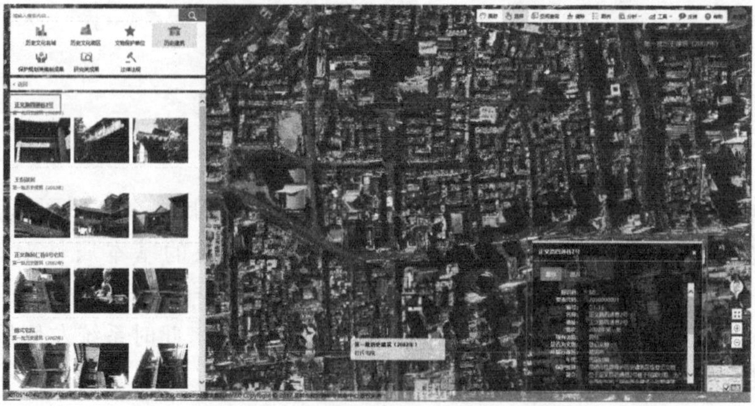

图 7.13　选中图层基本属性查看

7.2.8　空间查询

此处的空间查询主要是查询一定范围内所有的“文物保护单位”和“历史建筑”等保护对象，其查询工具如图 7.14 所示。

图 7.14　空间查询工具

(1)选取需要绘制的查询工具(按矩形查询、按多边形查询、按圆查询)，在地图上绘制查询范围，绘制完成后系统将对区域内的历史文化名城保护对象进行查询(图 7.15)。

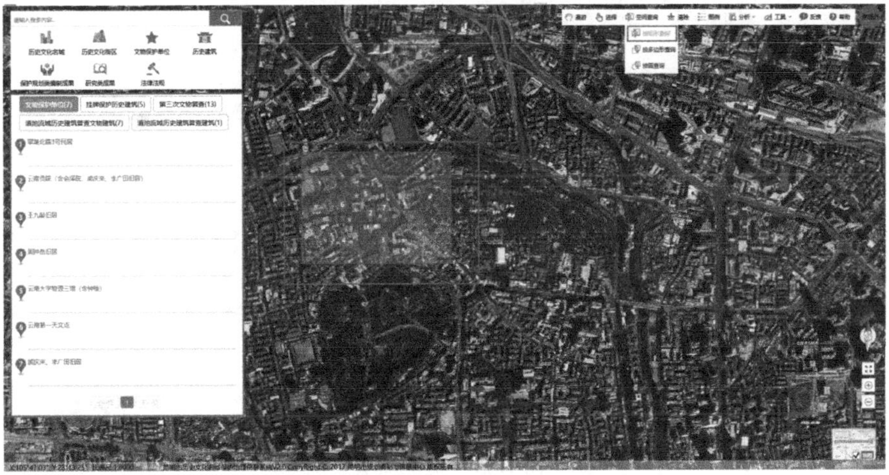

图 7.15　空间查询结果

(2) 查询完成后，后续操作与 7.3 节快速检索的操作相同。

7.2.9　清　除

清除功能适用于清除选择、绘制选区分析、长度测量和面积测量，此处只列举清除选择。

(1)打开“文物保护单位”和“历史建筑”专题下任意图层，并点击“选择”按钮，点击图层或绘制区域选中图层，如图 7.16 所示。

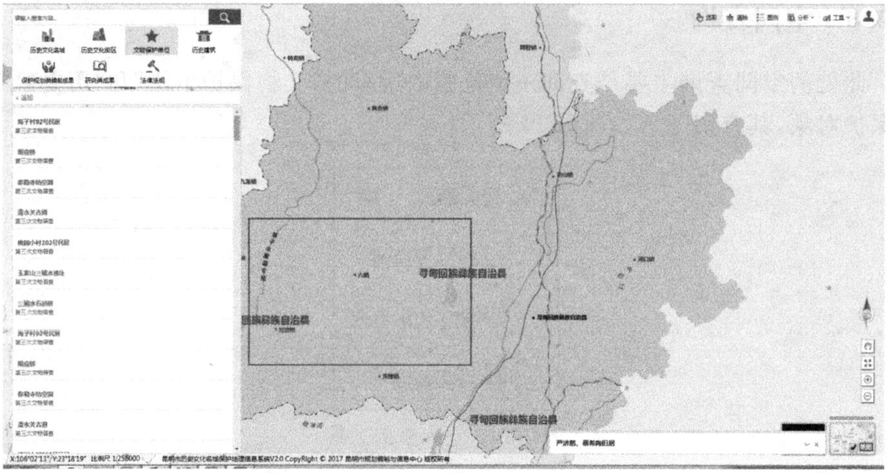

图 7.16　选择图层

(2)点击“清除”按钮，地图中图层返回到未选择时的状态，如图 7.17 所示。

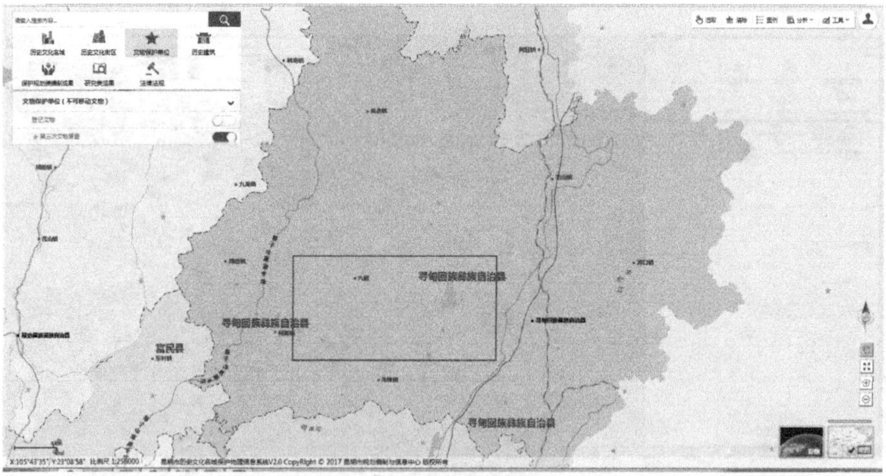

图 7.17　清除图层

7.2.10　用地分析

用地分析功能可以快速分析用地范围内包含的保护对象数量、普查点数量及所占各类保护规划范围的面积，辅助用户检查用地范围是否符合保护规划要求。

用地分析功能提供两种方式提交用地范围：一种是通过手动绘制面来确定用地范围，另一种是通过导入本地 shape 文件来生成用地范围。

1. 手动绘制选区

(1)点击“用地分析”→“绘制选区”，然后在地图中点击鼠标左键确定区域节点，双击停止绘制区域，形成一个实线边框的区域，如图 7.18 所示。

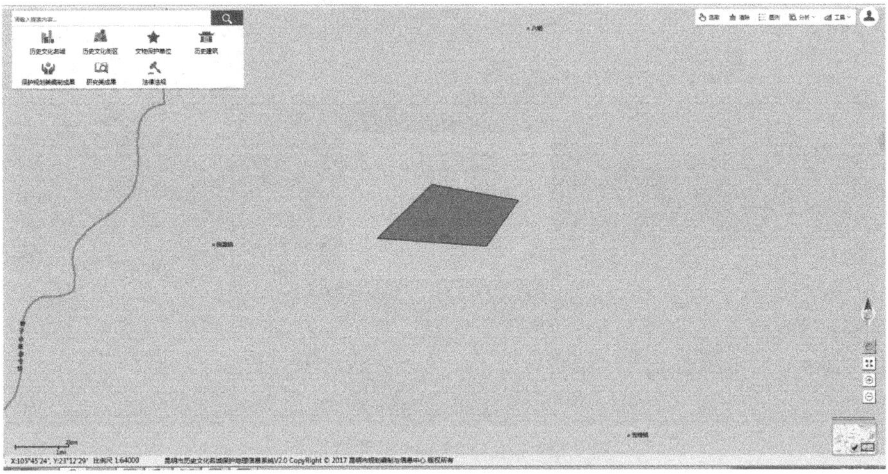

图 7.18　手动绘制区域

(2)绘制完成后，系统左侧显示所绘制区域内的分析结果，包含保护对象数量、普查点数量及所占各类保护规划范围的面积，如图 7.19 所示。

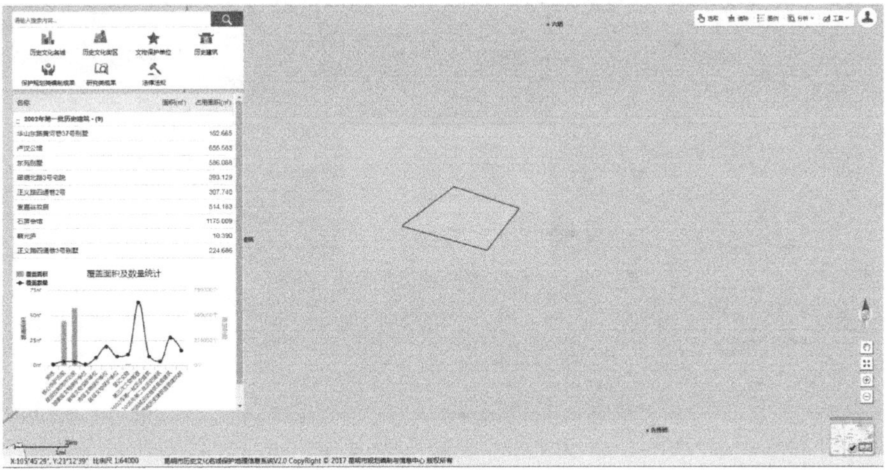

图 7.19　绘制结果分析

2. 上传 shape 文件

(1)点击“用地分析”→“上传 shape”，打开上传 shape 文件对话框，如图 7.20 所示。

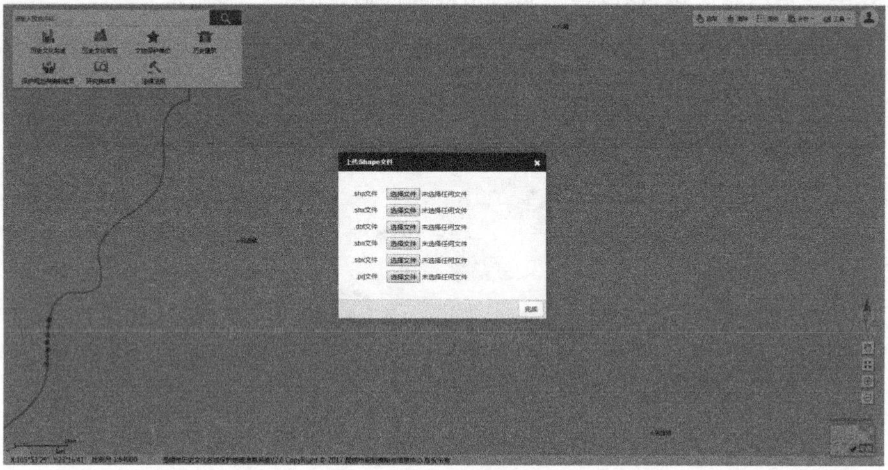

图 7.20　上传 shape 文件对话框

(2)点击.shp 字段后,点击“选择文件”按钮,找到文件目录下对应格式的文件并选中,如图 7.21 所示。

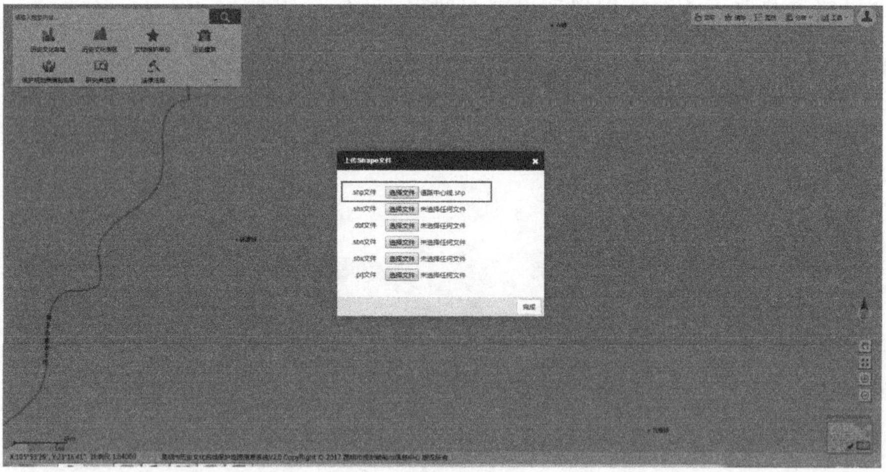

图 7.21　上传 shape 文件

(3)依次选择.shx、.dbf、.sbn 三种格式对应的文件(至少上传前四个文件才能进行分析),点击“完成”按钮,在系统左侧显示对应分析结果,如图 7.22 所示。

7.2.11　清除叠加

点击“清除叠加”按钮,地图回到未叠加数据前的状态。

7.2.12　测量工具

系统为用户提供长度和面积的测量。

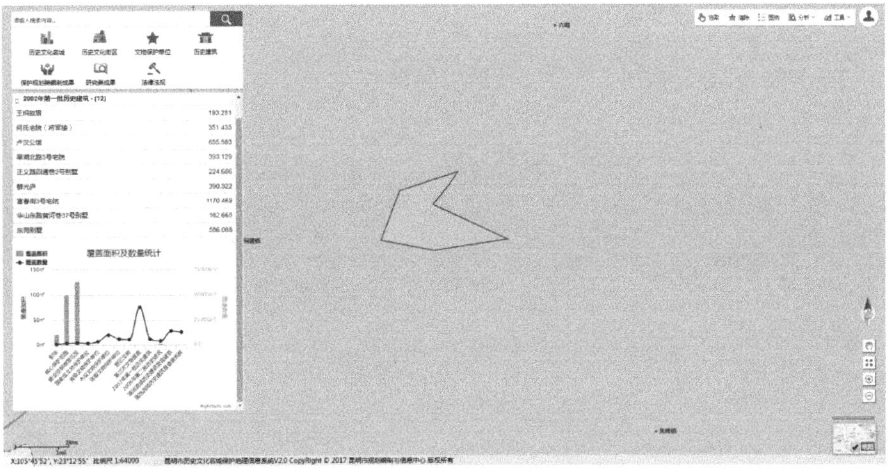

图 7.22　上传 shape 文件结果分析

1. 长度测量

用鼠标左键在地图上点击一下，则地图上会出现一个红色的起点，然后移动鼠标，将会有一条红色的线段随鼠标移动，接着在适当的位置再次点击，绘制出测量轨迹。双击鼠标左键结束绘制，长度测量值直接显示在绘制轨迹附近，如图 7.23 所示。

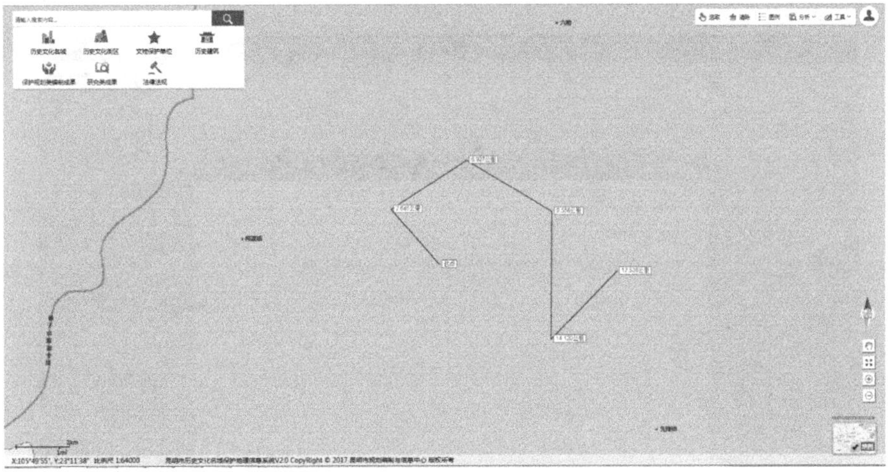

图 7.23　长度测量

2. 面积测量

用鼠标左键在地图上点击一下，则地图上会出现一个红色的起点，然后移动鼠标，将会有一条红色的线段随鼠标移动，接着在适当的位置再次点击，绘制出测量轨迹。双击鼠标左键结束绘制，面积测量值直接显示在绘制轨迹附近，如图 7.24 所示。

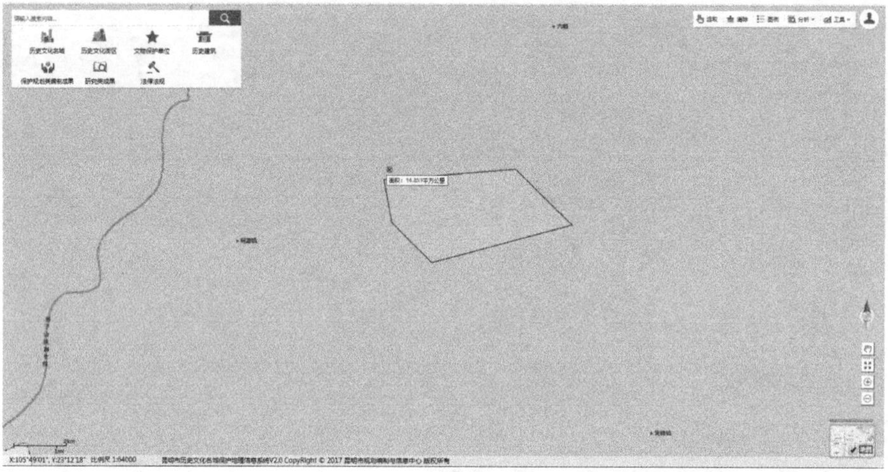

图 7.24　面积测量

7.2.13　反　馈

该系统提供了反馈功能。使用中，用户可对系统中存在的不足、缺陷、建议及漏洞等进行反馈，以便更好地完善系统功能。用户填写反馈信息后，点击“确认”按钮，完成信息反馈，如图 7.25 所示。

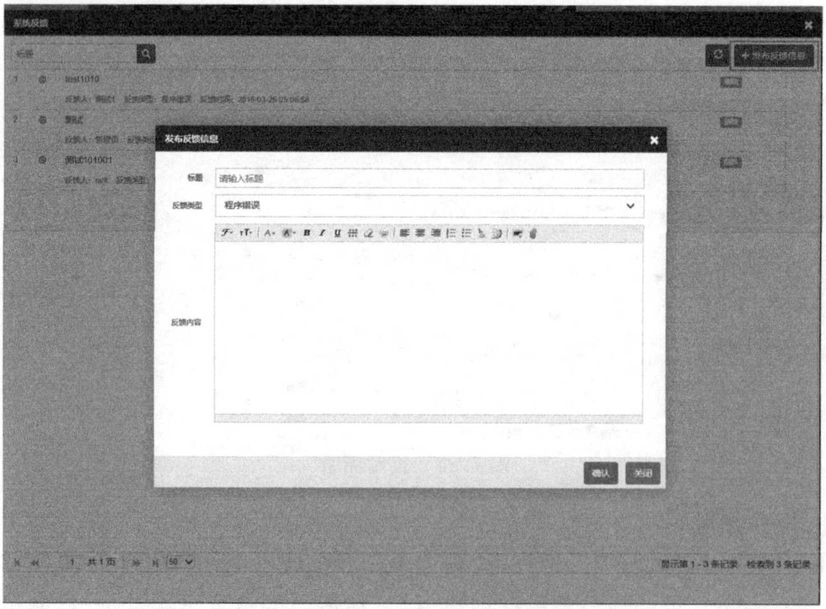

图 7.25　填写反馈信息

管理员可以回复用户的反馈信息。点击打开反馈信息，填写回复信息后直接回复反馈信息，如图 7.26 所示。

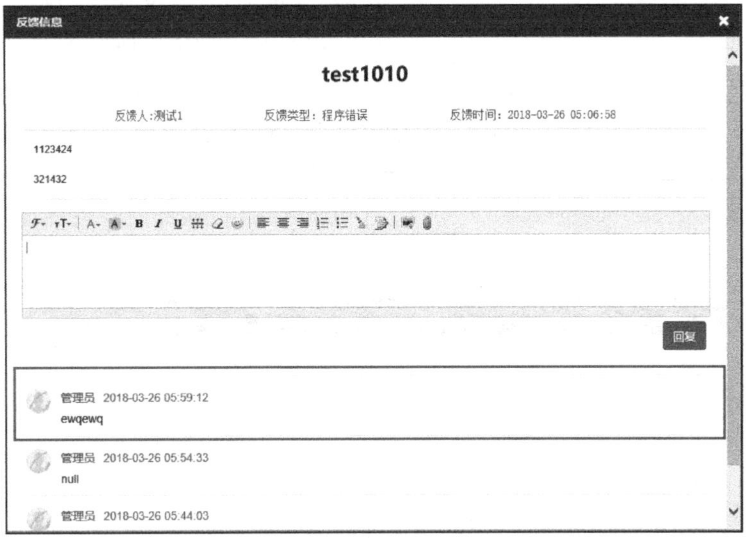

图 7.26　回复反馈信息

7.2.14　系统管理

系统管理包括部门管理和用户管理。只有具有管理权限的用户才能使用系统管理功能。用鼠标点击主界面上的“管理中心”按钮，系统切换到系统管理界面。

1. 部门管理

初次使用该系统时，首先要在系统中创建不同职能的部门。具有管理员权限的用户可以在部门管理界面对部门进行管理，如图 7.27 所示。

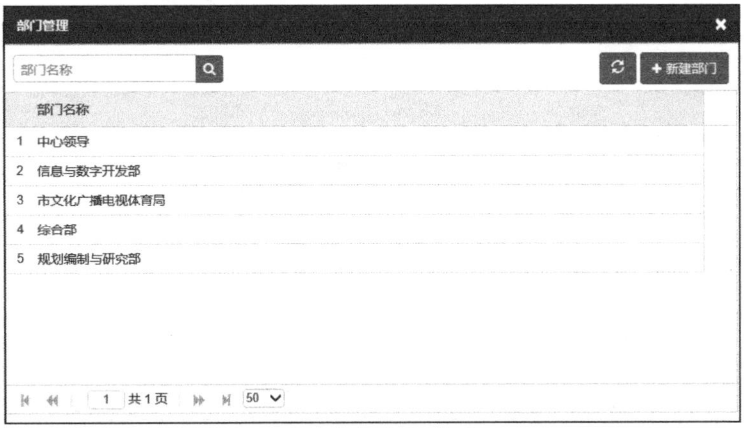

图 7.27　部门管理

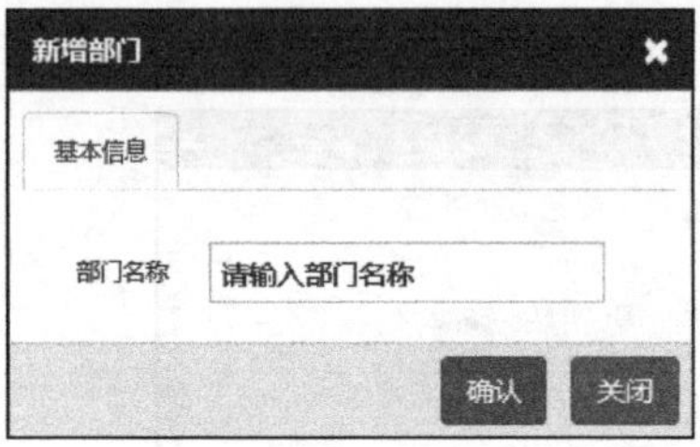

图 7.28　添加部门

(1)添加部门:点击图 7.27 中“新建部门”按钮,弹出如图 7.28 所示窗口,并输入部门名称,点击“确定”按钮便完成部门创建。

(2)修改部门:选中需修改的部门,点击“修改部门”按钮,弹出窗口,输入部门名称,点击“确认”按钮便完成修改。

(3)删除部门:在部门管理界面选中需删除的部门,点击“删除部门”按钮,即可删除部门(图 7.29)。

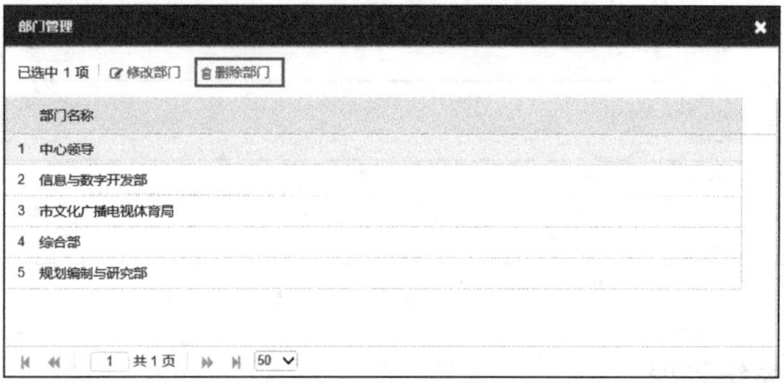

图 7.29　删除部门

2. 用户管理

管理员可随时管理允许使用系统的用户,对用户进行增删改操作(图 7.30)。

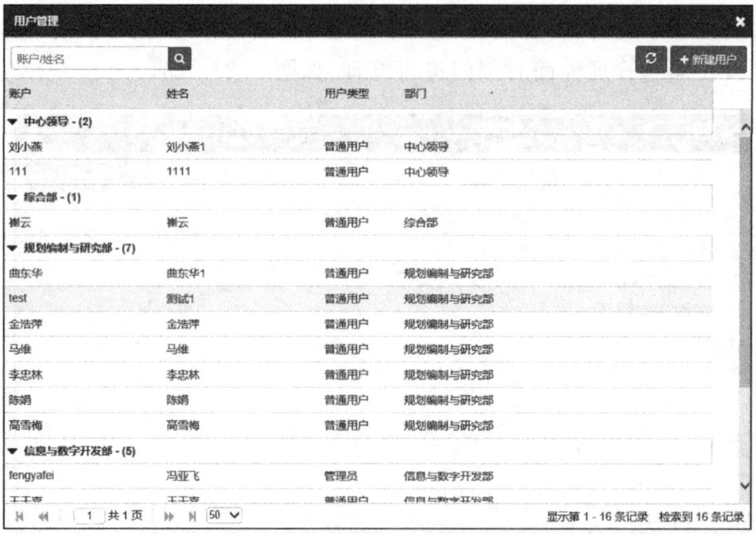

图 7.30　用户管理

(1)新增用户:点击图7.30中“新建用户”按钮,弹出如图7.31所示的窗口,并输入用户信息,点击“确认”按钮便完成用户创建。

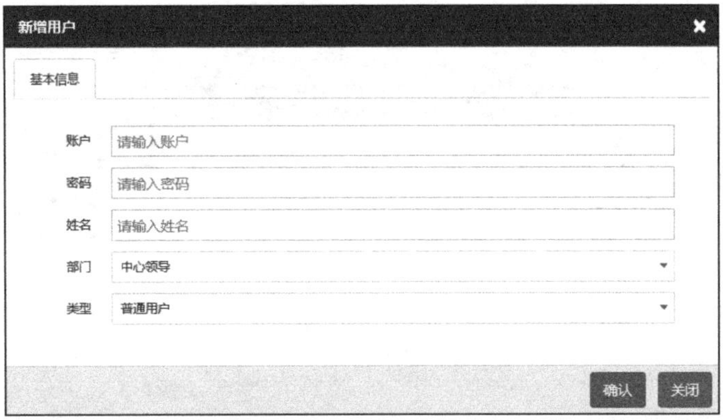

图7.31　新增用户

(2)修改用户:选中需修改的用户,点击“修改用户”按钮,弹出窗口,输入用户信息,点击“确认”按钮便完成修改。

(3)删除用户:选中需删除的用户,点击“删除用户”按钮,即可删除用户(图7.32)。

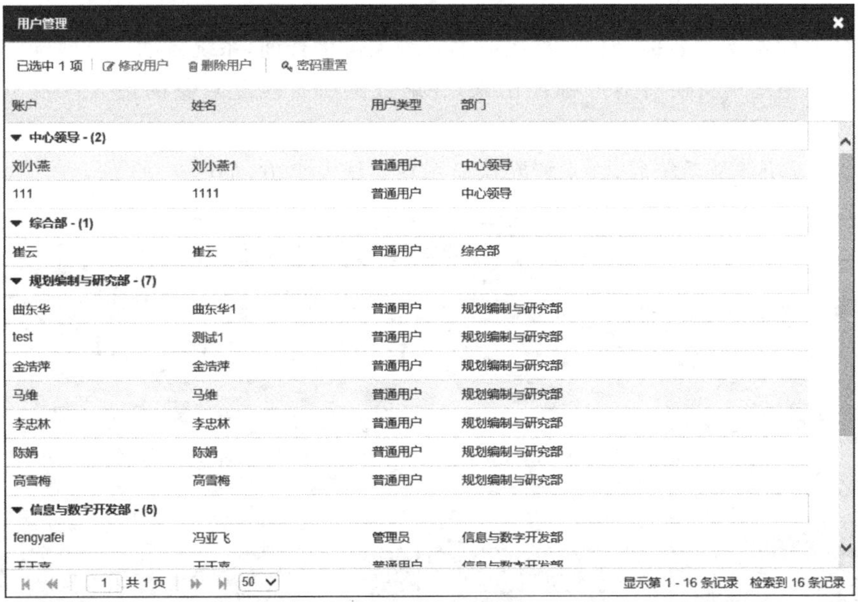

图7.32　删除用户

(4)密码重置:当用户忘记密码时,管理员可以点击“密码重置”按钮,重置用户密码(图7.33)。

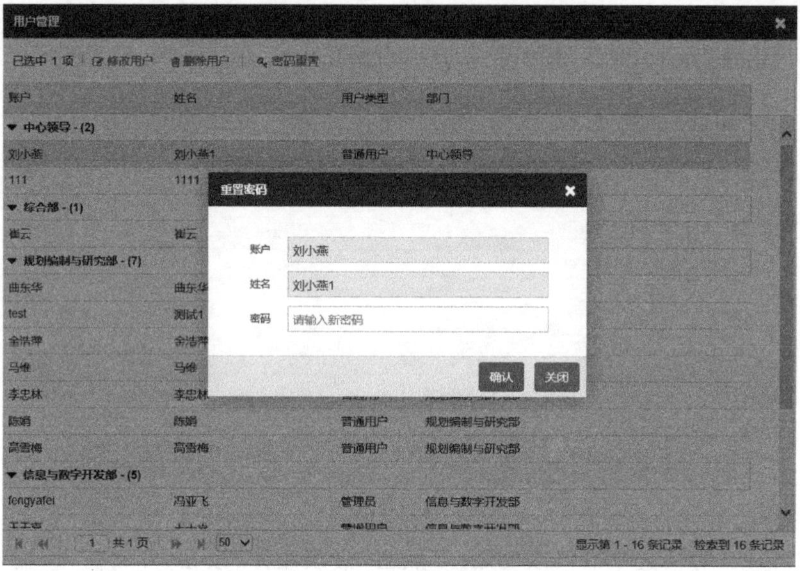

图 7.33　用户密码重置

7.3　快速检索

快速检索支持名称、地址、批次或编号等关键字查询，系统自动进行匹配，按查询编号在地图中将所有对象标注出来，并缩放到所有匹配对象的最大可视范围。如果没有匹配对象，则不作任何反应。

(1)成功登录系统后，检索栏默认显示在系统左上方，如图 7.34 所示。

图 7.34　检索栏

(2)在输入框中输入要查询的关键字，点击“搜索”按钮，模糊查询关键字对应的保护规划对象信息。如当前输入关键字“G1-19”，则通过模糊匹配查询所有专题信息，并按专题分类显示在查询结果列表中，同时在地图对应位置标记定位标签，如图 7.35 所示。

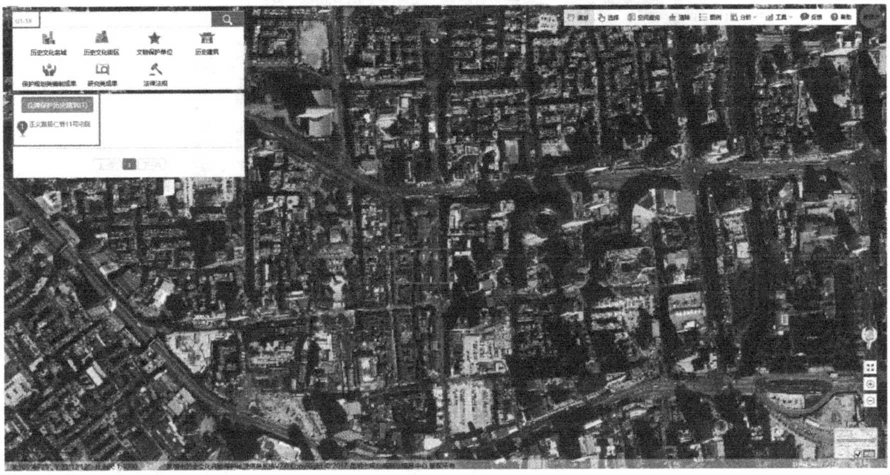

图 7.35　专题关键字检索

(3)选中定位标签时，系统右下方弹出浮动对话框，默认显示当前对象基本属性，如图 7.36 所示。

图 7.36　图层基本属性

(4)点击“图片”按钮，对话框显示当前对象图片信息，点击图片可查看大图，如图 7.37 所示。

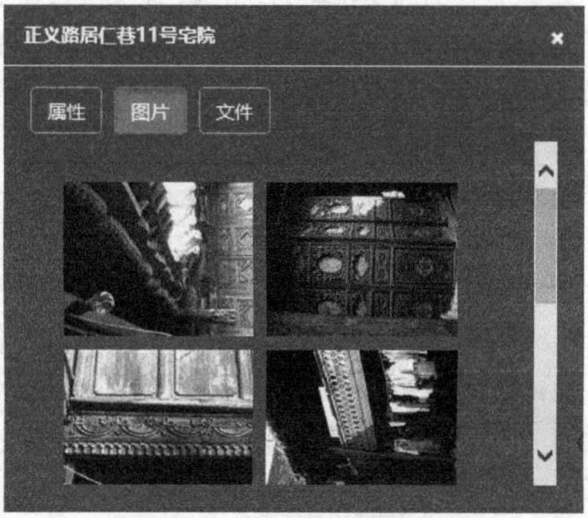

图 7.37　查看图片

(5)点击“文件”按钮,对话框显示当前对象文件信息,点击文件名称可查看文件详细信息或进行下载后再查看。除 pdf 文件和图片能直接打开外,其他格式文件均需下载后才能查看,如图 7.38 所示。

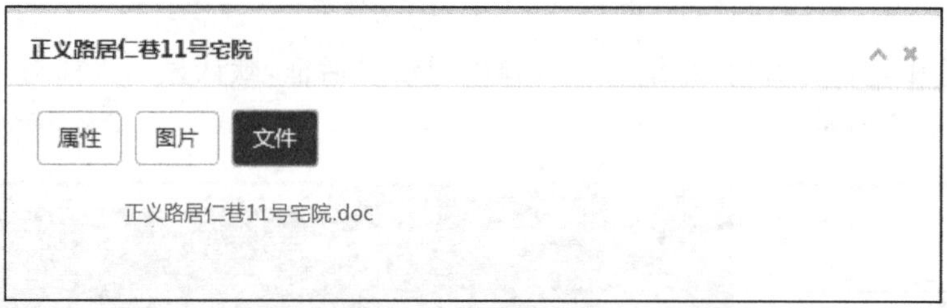

图 7.38　查看或下载文件

第8章　历史文化名城保护规划地理信息系统数据更新与维护

8.1 背　景

8.1.1　数据分析

随着昆明市历史文化名城保护规划地理信息系统、昆明市工业遗产调查野外移动普查信息系统、昆明市域范围内建筑物与道路普查系统、昆明市多规合一信息平台等项目建设完成，形成了覆盖全昆明市的各类规划基础数据和历史专题数据。这些数据是规划业务系统和昆明市空间基础平台系统的重要内容，其现势性问题越来越受到政府和社会公众的广泛关注。持续更新和业务化运行是一个科学数据库存在的根本。目前许多科技数据库是按项目方式一次性建立的，缺乏持续的数据来源，或有效的数据更新机制，很容易变成死库，或逐步地失去应用价值。基础地理数据成果应当定期进行更新，国民经济、国防建设和社会发展急需的数据应当及时更新。

根据历史文化名城保护规划地理信息系统的实际需要，如何使地理信息数据能跟得上城市建设的步伐，并形成一套人机交互的动态更新机制，是十分重要的工作。

昆明市历史文化名城保护规划地理信息系统数据维护和更新，利用成熟的互联网地理信息系统、网络和数据库等技术，以网络地图、影像图为基础，集成昆明历史相关的数据和特色应用，以及以移动终端、卫星定位技术为基础的便携式移动数据采集系统，及时接入更新的天地图云南电子地图信息，并根据数据更新的方式建立完整的数据动态更新系统，提供自动或半自动的数据更新工具，完善快速、稳定和通用的政府网上地图服务平台，方便城市规划、建设和管理等各职能部门的信息需要，加强空间数据资源的共享应用，给公众提供基于空间位置的方便服务，将政府空间数据资源服务于民，提升政府形象。

具体内容如下：

(1)根据数据更新要求，提出更新空间基础数据库的技术方法和更新手段。

(2)建立数据动态更新的机制，提供基础数据和公共设施数据持续动态更新的工具。

(3)建立基础的数据共享资源目录体系，建设相应的共享数据库，为数据共享提供数据支撑。

(4)建立基础的数据共享支撑平台,通过这个平台整合多种数据服务,为专业职能部门、政府公务员和社会公众提供空间数据访问支持。

(5)建立基础的数据处理与更新机制,为加快地图数据处理提供支持。

(6)建立数据共享的监控机制,为详细了解数据的共享情况提供技术支持。

8.1.2 数据处理需求

建设数字昆明空间基础信息平台数据更新维护管理系统,完成本期目标的工作任务如下:

(1)数据的处理和更新,在昆明市历史文化名城保护规划地理信息系统现有的电子地图、公共专题图的基础上,采用最新的地形图、影像图等基础数据,结合外业补充调查,完成系统服务功能所需的各种基础及专题信息资源的整理和提取,并建立基于B/S架构的内网地图数据库。

(2)开发生产端地图数据更新、维护的平台,完成平台软件系统的开发,结合规划业务数据、影像图、基础地形图,实现地图基础信息和公共设施信息的动态更新。

(3)开发维护端地图数据更新、维护的平台,建立数据管理维护系统,满足数据库从数据生产端分发到空间平台各应用服务系统的同步更新要求。

(4)建立合理、方便的地图数据更新机制。

8.2 数据更新原则

严格遵循软件工程和系统工程的要求,以"实用、高效、先进、可靠、安全"为基本准则,建立"规范、安全、开放"的信息化平台,依靠先进的信息技术和严格的管理制度,使系统建设水平跨越到一个新的高度。

数据更新应该遵循以下原则。

8.2.1 先进性和实用性原则

系统设计应采用成熟的先进技术,网络满足多媒体通信的要求,计算机硬件和软件、数据库及软件平台支撑工具采用先进、稳定、能满足海量数据存储与管理的主流产品,系统结构合理,数据处理速度快、冗余性强、实用性强。

软硬件平台的选择是实现技术路线选择的关键,要结合实际,充分考虑技术路线的先进性和实用性,保证架构的先进性和可操作性。

8.2.2 开放性与可扩展性原则

信息系统的开放性可以说是系统生命力的表现,只有开放的系统才能够不断发展，才能保证前期投资持续有效，保证系统可分期逐步发展和整个系统的日益完善。系统在运行环境的软硬件平台选择上要符合工业标准，具有良好的兼容性和可扩充性，能够较为容易地实现系统的升级和扩充，从而达到保护初期阶段投资的目的。

系统提供矢量化、数字测绘及数据转换等多种数据输入方式，支持国家及行业地理信息标准数据交换格式。输出可采用图形、数据表格及与图形数据结合的多种输出方式。同时还能在将来与其他系统进行信息交换，具有扩展能力。

作为政府空间数据共享的一部分，系统的开放性是重中之重，必须要考虑其向后的兼容性，以及数据、功能的可阅读性和访问性。

8.2.3　标准化与规范化原则

标准化是信息系统建设的基础，也是系统与其他系统兼容和进一步扩充的根本保证。因此，对于一个信息系统来说，系统设计和数据的规范性和标准化工作是极其重要的，这是各模块可正常运行的保证，是系统开放性和数据共享的需要。

系统建设符合国家标准和行业标准，可直接调用资源实现共享，同时还可以根据需要制定自己的地方标准，保证系统整体的协调性和兼容性，便于规范化处理。

标准化是数据共享、交互的重要前提，必须要将地图网站的数据标准化，并将地图网站服务标准化，为实现更广泛、更深入的共享服务提供标准化保障。

系统设计采用“动态体系设计法”，严格按照软件工程的一系列基本步骤(可行性论证、用户需求、初步设计、详细设计、项目实施计划、系统测试、系统试运行、系统验收)合理规范工程的实施过程。对每一阶段，将提供相应阶段的书面报告。同时要求予以配合、监督、提供相关资料，提出统一需求，并对每一阶段的成果进行及时的检验。

严格确定系统边界，严格遵守软件开发规范进行项目开发。

8.2.4　安全性和保密性原则

系统的网络配置和软件系统应充分考虑数据的保密与安全。多用户任务实时操作时，能够对用户权限进行严格的设定，确保网络安全可靠地运行。

系统的网络配置和保密性是一个优秀系统的必要特征。系统安全和保密的内容包括：

(1)可访问性：未经授权，用户不得对数据进行访问。

(2)完整性：未经授权，用户不得对数据进行篡改或删除。

(3)不可否认性：用户一旦对数据进行了修改，就不能事后否认。

(4)数据保护和有效的安全性。

安全性是数据能共享和发布的基石，要保证在经国家相关部门认可的安全的环境下共享空间数据。

8.2.5 可靠性和稳定性原则

一般的"稳定性"是指系统的正确性和健壮性两个方面。一方面，系统在提交前应该经过反复测试，确保系统的正确性，系统设计结构合理，系统运行稳定可靠，并保证系统长期正常运转；另一方面，系统必须有足够的健壮性，在突发软硬件故障等情况下，能够很好地处理并给出错误报告，并且能够得到及时的恢复，减少不必要的损失。

8.2.6 地方性和现势性原则

系统的设计必须具有现势性，以便合理地处理当前数据，以符合当地实际情况，切实体现地方的特点，从而具有良好的针对性。

8.3 数据处理需求

确保历史建筑点的属性信息和多媒体信息完备，保证至少98%的信息充实和准确。电子地图的符号按照公开出版地图的制图规范，分要素进行多尺度符号配置，并设定符合地图阅读心理的地图要素层视野控制范围参数，达到地图画面的视觉效果层次分明、色彩协调、动态文字注记适宜的效果。

基础地理信息、数据库及元数据设计符合昆明历史文化名城保护规划地理信息系统标准体系中相应的规范要求，兼容原有的软件环境，即 ESRI、ArcGIS 10.2、Oracle 11g。

完善基础地理信息和专题数据库更新、维护机制，形成电子地图和历史文化保护规划地理数据更新维护技术规程。

8.4 数据更新维护系统

开发数据更新维护系统，建立以城市高清影像、航摄影像、城市基础地形图、历史文化等数据为基础的数据更新系统和以移动终端、卫星定位技术为基础的便携式移动数据采集系统，满足历史文化街区、历文物保护单位、历史文物等电子地图基本要素的动态更新。

8.4.1 基本功能需求

1. 基本的地理空间数据浏览、查询、编辑功能

支持按专题图层、按区域、按版本等多种组合方式的数据打包功能，实现数据

的快速提取和导出。

2. 影像管理功能

提供影像数据管理基本功能，实现影像拼接、影像分析、颜色色调调整等管理工具；提供多时相影像数据对比功能，提供变化图斑的自动和半自动辅助判别功能；提供矢量化工具，勾画、编辑图斑范围；提供变化图斑的编码管理，按敏感区域、区划、街道、社区、基础网格等单元进行统计分析的功能；提供变化敏感区域和非敏感区域的维护管理功能，参考城市建成区、生态线范围等资料，勾画城市变化敏感区域；提供管理工具对敏感区域范围进行动态维护的功能；能通过敏感区域搜索等方式快速提取变化图斑；提供基于变化图斑的更新任务产生和分配功能。

3. 电子地图更新功能

根据变化图斑的范围，利用地形图、最新航摄影像，系统可实现对电子地图基础要素的更新。

4. 系统对历史文化街区道路专题要素的更新

(1)利用城市影像、变化图斑、基础地形图的更新，确定历史文化街区范围内的道路及基本信息。

(2)利用道路规划、用地审批数据更新，确定历史文化街区范围内的道路和基本信息。

(3)利用规划市政报建数据(CAD格式)更新，确定历史文化街区范围内的道路和基本信息。

(4)提供利用CAD格式数据提取道路实体的更新工具。

(5)对道路中心线、道路边线、道路面三者建立拓扑关系，可以进行拓扑编辑。

(6)开发满足于道路特性的属性标注模块，如定义注记离散间距、重复次数、文字方向等，对道路注记实现自动维护。

(7)提供按区域、道路等级统计道路面积、长度的功能，统计结果能输出为报表。

(8)提供道路线型优化、转弯处理优化等数据加工工具。

(9)提供与移动数据采集系统进行道路信息数据交换的接口。

5. 系统对建筑物专题要素的更新

(1)利用城市影像、变化图斑、基础地形图更新，确定历史建筑范围和基本信息。

(2)利用建筑工程规划报建资料(CAD格式)更新，确定周边历史建筑范围和基本信息。

(3)利用建筑工程规划验收资料(CAD格式)更新，确定周边建筑范围和基本信息。

(4)提供利用CAD格式数据提取建筑轮廓的更新工具。

(5)按照昆明市历史文化保护规划地理信息系统技术规范,参考昆明市工业遗产调查野外移动普查信息系统的普查工具,提供历史建筑自动编码、分幢、分栋的管理工具。

(6)按照昆明市域道路、建筑物普查技术规范,能对历史建筑名称、权属、结构等基本信息和分项使用用途、现场照片等属性信息进行更新维护。

(7)提供历史建筑图形信息和属性信息的编辑维护功能。

(8)提供建筑信息统计功能,如按区域、建筑年代、保护级别等条件定制统计,统计结果可打印和输出为报表。

(9)提供与移动数据采集系统进行信息数据交换的接口。

8.4.2 野外采集系统

野外采集系统是以个人数字助理(PDA)为原型,采用平板计算机为载体,为城市外业调查人员对现场信息进行快速采集与传送而研发的专用工具。该终端装有网格化地图,具备接打电话、短信群呼、录音拍照、卫星定位、表单填写、用户管理、地图浏览、数据查询、数据同步等主要功能。

8.4.3 数据分发服务管理系统

系统能满足数据分发服务管理的要求,实现生产端数据库向应用端数据库的同步更新。主要用以下三个方式进行系统更新。

(1)要素图层更新:按专题图层进行批量更新。

(2)区域更新:按设定区域范围的更新,要覆盖原始数据,并与周边数据进行接边,处理正确、高效。区域更新可以实现单要素和多要素的批量更新。

(3)增量式个体要素更新:按更新的时间,对发生变化的单个要素进行更新。

8.4.4 数据维护系统

在数据维护端,建立数据管理维护系统,满足数据库从数据生产端到空间平台各应用服务系统的同步更新要求。体现在如下几个方面。

(1)系统管理数据的符号化应符合空间基础信息平台标准体系中相应的规范要求,分别建立与分类标准相适应的矢量和栅格格式的开放式地图符号库,提供符号库的增删、更新和图形编辑工具。

(2)系统提供各专题要素的元数据维护工具。

(3)系统提供用户管理功能,包括系统用户登录管理、岗位角色管理、权限管理等。

(4)系统提供日志管理功能,包括数据更新日志管理、数据导出日志管理、作业员工作量统计、工作计划监督等功能。

(5)系统提供按文件、专题库、版本等多种方式进行数据库备份的工具。

8.5　数据更新框架建设

数据的标准化是地理信息系统正常运行及维护数据持续更新的根本保证和要求。数据标准体系建设是数据库建设的重要内容，也是提高数据质量的重要保证。数据标准体系的建设基本原则为：优先采用已有的相关国家标准、行业标准和地方标准；没有相应的国家标准、行业标准和地方标准，针对实际情况、系统目标和用户需求，借鉴相关行业或其他地方的标准，或直接引用同行业系统采用的系统标准。

昆明市历史文化名城保护规划地理信息系统的标准规范借鉴了《关于印发云南省历史文化街区和保护建筑确定工作方案的通知》文件的精神，编写了适应本系统的标准和规范。

数据标准体系包括数据标准、数据生产标准、数据应用标准等内容。

1. 道路数据更新

道路数据是指包括历史文化名城保护范围内的铁路、公路(包括高架路)、快速路、街道等城市主要陆路交通要素的空间信息和属性信息。道路数据应该包括路段和路口两个数据子类，并以道路中心线和节点分别描述路段和路口的空间信息和基本属性信息，用于反映道路的连通特征。道路数据的属性数据主要包括名称、等级、编码、路面材料、宽度、长度等。

2. 水体数据更新

水体数据是指历史文化名城保护范围内的自然或人工形成的水面(江、河、湖、海、水库、池塘等)及有标志性意义的瀑布、井等要素的空间和属性特征。水体的空间特征以表示其范围的多边形数据来表达；特殊情况下，也可使用描述水体重心的点数据或描述线状水体中心线的线数据来表达。

水体标注用来在地图上表达水体的名称信息。对于河流，应顺着河流的流向进行标注；对湖泊、池塘等则标注于水体的中心。

水体的属性数据包括水体面积、水深、水质、使用类型等。

3. 地名数据更新

地名数据是指历史文化名城保护范围内的街巷、地片和区片名称及其他地名要素的空间信息和属性信息。地名数据可与地址数据一起实现对地理实体的空间定位。各类地名数据应符合以下规定：

(1)行政区域名称数据应包括城市各级基本行政区划的区域名称信息(行政区划数据已经包含)。

(2)街巷名称数据应包括构成街区的城市内部道路名称信息。

(3)地片和区片名称数据应包括地片、居民小区(社区)的地理名称信息。

（4）其他地名数据应包括水系、山脉，以及具有地名意义的交通运输设施（如公路、环岛、交通站场、桥梁、水库、水渠、隧道、铁路等）、具有地名意义的纪念地与建筑物（如纪念地、历史建筑、名胜古迹等）和具有地名意义的单位、具有地名意义的院落等的地名名称信息。

地名数据的分类编码应符合现行国家标准《地名分类与类别代码编制规则》（GB/T 18521—2001）的规定。地名数据应有相应的标识码。地名数据中的行政区域名称数据可引用已建立的“行政区划数据”；地名数据中的街巷名称数据可引用已建立的“道路数据”。

地名数据是以文本的形式在地图上表示的，它是对地球空间上其他地物的位置描述，所描述的地理范围可以是一个区域、一条道路或城市内部的某个特征点。因而，地名数据在空间的表现依所描述的范围而有所差异。当表示区域的位置信息时，要求地名标注应尽量充满所描述的区域；当表示的是道路等线状地物时，地名标注则要求按道路的走势进行标注，当表示的是城市内部的某个特征点，如标记性建筑、名胜古迹、单位机构等，则要求标注点位于特征点附近。必要时，可以建立地名及其所描述的空间位置的空间管理关系。

地名数据是昆明市历史文化名城保护规划地理信息系统的关键组成部分，其属性信息视其所描述的地物而有所差别。

4. 历史建(构)筑物数据更新

历史建（构）筑物数据是由分别描述房屋等建筑物和其他人工建筑空间信息和属性信息的建筑物数据构成。其中，历史建筑物数据应包括建有屋顶的永久性建筑及以居住为目的并有邮政地址的建筑物数据；其他人工历史建筑数据包括亭、碑、塔、城墙、广场等有方位意义的建（构）筑物数据。对于房屋等建筑物，一是利用封闭的多边形来表示建筑物的轮廓，二是在房屋内部采用唯一编号对房屋的结构、面积、建筑年代等信息进行标注。房屋标注是建立房屋属性数据库的重要数据源，当生成属性数据库时，可以直接从地图上提取这部分数据。

历史建（构）筑物的属性数据包括建筑物的材料结构、建筑年代、地址、用途、现有功能等信息。

5. 元数据

元数据在地理空间信息中用于描述地理数据集的内容、质量、表示方法、空间参照系、管理方式及数据集的其他特征，是实现昆明市历史文化名城保护规划地理信息系统的核心标准和技术之一。利用元数据管理的方法可避免数据的重复性建设。

元数据主要包括图名、数据源、比例尺、精度、生产者、各种符号、航空摄影的航线号、坐标参考系等。

8.6　数据质量控制

数据库的建设和运行维护过程中，为了保障应用的有效性，必须注意数据质量的控制问题。数据质量控制的主要目的是提高数据质量，最后要完成数据质量报告，数据的质量情况应该体现在元数据中。通过数据质量控制，保障数据完整性、逻辑一致性、位置精度、属性精度、接边精度、现势性等符合国家标准及有关技术规定，使数据库具有较高的应用价值。

1. 数据精度

数据精度包括定位精度和属性精度。其中定位精度指在数据集合(如地图)中物体的地理位置与其真实的地面位置之间的差别；属性精度是指离散变量和连续变量的精度。使用中应当通过与地图网站服务平台底图的位置配准提高数据的定位精度，并通过遵循相应的数据分类标准提高数据的属性精度。

2. 逻辑一致性

数据元素间要维护良好的逻辑关系，如行政境界与管理区域境界应严格一致，两个数据集合不仅位置精度水平要一致，逻辑关系上也应当一致，数据层与底图的叠加可以较好地看出数据间是否具有逻辑一致性。

3. 数据完整性

数据完整性包括数据层的完整性和数据分类完整性。数据层的完整性，即研究区域可用的数据组成部分的完整性。若数据层不完整，则可能是数据属性包括数据集合在内的地理特征属性的不完整，也可能是数据未完全覆盖研究区域。数据分类完整性是指如何选择分类才能准确表达数据，主要与分类标准有关。

4. 数据时间性与更新

对许多类型的地理信息而言，时间是个严格的因素，数据是否具有现势性是用户关心的数据质量的一个重要方面，因此需要进行更新的数据要及时更新，从而保证数据的现势性。

5. 数据划分

数据改造及元数据编写完成后，要划分出集中共享、发布无偿共享与发布有偿共享的数据，并确定用户级别。

6. 建立数据服务器并提交相关文档

把改造完的数据转入数据库中，建立数据服务器，提交有关文档，包括数据库改造报告、数据字典、使用说明等。

8.7　数据更新机制模式

数据更新就是用新的数据取代旧的数据。对现有数据体进行交互式操作和处理，改变原有的部分几何数据、属性数据、元数据及拓扑数据等空间关系，甚至提高数据的精度，丰富数据的类型。综合利用各种来源的现势资料（如最新航空航天影像、最新城市地理空间数据、专题历史文化资料等），确定昆明市历史文化名城保护数据的位置变化及属性变化，对原有数据库的要素进行增删、替换、关系协调等修改处理，生成新版数据体并记录变化信息，更新数据库，做好更新区域的原始数据备份，将备份数据入库到历史数据库中，以方便对历史数据的调用或进行可恢复性操作。

8.7.1　电子地图要素更新机制

电子地图是公开发布的、面向大众的、用来查询和展示与公众生活有关的各类信息的多媒体地图。昆明市历史文化名城保护规划地理信息系统引入天地图电子地图的多尺度综合显示，用来在地图缩放时产生地图综合的显示效应，从而达到最好的显示效果。更新主要是直接获取"天地图·云南"授权许可，通过访问服务器下载到本地存储然后发布浏览。

8.7.2　基础地理数据更新

基础地理信息数据的更新主要涉及确定更新策略、变化信息获取、变化信息采集、现势数据生产、现势数据提供等五个步骤。

在数据更新之前，首先确定数据更新的目标、任务，以及更新范围（重点建设区域、人口密集区等）、更新内容（道路、居民地、境界等）、更新现势性（更新时间、动态实时更新等）、更新工程的组织与实施方案（责任机构、组织机制等）等。

1. 获取变化信息

通过调查、比较发现并确定变化，这个过程的关键问题是对变化信息的识别与定义。当前用来获取变化信息的方法主要有三种：

(1)专业队伍进行现势调查，发现变化。

(2)将卫星遥感影像与现有数据比较，进而发现变化。

(3)根据其他渠道获得变化信息，如有关专业单位、社会力量和新闻途径等。

2. 采集变化信息

将确定的变化信息进行数字化采集，主要有几种方式：

(1)人工数据采集，包括对不确定区域进行野外勘测、卫星定位采集等。

(2)交互式数据采集，包括摄影测量、遥感图像处理等。

(3)自动数据采集,对卫星遥感影像进行识别与处理,主要技术是影像识别与特征提取。

3. **形成新的集成现势数据库**

多源、多尺度数据集的融合过程,是将新采集的变化信息与原有数据库中未变化的信息融合,从而形成新的集成现势数据库。原始数据可能会有新增、消失、改变等变化类型,相应的处理包括:

(1)插入,将新增的地物信息添加到数据库中。

(2)删除,将已消失的地物信息从数据库中删除。

(3)匹配并替换,根据相似性准则,将空间形态、位置变化的地物与原始数据进行匹配,确定替换对象,再用新的数据替换已变化的内容。

基础地理要素的更新主要采取的方法是参考最新的高分辨率遥感影像、最新的地形图和规划报建图等。首先对电子地图进行分幅,基础地理要素按照 1∶1 000 分幅标准或者按照区域进行分幅,为了方便影像分幅、更新工作及检查需要,在实际操作中可以将地图按照 1∶5 000 的标准分幅。

利用最新的高分辨率遥感影像,分析地表的变化,确定更新范围与对象,提取变化信息,这些是基础地理数据更新的必经之路。将昆明范围内的航空影像图和卫星遥感影像图相结合,在应用过程中,采集地面控制点进行几何纠正,消除卫片由于太阳角高度、大气的吸收与散射、遥感平台的速度与姿态变化、传感器特性,以及地形起伏造成的畸变,提高影像定位精度。另外还涉及不同类型的遥感影像的分类预处理、与现有的基础地理数据之间的精确配准、从高分辨率影像上分类别提取地物变化信息等技术问题。

8.7.3　遥感影像处理

1. **遥感影像预处理**

遥感影像预处理包括影像的融合增强、几何校正、影像镶嵌、影像分割、坐标系转换等,其目的是提高影像的分类精度和与矢量地图匹配的精度。

2. **影像融合和增强**

影像融合可分为不同传感器图像的融合、不同时相图像的融合、光学图像与雷达图像的融合等。全色影像具有较高的空间分辨率,而多光谱图像可以更精细地描述目标光谱。全色图像与多光谱图像融合既可以利用全色图像的高分辨率,改善多光谱图像分辨率,又可以充分利用多光谱图像中特有的对目标某些独特特征的精细描述,使融合图像包含更丰富的信息。

增强处理的目的是通过图像处理技术,重点突出感兴趣的像素,弱化其他不相干的地物像素,从而达到去掉杂质、保留感兴趣地物的目的。图像增强包括空间增强、辐射增强、光谱增强等。从影像上更新基础地理信息的主要要素是水系、植被绿地、建筑物、道路等,因此可以选择适当的图像增强方法,突出这几类要素,使分类和信息提取更加可靠。

几何校正遥感图像在成像时,由于成像投影方式、传感器外方位元素变化、传感介质的不均匀、地球曲率、地形起伏、地球旋转等因素的影响,使获得的遥感图像相对于地表目标存在一定的几何变形,使得图像上的几何图形与该物体在所选定的地图投影中的几何图形产生差异,使图像产生了几何形状或位置的失真。主要表现为位移、旋转、缩放、仿射、弯曲和更高阶的歪曲。

经过几何校正后的影像需与参考地形图(影像图)进行套合检查,套合误差在平地丘陵地不大于图上 1.0 mm,在山地及困难地区可放宽一些。如采用地面控制点纠正,则纠正后影像相对于最临近控制点的点位中误差不大于图上 0.5 mm,提高了影像图与地形图及电子地图的匹配精度。

影像镶嵌(mosaicking)是将具有地理参考作用的两幅或多幅影像拼在一起,构成一幅整体影像的技术过程。相邻图像由于成像时间、系统处理条件存在差异,不仅有几何畸变问题,而且还存在辐射水平差异导致同名影像在相邻图像上的亮度值不一致。影像镶嵌时必须对图像的色调进行调节,使镶嵌后的图像色调过渡自然,无明显的拼接缝线,确保图面美观。

可根据需要将经过纠正、镶嵌、图像增强系列处理的大范围镶嵌影像按已有的电子地图图幅分幅标准进行分割,形成系列标准分幅的影像地图,便于影像数据库管理及应用。

在对遥感影像自身误差进行纠正后,需要将遥感影像配准到地图中。在影像和电子地图中分别采集同名点,尽量选取低矮、固定不变、易于判读的地物,此外,尽量将控制点分布均匀。采集好图像控制点后,基于专业的制图软件进行配准,并检查精度,符合要求后才能应用于更新。相比之下,属性信息更为丰富,如结构、用途、使用情况、业主及各房间等信息,通过建筑物编码关联到普查信息后,可以根据不同的应用生成专题图,实现房屋落地及显示房屋普查的最终成果。为有利于全市不同来源的建筑物的整合,建筑物的编码是唯一的,可以作为信息整合的关键字,体现数据共享的优势。

8.8　数据更新机制设计

8.8.1　利用业务数据更新空间数据

传统的地形图数据更新的方式通常是操作人员手动完成,工作量大,并与规划业务审批无法衔接。同时由于大家依赖人工修地形图,造成业务人员并不重视基础数据的作用,加大了重复性劳动和人为的因素。由于审批业务每天都在进行,而审批的信息几乎都是与地理信息系统相关的，因此，业务审批的数据是地理信息系统数据属性描述的最好依据，一旦业务数据与地形图进行了图文关联后，系统中心图的大部分属性信息完全可以利用涉及历史文化保护的规划审批的业务数据生成。

8.8.2 电子地图更新设计

本系统设计的电子地图更新的思路如下：先从系统提取影像变化图斑，然后利用软件进行影像的分割、分类，确定要更新的类别，包括行政区划、水系、建成区、历史街区、历史文物等，将更新类别的要素提取后导出为矢量图。

8.8.3 道路专题要素更新设计

道路专题更新的思路如下：首先，利用变化检测的功能，根据影像提取变化的图斑，从变化的图斑中提取变化的道路，并转换为矢量图，来进行道路的更新，同时辅助以外业数据和其他的参考数据来进行道路专题的更新。

8.8.4 建筑物专题更新设计

历史建筑的更新是根据影像提取变化的图斑，从变化的图斑中提取变化的建筑物，并转换为矢量图(减少用户手动输入的工作量)；根据涉及历史建筑的规划业务数据，包括市政报建图、建筑报建图、竣工验收图(主要为CAD图)，通过系统的功能，从这些CAD图中提取矢量的建筑物信息。

第9章 历史文化名城保护规划地理信息系统应用与实践

9.1 系统概述

9.1.1 概　述

建设历史文化名城保护规划数据管理平台，辅助历史文化名城保护规划的组织编制、规划方案及相关建筑修缮方案技术审查，对历史文化名城保护规划成果数据进行数据整理和建库，实现对相关已批准的、已上报的、已调查的历史城区、历史村镇、历史文化街区、历史地段、文物保护单位、登记的不可移动文物、历史建筑建立基于地理信息系统（地形图、规划数据、图形审批数据等）的可查询的电子档案，为历史文化名城保护提供更好的信息化管理和分析辅助决策技术支持。

基于现有的网站平台，建立历史文化名城保护对外宣传与公众参与平台，做好历史文化名城保护的宣传工作，并通过市民的参与和监督，提高保护力度，使昆明市历史文化名城保护更具有历史意义，从而推进现代历史文化遗产保护工作的科学化、规范化、公开化，全面提高依法行政能力。

在内部实现数据共建共享，与现有的规划审批系统、网站系统相结合，做到历史文化名城系统专题数据与规划审批基础数据相互调用、完全共享，实现基础数据辅助历史文化名城保护系统进行保护规划编制、审批及决策等工作，实现历史文化名城专题数据辅助业务审批人员进行"一书两证"的日常审批工作。完成相关标准制度建设，包括历史文化名城保护规划数据标准制订、系统运行相关制度建设，确保系统的顺利实施和运行。

9.1.2 运行环境

1. 硬件设备

(1)Web 服务器：1 台。

(2)最低配置要求：至强 3.0/4 GB 内存/146 GB SCSI 120 GB 硬盘/900 M 网络。

(3)PC 客户端：若干台。

(4)最低配置要求：PⅣ 1.6 GB/1 GB 内存/120 GB 硬盘/90 M 网络。

2. 软件环境

(1)Web 服务器：Windows 2008 Server/Oracle 11g/ ArcGIS Server 9.1。

(2)PC 客户端:Windows XP/Windows vista/Windows 7。

(3)浏览器:IE9+、火狐、谷歌。

9.1.3　系统登录

用户打开浏览器,在地址栏中输入地址,http://192.168.40.115:92,即刻显示登录界面。登录界面如图 9.1 所示。

图 9.1　系统登录界面

在登录界面上输入相关登录用户信息后,点击“登录”按钮或按下“Enter”键后,系统会检查输入的用户信息是否正确。若验证失败则提示失败原因,如用户名或密码不正确;验证成功后,系统会根据输入用户所具有的权限跳转至相应的管理员主界面,如图 9.2 所示。

图 9.2　系统主界面

9.2　快速检索

快速检索支持名称、地址、批次或编号等关键字查询，系统自动进行匹配，按查询结果编号在地图中将所有对象标注出来，并缩放到所有匹配对象的最大可视范围。如果没有匹配对象，则不作任何反应。

(1)成功登录系统后，检索栏默认显示在系统左上方，如图 9.3 所示。

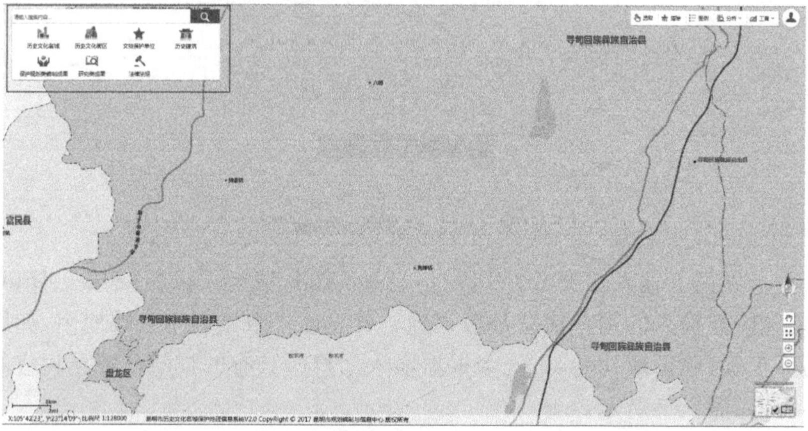

图 9.3　检索栏

(2)在输入框中输入要查询的关键字，点击“搜索”按钮，模糊查询关键字对应的保护规划对象信息。如当前输入关键字“G1-19”，则通过模糊匹配查询所有专题信息，并按专题分类显示在查询结果列表中，同时在地图对应位置标记定位标签。如图 9.4 所示。

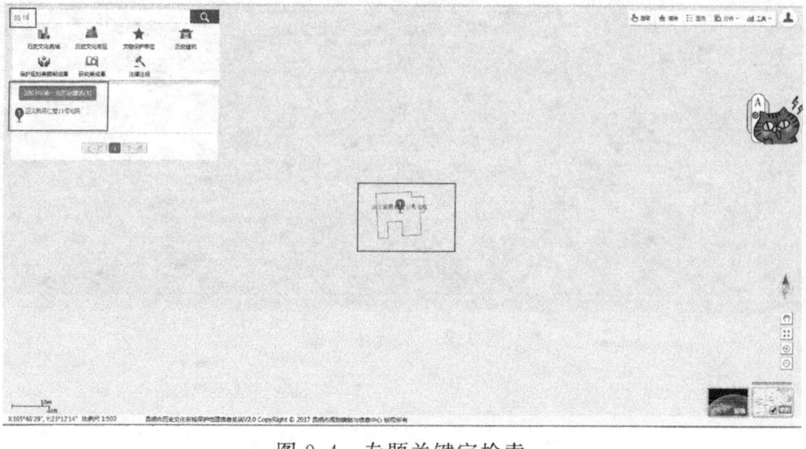

图 9.4　专题关键字检索

(3)选中定位标签时,系统右下方弹出浮动对话框,默认显示当前对象基本属性,如图 9.5 所示。

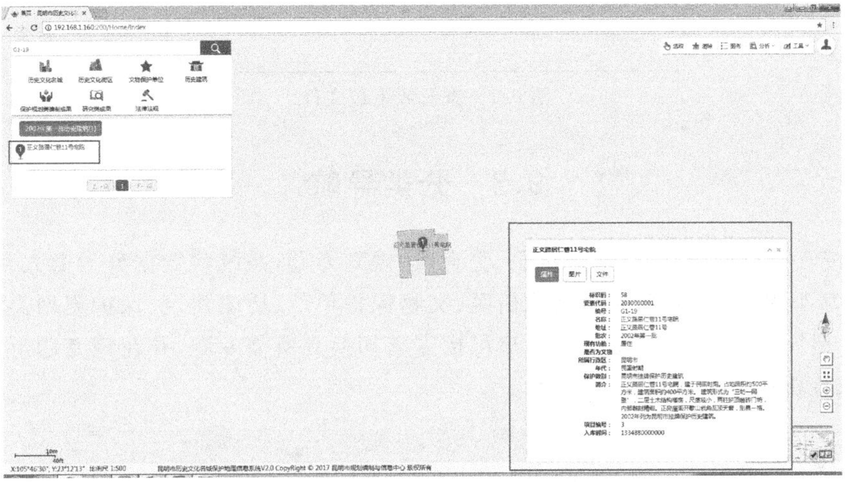

图 9.5　图层基本属性

(4)点击“图片”按钮,对话框显示当前对象图片信息,点击图片可查看大图,如图 9.6 所示。

图 9.6　查看图片

(5)点击“文件”按钮,对话框显示当前对象的文件信息,点击文件名称可查看文件详细信息或进行下载后再查看。除图片和 pdf 文件可以直接打开外,其他格式文件均需下载后才能查看,如图 9.7 所示。

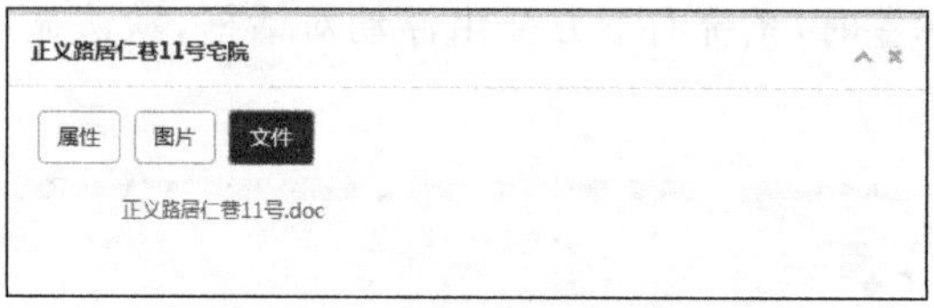

图 9.7　查看或下载文件

9.3　分类导航

按三大数据类型，即保护对象、普查点、规划专题，系统将数据分为七大专题，分别为：历史文化名城、历史文化街区、文物保护单位、历史建筑、保护规划类编制成果、研究类成果、法律法规。用户可按需求切换到所需专题，并在该专题下进行查询、分析等操作，如图 9.8 所示。

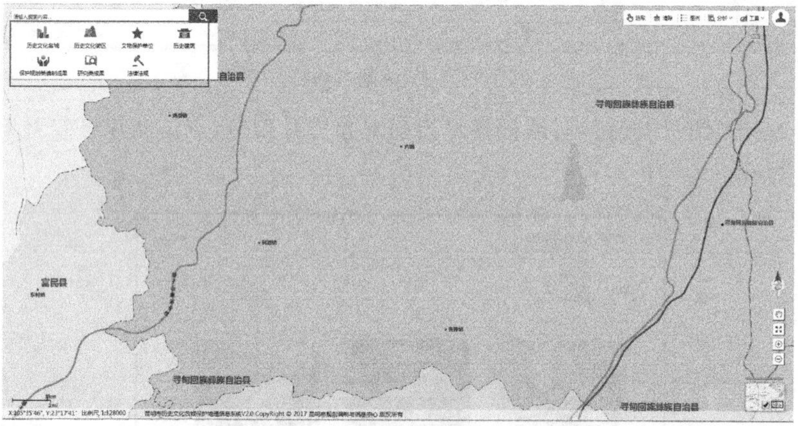

图 9.8　分类导航

9.3.1　历史文化名城

（1）点击选中“历史文化名城”专题，展开所属二级专题目录，如图 9.9 所示。

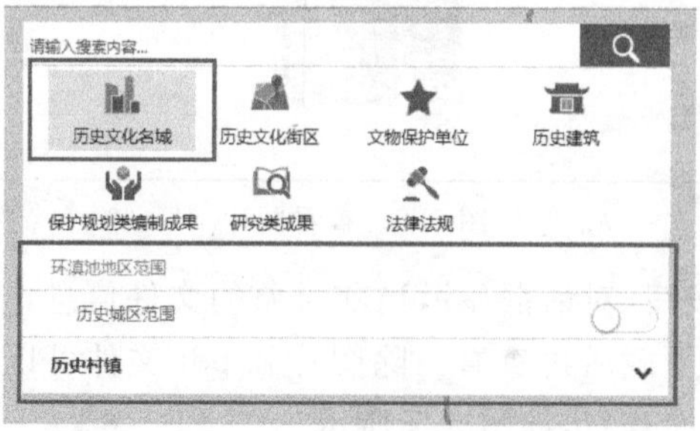

图 9.9　“历史文化名城”二级专题目录

(2)点击开关按钮对当前选中的专题图层进行显示或隐藏管理,默认为隐藏状态,点击打开显示。该专题图层在地图中以黑色虚线符号显示,如图 9.10 所示。

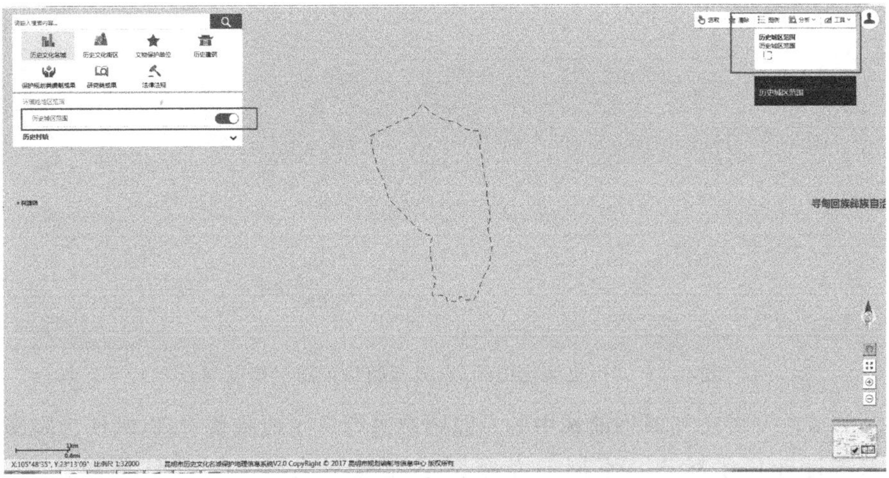

图 9.10　“历史文化名城”专题图层管理

9.3.2　历史文化街区

(1)点击选中“历史文化街区”专题,展开所属二级专题目录,如图 9.11 所示。

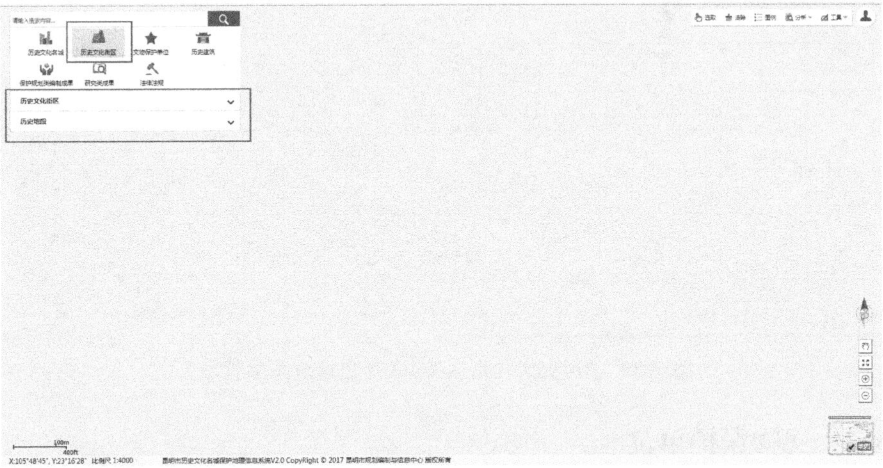

图 9.11　“历史文化街区”二级专题目录

(2)依次点击二级专题目录、三级专题目录的下拉箭头,三级目录下显示详细图层控制列表,并且图层以紫色虚线符号展示,如图 9.12 所示。

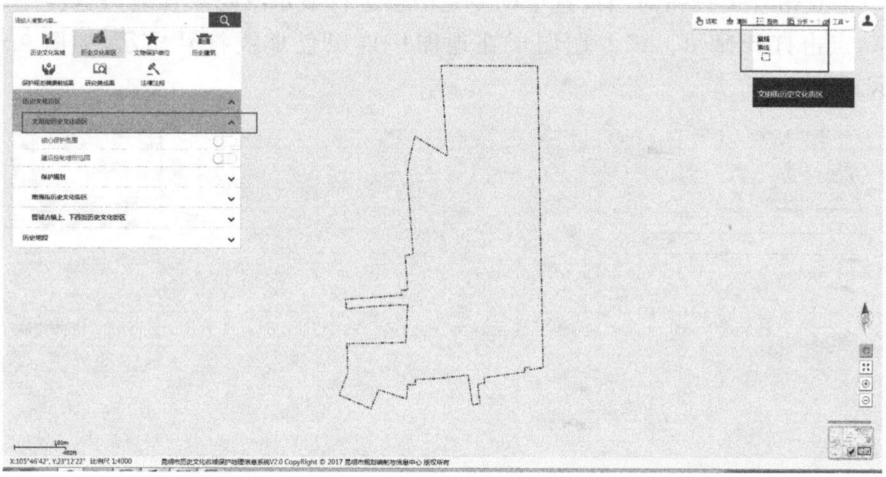

图 9.12　“历史文化街区”三级专题目录图层控制列表

(3)点击开关按钮对当前选中的专题图层进行显示或隐藏管理，默认为隐藏状态，点击打开显示状态。不同的专题图层在地图中以不同颜色符号显示，如图 9.13 所示。

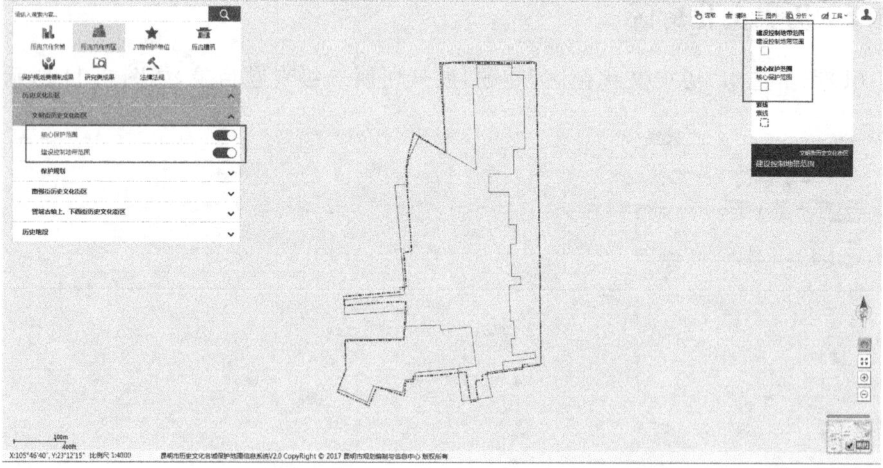

图 9.13　“历史文化街区”三级专题目录图层管理

9.3.3　文物保护单位

(1)点击选中“文物保护单位”专题，展开所属二级专题目录，如图 9.14 所示。

(2)点击开关按钮对当前选中的专题图层进行显示或隐藏管理，默认为隐藏状态，点击打开显示状态。不同的专题图层在地图中以不同符号显示，如图 9.15 所示。

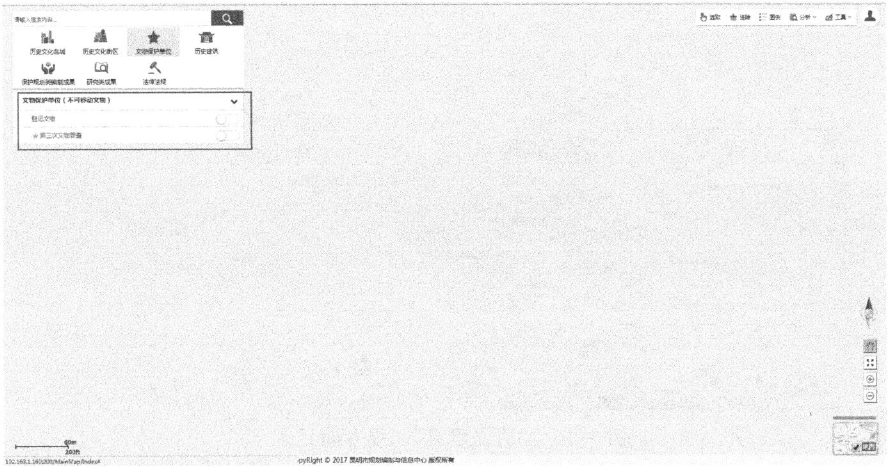

图 9.14　“文物保护单位”二级专题目录

图 9.15　“文物保护单位”二级专题目录图层管理

9.3.4　历史建筑

（1）点击选中“文物保护单位”专题，展开所属二级专题目录，如图 9.16 所示。

（2）点击二级目录的下拉箭头，显示详细图层控制列表，通过开关按钮对当前选中的专题图层进行显示或隐藏管理，默认为隐藏状态，点击打开显示状态。不同的专题图层在地图中以不同符号显示，如图 9.17 所示。

（3）点击开关按钮对当前选中的专题图层进行显示或隐藏管理，默认为隐藏状态，点击打开显示状态。不同的专题图层在地图中以不同符号显示，如图 9.18 所示。

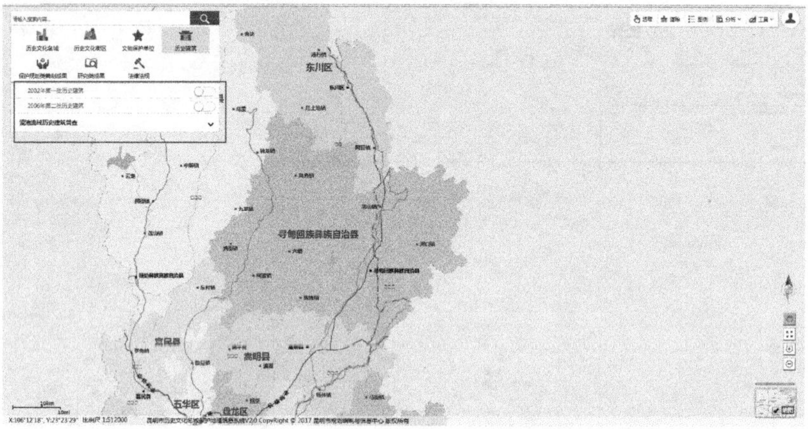

图 9.16　“历史建筑”二级专题目录

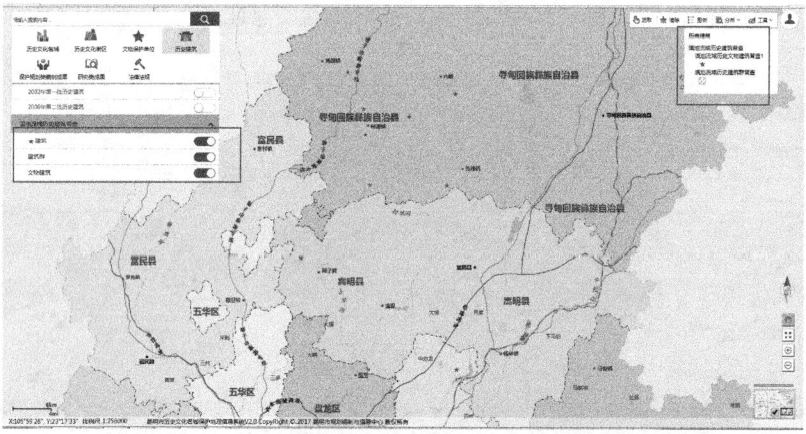

图 9.17　“历史建筑”二级专题目录图层控制列表

图 9.18　“历史建筑”二级专题目录图层管理

9.3.5　保护规划类编制成果

(1)点击选中“保护规划类编制成果”专题，展开所属二级专题目录，如图 9.19 所示。

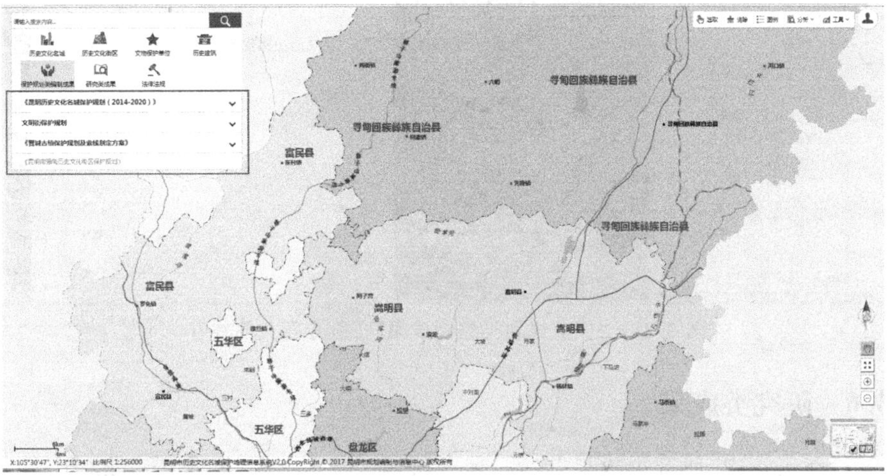

图 9.19　“保护规划类编制成果”二级专题目录

(2)点击二级目录下拉箭头，显示详细文件列表，如图 9.20 所示。

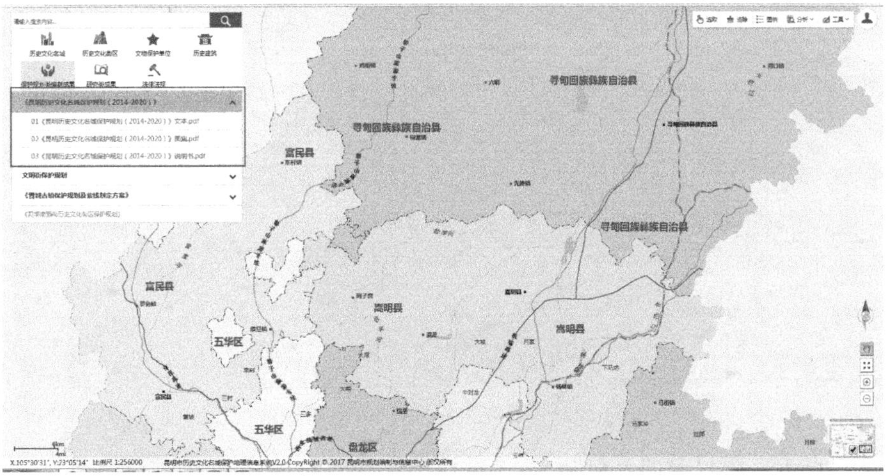

图 9.20　“保护规划类编制成果”二级专题文件列表

(3)点击列表中文件名称，可打开查看文件的详细信息，如图 9.21 所示。

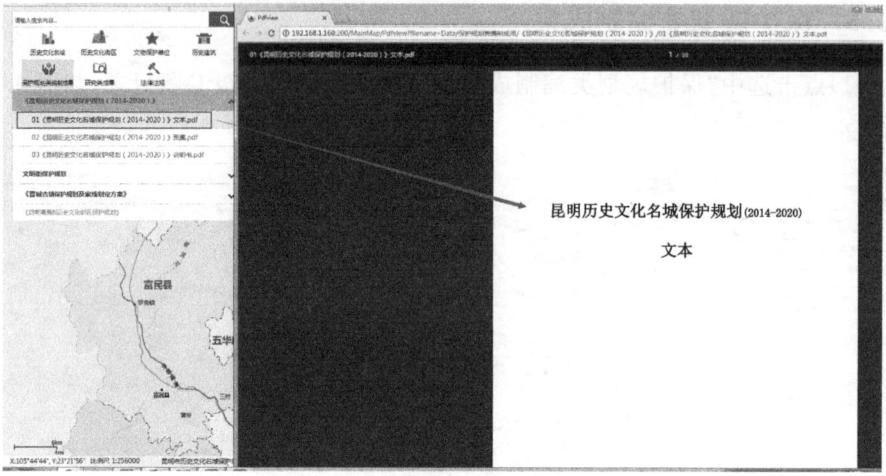

图 9.21　“保护规划类编制成果”二级专题文件查看

9.3.6　研究类成果

(1)点击选中“研究类成果”专题，展开所属二级专题目录，如图 9.22 所示。

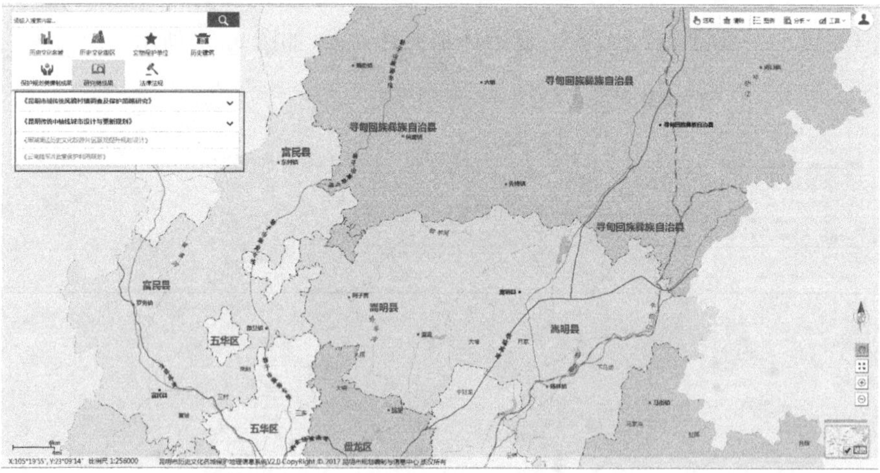

图 9.22　“研究类成果”二级专题目录

(2)点击二级目录的下拉箭头，显示详细文件列表，如图 9.23 所示。

(3)点击列表中文件名称，可打开查看文件详细信息，如图 9.24 所示。

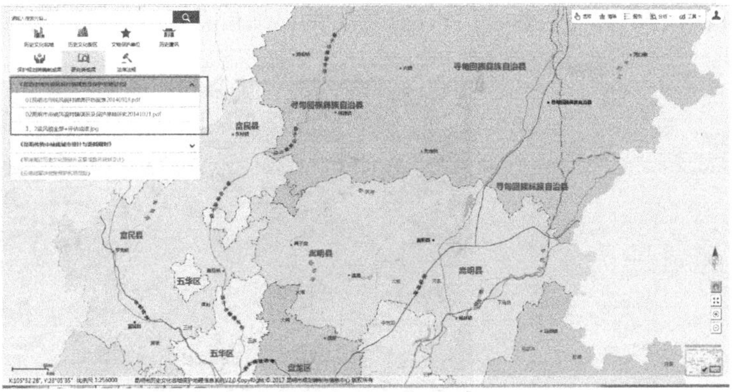

图 9.23　“研究类成果”二级专题文件列表

图 9.24　“研究类成果”二级专题文件查看

9.3.7　法律法规

(1)点击选中“法律法规”专题，展开文件列表，如图 9.25 所示。

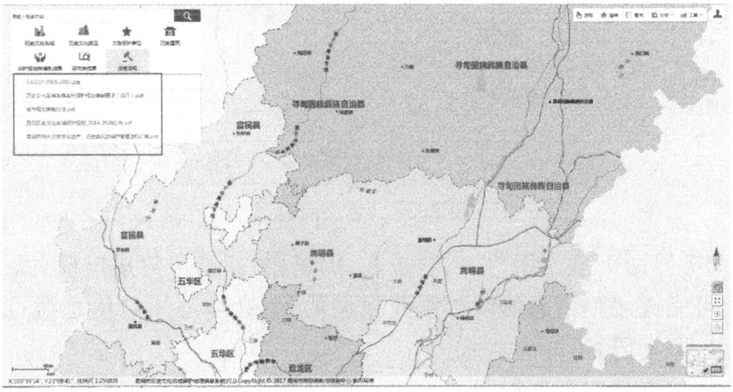

图 9.25　“法律法规”专题文件列表

(2)点击列表中文件名称,可打开查看文件详细信息,如图 9.26 所示。

图 9.26　“法律法规”专题文件查看

9.4　系统管理

9.4.1　个人信息

系统右上方点击图标下的“个人信息”,弹出用户信息窗口,如图 9.27 所示。

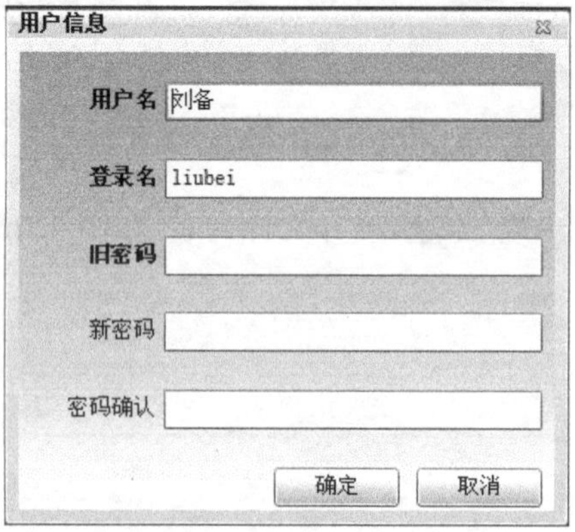

图 9.27　个人信息

在图 9.27 界面上输入用户名、登录名、旧密码、新密码等用户信息后,点击“确定”按钮,便可完成用户信息修改。需要强调的是:在填写用户信息时,前三项(用户名、登录名、旧密码)不能为空。

以下功能只有具有管理权限的用户才能使用。用鼠标点击主界面上的“管理中心”按钮,系统切换到系统管理界面。

9.4.2　部门管理

管理员可随时管理系统中的用户，对这些用户进行增、删、改操作。初次使用时该系统的管理员用户需创建部门（用户分组），新建部门（分组）工具如图 9.28 所示。

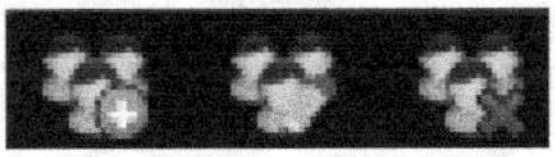

图 9.28　新建部门（分组）工具

（1）添加部门（分组）：点击图 9.28 的“添加小组”按钮，弹出窗口（图 9.29），并输入部门（小组）名称，点击“确定”按钮便完成创建。

（2）修改部门（分组）：选中需修改的部门（分组），点击“修改小组”图标，弹出窗口，输入部门（小组）名称，点击“确定”便完成修改。

（3）删除部门（分组）：选中需删除的部门（小组），点击“删除”按钮，即可删除部门（小组）。

部门创建完成后，选择部门，在图 9.30 所示的界面右上角点击图标，用户类型后面的选择框变成可用状态，选择用户类型，在界面上输入用户信息后，点击“保存”按钮即可创建新用户，如图 9.30 所示。

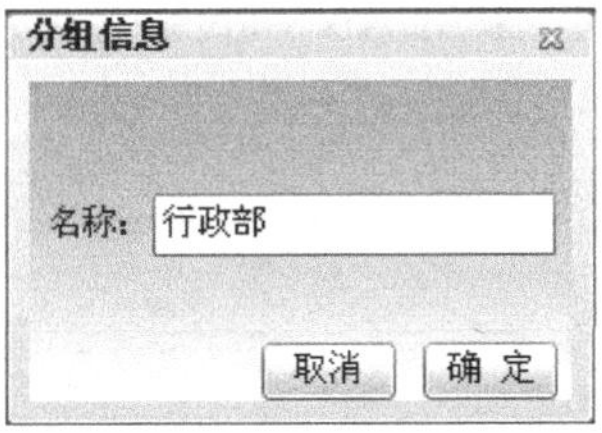

图 9.29　添加部门（分组）

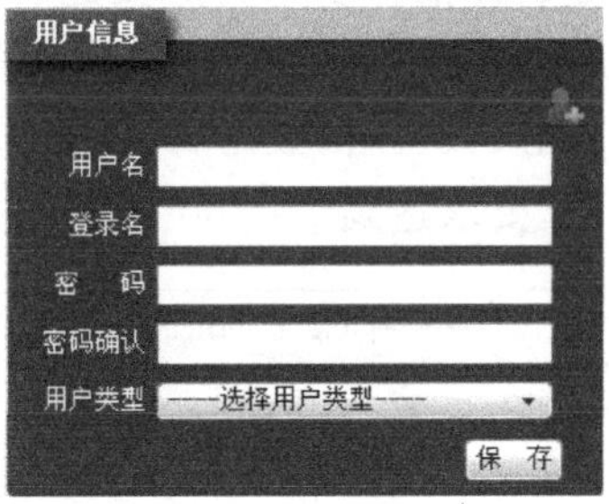

图 9.30　创建新用户

9.5　资料管理

资料管理即对历史文化名城的数据（照片、视频等多媒体信息）进行管理。用户可根据数据类型（包括挂牌保护建筑、普通建筑主体和普查建筑群），对照片或视频信息进行增删改操作。

点击图 9.31 中数据类型前面的图标，然后在展开的列表中选择需要修改数据的对象，界面右边显示照片和视频资料。用户此时可点击添加、修改和删除按钮对这些资料进行管理。

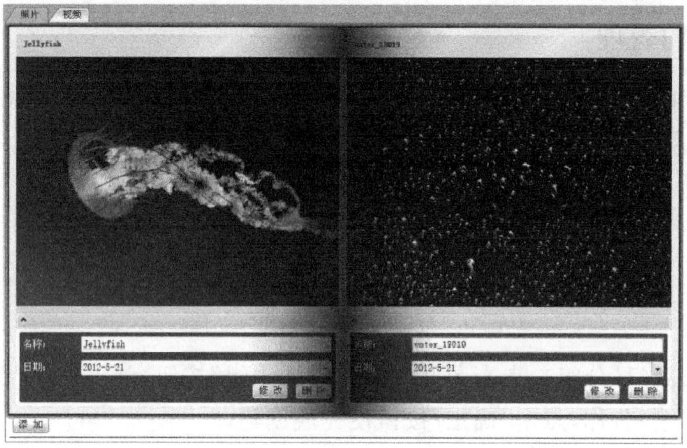

图 9.31　资料管理

9.6　历史文化名城保护规划地理信息系统应用

9.6.1　第三批挂牌保护历史建筑的整理、完善和入库

2017 年《昆明第三批建议历史建筑价值评估研究》中给出的昆明市第三批挂牌保护历史建筑拟推荐名单为历史建筑(8 处),其数据需要整理并入库(图 9.32 至图 9.35)。数据包括历史保护建筑调查基底轮廓线空间要素和属性调查信息,其中,图册比例尺大、栅格数据二值化效果较差,采用 ArcMap 手动矢量化技术进行矢量化操作,要求达到 1∶500 比例尺的精度。

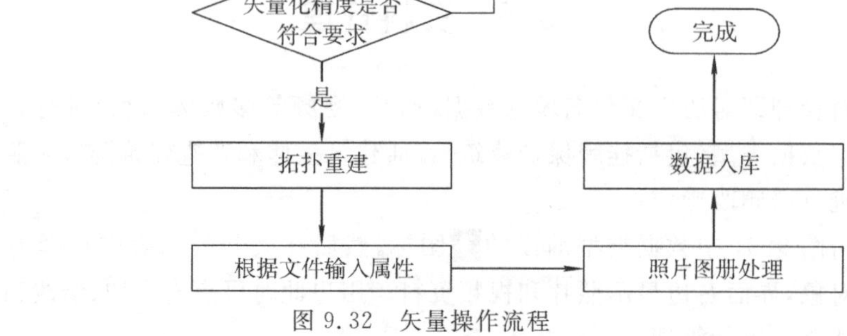

图 9.32　矢量操作流程

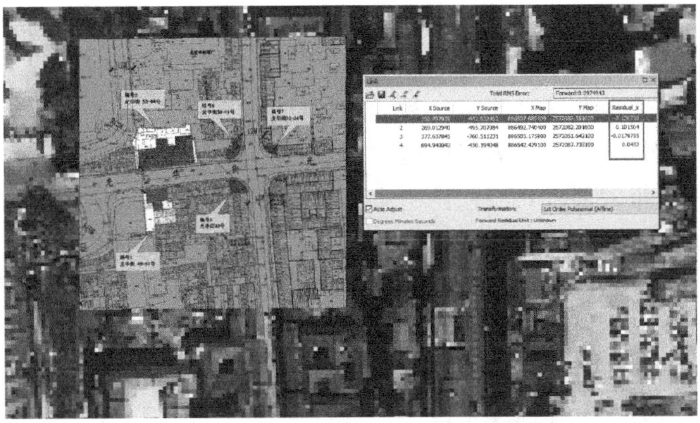

图 9.33　Georeferncing 工具配图

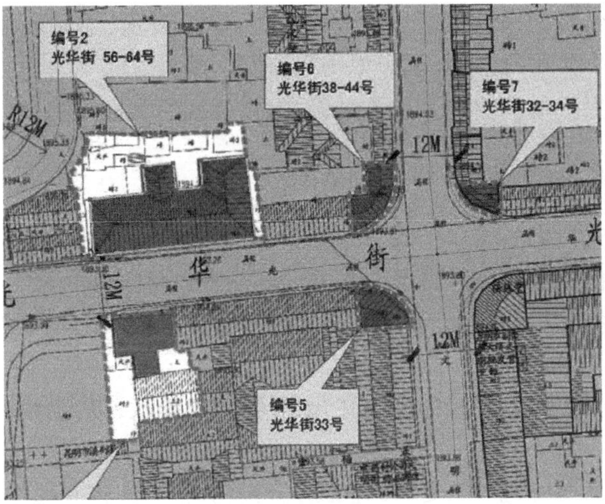

图 9.34　使用编辑工具提取绘制建筑物轮廓

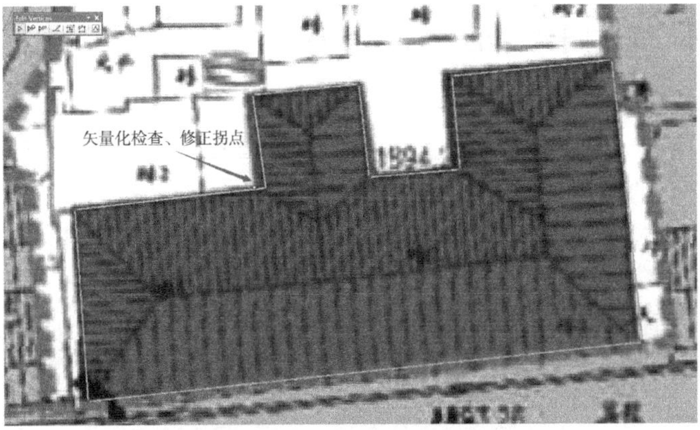

图 9.35　放大地图比例尺修正拐点

9.6.2 挂牌历史建筑入库标准完善

根据云南省住房和城乡建设厅和云南省文化厅《关于印发云南省历史文化街区划定和保护建筑确定工作方案的通知》对历史文化街区现状统计表、历史建筑现状统计表材料上报的要求，完善《昆明历史文化名城保护规划地理信息系统空间数据库标准》规范，增加历史文化街区（历史地段）与历史建筑、文物保护单位的管理关系，以便后期导出省规范图幅及历史文化街区、历史建筑、文物单位现状统计，详见《昆明历史文化名城保护规划地理信息系统空间数据库标准(0.4)》。

(1)在历史文化街区（历史地段）核心保护范围结构表、建筑控制地带结构表、风貌协调区结构表中添加面积字段。

(2)新增历史文化街区（历史地段）现状结构表。

(3)在历史建筑结构表中增加编号（省标）、建筑面积（平方米）、基底面积或占地面积（平方米）、公布时间、所属历史街区（地段）编号。

(4)在文物保护单位结构表中添加编号（省标）、所属历史街区（地段）编号。

9.6.3 数据成果的更新、补充和入库

以《昆明历史文化名城保护规划地理信息系统空间数据库标准》为标准，结合2016年收集的第三次全国文物普查数据、文物保护单位和历史建筑等资料及以2012年收集的资料为基础，梳理系统中已有的历史文化街区、文物、保护建筑，进行整理、更新、补充和入库。

(1)补充云南省相关目标中历史文化街区（历史地段）、历史建筑中增加的字段属性值。

(2)根据收集资料，整理、更新、补充历史文化街区、文物和保护建筑。

(3)校对文物单位、保护建筑的坐标。

9.6.4 文本、纸质图件等的整理和入库

1. 图册矢量化

通过对《昆明历史文化名城保护规划(2014—2020)》图集进行筛选，图册中可以且需要矢量化的图册数据如下（图9.36至图9.39）：

(1)昆明古城城址变迁示意图中南诏拓东城（鄯阐）、元中庆城、明清云南城府、民国昆明城范围，精度要求为1∶8 000比例尺。

(2)规划范围示意图中环滇池地区范围，精度要求为1∶100 000比例尺。

(3)历史城区城垣形制保护规划图中云南府城城垣（云南城府）、城楼，精度要求为1∶8 000比例尺。

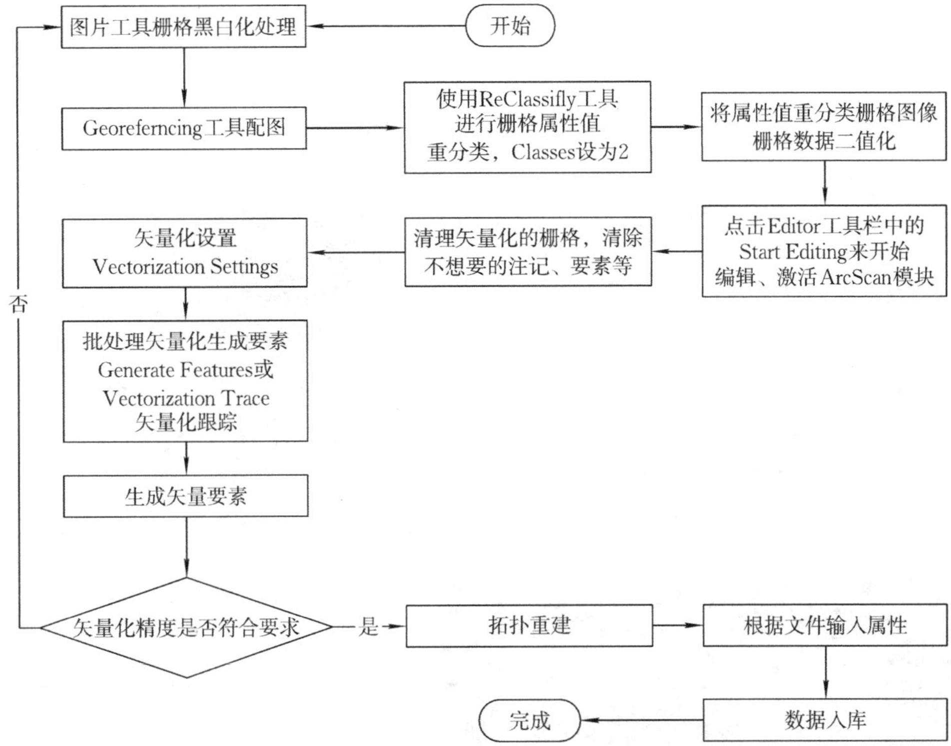

图 9.36　数据处理流程

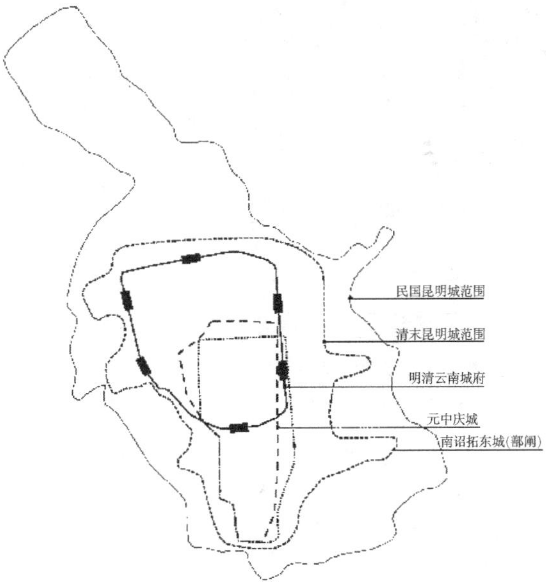

图 9.37　将栅格图像属性值重分类及栅格数据二值化

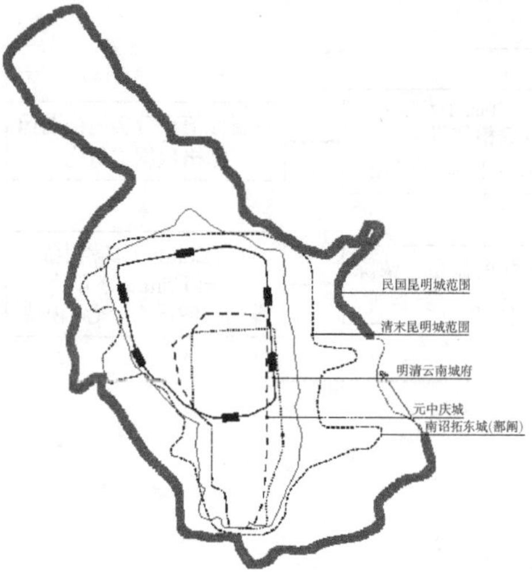

图 9.38　矢量化跟踪

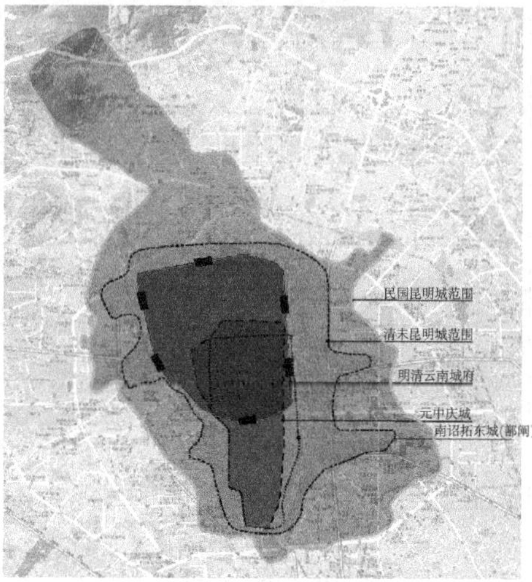

图 9.39　跟踪栅格像元来建立线要素

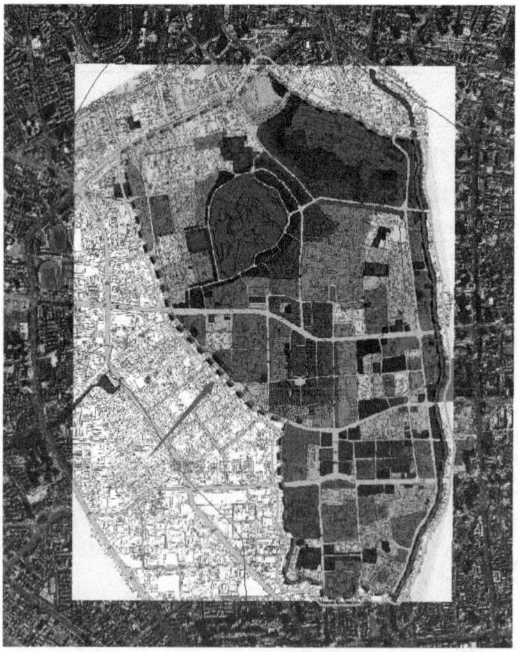

图 9.40　规划成果

2. 图册裁剪整理

将《昆明历史文化名城保护规划(2014—2020)》图集的已配准图册按历史文化名城现状图纸、规划图纸及历史文化街区(历史地段)现状图纸、规划图纸分类整理,编入历史文化名城地理信息系统目录树中,并对图册进行裁剪,将图册中多余的底图裁剪。

历史文化名城图册使用历史城区范围(缓冲区)截取,历史文化街区(历史地段)图册使用风貌协调区、建设控制地带(缓冲区)进行栅格裁剪,并从《昆明历史文化名城保护规划(2014—2020)》图集中截取对应的图例。调整裁剪范围使之保留所有的规划成果(图 9.40)。

使用 Data ManagementTools\Raster\Raster Processing\Clip 栅格裁剪工具进行裁剪,结果如图 9.41 所示。

图 9.41　裁剪结果

9.6.5　重点保护对象现状的调绘、数据采集和入库

根据数据资料成果的现状，结合实际情况，在现有国家规范的基础上新增《历史建筑现状和修缮、维修情况结构表》《文物保护单位现状和修缮、维修情况结构表》，详见《昆明历史文化名城保护规划地理信息系统空间数据库标准(0.4)》。根据省相关标准完善挂牌历史建筑入库标准，同时梳理已入库的各年数据成果，对所缺的属性编制现状、修缮情况增加数据采集模板，针对第一批重点保护对象(文物保护单位、历史建筑)现状和修缮、维修情况开展现场调绘(名单见表 9.1)。

表 9.1　第一批重点保护对象名单

名称	保护级别	地址	使用单位
福林堂	国Ⅶ	光华街 31 号	文物保护单位
卢汉公馆	昆明市挂牌保护历史建筑、省级文物保护单位	翠湖南路 4 号	
欧氏宅院	昆明市挂牌保护历史建筑区级文物保护单位	文明街 11 号	
祥云街 45-48 号	昆明市挂牌保护历史建筑	祥云街 45-48 号	
光华街 63-77 号	昆明市挂牌保护历史建筑	光华街 63-77 号	
云南陆军讲武堂	全国重点文物保护单位	翠湖西路 22 号	

9.6.6 系统完善和推广工作

1. 历史文化名城保护规划地理信息系统中进行数据建库成果展示

将第三批挂牌保护历史建筑名单、矢量化图册、栅格裁剪处理成果等编入导航菜单。表 9.2 为第三批重点保护对象名单。

表 9.2 第三批重点保护对象名单

一级目录名称	二级目录名称	三级目录名称	四级目录名称	更新前资料状态	备注	数量/个
历史文化名城	环滇池地区范围			有		
	历史城区范围			有		
	昆明古城城址变迁示意图	南诏拓东城(鄯阐)		有		
		元中庆城		有		
		明清云南城府		有		
		清末昆明城范围		有		
		民国昆明城范围		有		
	历史村镇	历史文化名镇	东川区汤丹镇	无	三普数据中有点位	
		历史文化名村	东川区铜都镇箐口村	无	三普数据中有点位	
			度假区大渔海晏村	有	“滇池流域历史建筑普查”中有	
	现状图纸	历史城区古树名木现状分布图		有		
		历史城区土地利用现状图		有		
		历史城区道路系统现状图		有		
		历史城区建筑高度现状图		有		
		历史城区传统城市空间结构分析图		有		
	规划图纸	历史城区层次保护范围示意图		有		
		历史城区、历史文化街区、历史地段保护范围坐标图		有		
		历史城区保护机构图		有		

续表

一级目录名称	二级目录名称	三级目录名称	四级目录名称	更新前资料状态	备注	数量/个
历史文化名城	规划图纸	历史城区保护区划图		有		
		历史城区城垣形制保护规划图		有		
		历史城区城市轴带保护规划图		有		
		历史城区街巷格局保护规划图		有		
		历史城区建筑高度控制图		有		
		历史城区空间视廊控制图		有		
		历史城区地块整治模式控制图		有		
		历史城区用地规划图		有		
		历史城区文物保护区划图		有		
		历史城区及其周边地区历史建筑保护区划图		有		
		历史城区文化空间规划图		有		
		历史文化街区、历史地段区位图		有		
	历史文化街区	文明街历史文化街区	核心保护范围	有		
			建设控制地带范围	有		
			保护规划	待核实	为“详细规划现状”	
			批复文档			
			现状图纸	有	文明街历史文化街区建筑年代现状图	
				有	文明街历史文化街区建筑质量现状评价图	

续表

一级目录名称	二级目录名称	三级目录名称	四级目录名称	更新前资料状态	备注	数量/个
历史文化名城	历史文化街区	文明街历史文化街区	现状图纸	有	文明街历史文化街区建筑风貌现状评价图	
				有	文明街历史文化街区历史环境要素现状图	
			规划图纸	有	文明街历史文化街区保护区划图	
		南强街历史文化街区	核心保护范围	有		
			建设控制地带范围	有		
			现状图纸	有	南强街历史文化街区及祥云历史地段建筑风貌现状评价图	
			现状图纸	有	南强街历史文化街区保护区划图	
		晋城古镇上、下西街历史文化街区	核心保护范围	有		
			建设控制地带范围	有		
			保护规划	有		
			现状图纸	有	晋城古镇历史文化街区建筑风貌现状评价图	
			规划图纸	有	晋城古镇上、下西街历史文化街区保护区划图	
	历史地段	官渡古镇历史地段	核心保护范围			
			建设控制地带范围	有		
			风貌协调区范围	有		
			现状图纸	有	官渡古镇历史地段建筑风貌现状评价图	
			规划图纸	有	官渡古镇历史地段保护区划图	

续表

一级目录名称	二级目录名称	三级目录名称	四级目录名称	更新前资料状态	备注	数量/个
历史文化名城	历史地段	祥云历史地段	核心保护范围	有		
			建设控制地带范围	有		
			保护规划	有		
			现状图纸	有	南强街历史文化街区及祥云历史地段建筑风貌现状评价图	
			规划图纸	有	祥云历史地段保护区划图	
		云南大学历史地段	核心保护范围	有		
			建设控制地带范围	有		
			规划图纸	有	云南大学历史地段保护区划图	
		震庄历史地段	核心保护范围	有		
			建设控制地带范围	有		
			规划图纸	有	震庄历史地段保护区划图	
		翠湖周边历史地段	核心保护范围	有		
			建设控制地带范围	有		
			现状图纸	有	翠湖周边历史地段建筑风貌现状评价图	
			规划图纸	有	翠湖周边历史地段保护区划图	
		大观楼及其周边地区历史地段	核心保护范围	有		
			建设控制地带范围	有		
			规划图纸	有	大观楼历史地段保护区划图	
		龙泉宝云历史地段	核心保护范围	有		
			建设控制地带范围	有		
			规划图纸	有	龙泉宝云历史地段保护区划图	

续表

一级目录名称	二级目录名称	三级目录名称	四级目录名称	更新前资料状态	备注	数量/个
文物保护单位	文物保护单位(不可移动文物)	国家级		有	共454个,其中有“尚未核定为保护单位”	20
		省级		有		54
		市级		有		169
		区级		有		120
	登记文物			待核实	106个	104
	第三次文物普查			有		2 205
历史建筑(挂牌保护建筑)	2002年第一批历史建筑			有		33
	2006年第二批历史建筑			有		29
	2008年第三批历史建筑(拟推荐)			有		8
	滇池流域历史建筑普查	建筑		有		304
		建筑群		有		19
		文物建筑		有		156
保护规划类编制成果	《昆明历史文化名城保护规划(2014—2020)》(2014年省建设厅批复)			有		3
	文明街保护规划	《文明街历史文化街区修建性详细规划》(2006年市政府批准)		有	JPG规划图	
		《文明街历史文化保护区紫线划定方案》(2006年市政府批准)		有	JPG规划图	
		《2013版昆明文明街历史文化街区保护规划(修编)》(2013年第四次规委会审议通过)		有	为2011年文档“文明街保护规划设计说明(合稿A3)”	
	《晋城古镇保护规划及紫线划定方案》(2009年第四次市规委主任办公会审议通过)			有		4

续表

一级目录名称	二级目录名称	三级目录名称	四级目录名称	更新前资料状态	备注	数量/个
保护规划类编制成果	《昆明南强街历史文化街区保护规划》(2013 年第一次市规委主任办公会审议通过)			有	祥云片区保护规划资料	
研究类成果	《昆明市域传统风貌村镇调查及保护策略研究》			无		3
	《昆明传统中轴线城市设计与更新规划》			无		1
	《翠湖周边历史文化旅游片区景观提升规划设计》			无		
	《云南陆军讲武堂保护利用规划》			无		
法律法规						5

2. 调整制作图例

调整制作图例,如图 9.42 所示。

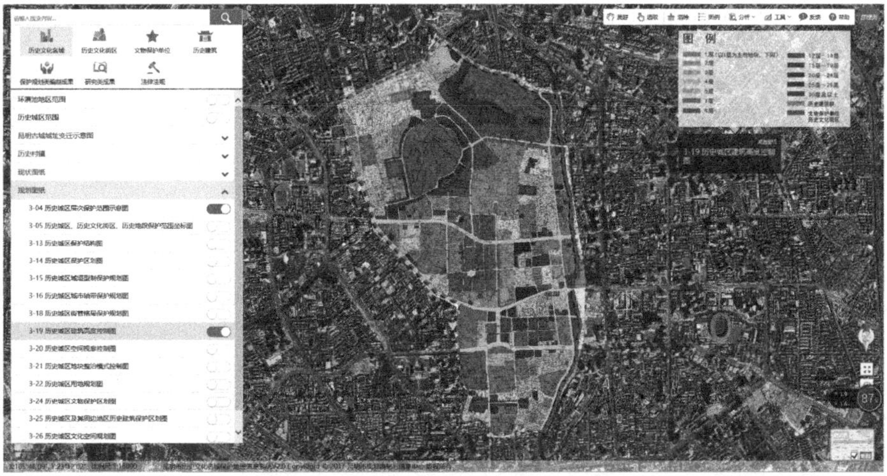

图 9.42　图　例

3. 新增历史要素鼠标提示条及调整要素选取方式

(1)使用 FeatureLayer 的 mouse-up 事件配合 GraphicsLayer 完成要素鼠标提示条功能。

(2)要素选取方式由原来需要选中 

工具才能选取改为鼠标点击直接选中要素。

4. 新增空间查询

新增按矩形工具、多边形工具、圆形工具对历史要素进行空间查询。

5. 调整规管系统接入系统用户权限

由原系统规管用户进入系统无权访问文物保护单位专题，修改为可访问。

6. 优化系统性能、调整图层加载效果

(1)整理专题动态服务图层，将保护规划、规划图纸数据发布到切片缓存服务，提高图层加载速度。

(2)调整动态服务发布配置参数及前端加载参数，解决点图层锯齿白边问题。

(3)调整优化各个专题地图视野。

第 10 章　历史文化名城保护规划地理信息系统相关技术介绍

当前，传统的方法已无法满足昆明市对历史文化名城保护的需求，为了能够更好地对昆明市历史文化名城进行保护，在本次研究中采用地理信息系统及部分新技术。在历史文化名城保护工作中，研究发现采用传统方法对历史文化名城进行保护主要存在以下几方面的问题。

1. 相关部门不能及时掌握信息

由于存在信息不对称和工作人员更换频繁等问题，市政府及相关部门不能及时掌握和共享历史文化遗产保护的相关信息，影响相关历史文化名城保护行政主管部门及时、准确地做出决策。

2. 数据采集方式落后

数据采集方式落后，造成历史文化街区、历史地段和历史建筑的保护和维修存在审批慢、保护难、修复难及不易监督等问题。

目前，对历史文化名城、名镇、名村及历史文化遗存的保护、管理及资料档案，仍然采用传统的、现行的二维地形图、卫星图片、图形、图纸、照片、影像和文字说明的方式进行记录和获取信息；这种传统的方式不能真实、完整和系统地反映历史文化名城的实质内容、历史价值和风貌特征。

另外，昆明市自然资源和规划局的规划审批是利用二维图形对单栋历史建筑进行维修审批并实现对街道乃至整个街区的保护工作，二维图形（维修设计图纸）对历史建筑立体空间和整体风貌无法进行清晰的表达，造成沿街建筑在空间、风貌、高度上的细微变化无法控制。对历史文化街区、历史地段和历史建筑的保护和维修存在审批慢、保护难、修复难及不易监督等问题。

3. 应用管理技术落后，已不能满足现有工作的需要

现有的历史村镇、历史街区和历史建筑保护成果仍然是以纸质档案形式存放，相关保护规划图纸、保护建筑的档案资料文本庞大，造成资料查阅、更新困难。

另外，即使是已有的电子数据，仍然以传统的由建筑师手绘的结构图和由地面近景摄影测量方法测出的结构图（二维图形）表达建筑的关键部位和整体结构。由于技术手段的局限，难以对历史建筑进行快速测绘和对整体立体空间进行清晰的表达。

4. 与规划管理审批信息系统脱节

历史文化名城保护的规划编制和规划管理作为昆明城市规划的组成部分，具有重要地位。原有开发的规管 2008 业务审批系统，涵盖了规划管理的主要内容，但缺乏历史文化名城保护规划和管理的专题内容，与规划管理审批信息系统脱节。

另外，随着昆明城市的发展，昆明市许多历史文化遗存在建设中破坏严重，如何保护本地的历史文化信息变得紧迫而困难。城市历史文化资源的定性描述及海量特性又使得应用新技术具有难度。

地理信息系统(GIS)，它具有地理数据采集、管理、查询、计算、分析与可视表现等多种功能，可科学地管理和综合分析各种地理空间和属性数据，提供管理、模拟、决策、规划等任务所需要的各种能力。三维技术可将采集的三维数据经运算分析后对数据进行表现、展示，三维数据相对二维数据更能表现出客观实际。三维地理信息系统与二维地理信息系统一样，需要具备最基本的空间数据处理功能，如数据获取、数据组织、数据操纵、数据分析和数据表现等。相比于二维地理信息系统，三维地理信息系统具有空间信息的展示更为直观、多维度空间分析功能更加强大等特点。

三维激光扫描技术是目前最先进的快速采集三维地理信息数据的方法和手段，可以快速重构整个建筑的全方位立体空间，完整描述建筑物的每一个关键要素，可以为历史建筑和历史文化街区的保护与更新提供真实准确的三维模型。它所采集的三维激光点云数据还可进行各种后处理工作(如测绘、计量、分析、仿真、模拟、展示、监测、虚拟现实等)。利用地面激光扫描仪建立历史街区的点云数字档案并将数据导入历史文化名城保护规划地理信息系统，可实现辅助规划行政审批和对历史街区风貌的有效保护。

因此，采用三维地理信息技术进行历史文化名城数据采集、建立城市历史文化名城资源库、建立历史文化名城管理系统，可以真实、准确、快速、方便地进行资料查阅，辅助城市规划审批，对提高规划管理工作效率、加强城市历史文化名城保护的力度和促进古建筑的恢复具有重要意义。

基于以上原因，亟待在历史文化名城保护工作中运用三维地理信息技术。一是对重点历史文化街区、历史文化名镇进行三维点云数据采集，获取历史文化名城、名镇和名村的整体形态、传统风貌、街巷结构等数据；二是对政府已批准的、已上报的、已调查的历史村镇、历史街区和历史建筑的相关资料，以及三维点云数据建立空间和多媒体数据库；三是建立昆明市历史文化名城保护规划地理信息平台，通过对历史文化名城数据的统计和分析等功能，实现历史文化遗产的科学管理，满足城市规划管理业务审批的需要，提高规划审批工作效率。同时，通过平台，实现历史文化名城保护的宣传和市民参与，加强昆明市历史文化名城的保护力度，推进历史文化名城保护信息化工作。

近年来，城市化进程迅速推进，高速建设脚步对城市的历史文化资源造成巨大威胁，尤其对于历史遗存丰富的历史文化名城而言，这种破坏尤其突出。随着可持续发展思想的渗透和历史城市保护意识的提高，我国历史文化名城保护体制逐步完善，保护规划的重要性也随之凸显。

在保护规划编制过程中，需要编制大量的现状分析图，进行专题的研究，进行各种分析所需的数据汇总。传统的方法不仅效率低下，而且容易出错，工作量大，更难以综合地分析基础数据。地理信息系统技术的应用，给解决这些问题带来新契机。所以，在保护规划编制过程中，在历史文化名城保护体系的框架指导下，探索和研究基于地理信息系统技术的历史文化名城保护规划的方法体系，将地理信息系统应用在历史文化名城保护规划的现状调查、规划编制中，均是十分迫切的需求。

下面介绍一些相关的技术。分为9小节。

10.1　地理信息系统

地理信息系统(GIS)是指在计算机软件和硬件支持下，对具有空间内涵的地理信息进行输入、存储、检索、运算、分析、表达等操作的技术系统。地理信息系统具有标准化、数字化和多维结构等基本特点，能够科学管理和综合分析多源时空数据，反映地理分布特征及其之间的拓扑关系。地理信息系统同时也是信息可视化工具，能够通过计算机屏幕把信息逼真地再现到地图上，直观地表现信息的规律和分析结果，还可以在屏幕上动态地监测信息的变化。地理信息系统广泛应用于资源调查、数据库建设与管理、土地利用及其适宜性评价、灾害监测和预报、区域规划、生态规划、精确农业等方面，起到解释事件、预测结果、规划战略等作用。

1. 地理信息系统的组成

从系统构成的角度来看，地理信息系统可以分为五大元素，即计算机硬件、系统软件、数据库系统、数据库管理系统和应用人员。

(1)计算机硬件。计算机硬件是进行地理信息系统开发和应用的基础，主要包括计算机、显示器、打印机、扫描仪、绘图仪、数字化仪等。

(2)系统软件。系统软件是对信息进行输入、输出、存储、处理、运算的工具，主要指操作系统，支持查询、分析和可视化的工具，支持图形化界面等。

(3)数据库系统。数据库系统的功能是完成对数据的存储，包括几何(图形)数据和属性数据库。

(4)数据库管理系统。数据库管理系统是地理信息系统的核心。通过数据库管理系统，可以完成对地理数据的输入、处理、管理、分析和输出操作。

(5)应用人员。地理信息系统的用户范围从日常使用该系统的工作人员，到负责设计和维护系统的技术专家。复合人才(既懂计算机技术，又熟悉地理信息系统)是地理信息系统成功应用的关键，而强有力的组织是系统运行的保障。

2. 地理信息系统的分类

地理信息系统按研究范围大致可以分为以下三大类：

(1)专题性信息系统。专题性信息系统是选取某个专业、问题或对象为主要内容的系统，也是当时发展最快、最为普遍的系统，如美国的地震分析系统、法国的地球物理信息系统等。

(2)区域性信息系统。区域性信息系统是将某个地域范围作为研究对象进行分析的系统，“瑞典斯德哥尔摩地区信息系统”就是典型的例子。此外，还有区域性卫生资源信息系统、区域性医学影像信息系统、区域性城市地理信息系统、区域性楼宇信息系统、区域性耕地预警信息系统等。

(3)全国性综合系统。全国性综合系统是以整个国家作为研究主题的系统，在全国范围内施行统一标准，存储涵盖自然地理要素和社会经济要素的系统性信息，供整个国家进行查询和检索服务。经典的例子有日本的国土信息系统和加拿大的国家地理信息系统等。

3. 地理信息系统使用的关键技术

地理信息系统(geographic information system，GIS)是一门综合性学科，结合地理、地图、摄影测量、遥感、计算机等诸多学科的知识，广泛地应用于科学调查、资源管理、财产管理、发展规划、绘图和路线规划等领域。下面介绍地理信息系统使用的关键技术。

(1)传感器网络。传感器网络在本质上是一种计算机网络，由许多在空间上分布的自动装置组成。这些装置利用传感器设备互相配合和通信，监控不同空间位置的物理或环境状况，然后将获得的信息上传至联机的中央地理信息系统和分析系统中。传感器网络技术最初面向战场监测等军事应用，而现今无线传感器网络正逐渐深入民用领域，趋于社会化和大众化。现阶段该项技术主要应用在环境与生态监测、交通控制、家庭自动化及健康监护等方面。

(2)数据管理。数据是地理信息系统的“血液”，有数据支持的地理信息系统才有生命力。在地理信息系统中，数据拥有空间位置、图形信息及对应的属性信息。地理信息系统数据具有数据源多、数据量大的特点。现有的地理信息系统具备管理大型数据库的能力，可以提供多用户读写访问，调整分布式地理数据库。

(3)建模和分析。功能强大，开发便捷的地理信息系统软件可以在空间分析和建模方面帮助用户增强处理地理信息的能力。基于地理信息系统开发的探索性空间数据分析、空间查询、数据管理与存储、专业制图、地理统计、决策支持、过程建模等方面的功能，能够激发传统学科对地理信息系统的兴趣，与此同时，提高参与者和使用者的分析能力。

(4)地理信息系统可视化技术。可视化是一门基于科学计算可视化、虚拟现实、地图学、地理信息系统、认知科学和通信学等，以识别、解释、表现和传输为目的，能够直观表示信息的技术和方法。地理信息系统可视化作为可视化与地理信息数据结合而形成的技术，以计算机软硬件技术为依托，对地理空间数据进行交互、分析、处理和图形化表达。作为一项高度集成的技术，地理信息系统可视化涉及的相关技术有地图标注技术、多维数据表达技术、网络地图技术、实时动态处理技术、交互反馈技术、并行技术等。

(5)网络地图技术。网络地图是电子地图技术与网络地理信息系统技术结合的产物，利用计算机与互联网，以数字方式存储与传输地图产品，可以对网络地图进行漫游、查询、制图和地图数据分析等操作。

10.2　遥感技术

10.2.1　遥感技术

遥感(remote sensing)是指非接触的，远距离的探测技术。一般指运用传感器或遥感器对物体的电磁波辐射、反射特性进行的探测。遥感是通过遥感器这类对电磁波敏感的仪器，在远离目标和不接触目标条件下探测目标地物，获取其反射、辐射或散射的电磁波信息，并进行提取、判定、加工处理、分析与应用的一门科学和技术；遥感是通过人造地球卫星、航空等平台上的遥测仪器，把对地球表面实施感应遥测和资源管理(如树木、草地、土壤、水、矿物、农作物、鱼类和野生动物等的资源管理)结合起来的一种新技术。

遥感系统主要由以下四大部分组成：

(1)信息源。信息源是遥感需要对其进行探测的目标物。任何目标物都具有反射、吸收、透射及辐射电磁波的特性，当目标物与电磁波发生相互作用时会形成目标物的电磁波特性，这就为遥感探测提供了获取信息的依据。

(2)信息获取。信息获取是指运用遥感技术装备接收、记录目标物电磁波特性的探测过程。信息获取所采用的遥感技术装备主要包括遥感平台和传感器。其中遥感平台是用来搭载传感器的运载工具，常用的有气球、飞机和人造卫星等；传感器是用来探测目标物电磁波特性的仪器设备，常用的有照相机、扫描仪和成像雷达等。

(3)信息处理。信息处理是指运用光学仪器和计算机设备对所获取的遥感信息进行校正、分析和解译处理的技术过程。信息处理的作用是通过对遥感信息的校正、分析和解译处理，掌握或清除遥感原始信息的误差，梳理、归纳出被探测目标物的影像特征，然后依据特征从遥感信息中识别并提取所需的有用信息。

(4)信息应用。信息应用是指专业人员按不同的目的将遥感信息应用于各业务领域的使用过程。信息应用的基本方法是将遥感信息作为地理信息系统的数据源，供人们对其进行查询、统计和分析利用。遥感的应用领域十分广泛，最主要的应用有军事、地质矿产勘探、自然资源调查、地图测绘、环境监测及城市建设和管理等。

10.2.2　遥感的特点

遥感作为一门对地观测的综合性科学，它的出现和发展是人们探索和认识自然界的客观需要，具有其他技术手段与之无法比拟的特点。

1. 范围广

遥感探测能在较短的时间内，从空中乃至宇宙空间对大范围地表同步进行观测，并从中获取有价值的遥感数据。这些数据拓展了人们的视觉空间。例如，一张陆地卫星图像，其覆盖面积可达三万多平方千米。这种展示宏观景象的图像，对地球资源和环境分析极为重要。

2. 时效性、周期性

遥感卫星获取信息的速度快，周期短。由于卫星围绕地球运转，从而能及时获取所经地区的各种自然现象的最新资料，以便更新原有资料，或根据新旧资料变化进行动态监测，这是人工实地测量和航空摄影测量无法比拟的。例如，陆地卫星4号、5号，每16天可覆盖地球一遍，NOAA气象卫星每天能对同一地区观测两次，Meteosat卫星每30分钟下传一次气象图像。

3. 数据的综合性、可比性和约束性

遥感探测能周期性、重复性地对同一地区进行对地观测，因此，有助于人们通过所获取的遥感数据，发现并动态地跟踪地球上许多事物的变化，研究自然界的变化规律。尤其是在监视天气状况、自然灾害、环境污染甚至军事目标等方面，遥感的运用就显得格外重要。

遥感技术获取的数据具有综合性。遥感探测所获取的是同一时段、覆盖大范围地区的遥感数据，这些数据综合地展现了地球上许多自然与人文现象，宏观地反映了地球上各种事物的形态与分布，真实地体现了地质、地貌、土壤、植被、水文、人工构筑物等地物的特征，全面地揭示了地理事物之间的关联性，并且这些数据在时间上具有相同的现势性。

遥感技术获取信息的手段多，信息量大。根据不同的任务，遥感技术可选用不同波段和遥感仪器来获取信息，例如可采用可见光探测物体，也可采用紫外线、红外线和微波探测物体。利用不同波段对物体不同的穿透性，还可获取地物内部信息。例如，地面深层、水的下层、冰层下的水体、沙漠下面的地物特性等。微波波段还可以全天候地工作。

4. 遥感的经济社会效益

遥感技术获取信息受条件限制少。在地球上有很多地方，自然条件极为恶劣，人类难以到达，如沙漠、沼泽、高山峻岭等。采用不受地面条件限制的遥感技术，特别是航天遥感，可方便及时地获取各种宝贵资料。

5. 局限性

目前，遥感技术所利用的电磁波还很有限，仅是其中的几个波段范围。在电磁波谱中，尚有许多谱段的资源有待进一步开发。此外，已经被利用的电磁波谱段对许多地物的某些特征还不能准确反映，还需要发展高光谱分辨率遥感，并采用遥感以外的其他手段相配合，特别是地面调查和验证尚不可缺少。

10.3 全球导航卫星系统

10.3.1 全球导航卫星系统(GNSS)

全球导航卫星系统(global navigation satellite system，GNSS)，也译为全球卫星导航系统。早在20世纪90年代中期，欧盟为了打破美国在卫星定位、导航、授时市场中的垄断地位，启动了民用全球导航卫星系统计划。该计划分两步实施：第一步是建立一个综合利用美国的GPS系统和俄罗斯的格洛纳斯(GLONASS)系统的第一代全球导航卫星系统(当时称为GNSS-1，即后来建成的EGNOS)；第二步是建立一个完全独立于美国的GPS系统和俄罗斯的格洛纳斯系统之外的第二代全球导航卫星系统，即正在建设中的伽利略(Galileo)导航卫星定位系统。近年来，GPS接收机制造厂商纷纷推出高性能的接收机。如PENTAX的Smart 78/88、Smart 8800，后者更是可以升级到72通道，成为真正意义上的全球导航卫星系统接收机。

当前，在这一领域最吸引人眼球的除了美国的GPS外，就是我国的北斗导航系统及欧盟的“伽利略”和俄罗斯的格洛纳斯系统。

10.3.2 全球定位系统

全球定位系统(global positioning system，GPS)，又称全球卫星定位系统，是一个中距离圆形轨道导航卫星系统。它可以为地球表面绝大部分地区(98%)提供准确的定位、测速和高精度的时间标准。系统由美国国防部研制和维护，可满足位于全球任何地方或近地空间的军事用户连续精确地确定三维位置、三维运动和时间的需要。该系统包括太空中的24颗GPS卫星，以及地面上1个主控站、3个数据注入站和5个监测站及作为用户端的GPS接收机。最少只需其中3颗卫星，就能迅速确定用户端在地球上所处的位置及海拔高度；所能连接到的卫星数越多，解码出来的位置就越精确。

该系统由美国政府于20世纪70年代开始进行研制并于1994年全面建成。使用者只需拥有GPS接收机即可使用该服务，不需要另外付费。GPS信号分为民用的标准定位服务(standard positioning service, SPS)和军用的精确定位服务(precise positioning service, PPS)两类。由于SPS不需任何授权即可任意使用,起初美国因为担心敌对国家或组织会利用SPS对美国发动攻击,故在民用信号中人为地加入选择性误差(selective availability,SA)以降低其精确度,使其最终定位精确度大概在100米。2000年以后,克林顿政府决定取消对民用信号的干扰。因此,现在民用GPS信号也可以达到10 m左右的定位精度。

GPS系统拥有多种优点:如使用低频信号,纵使气候不佳仍能保持相当的信号穿透性;全球覆盖(高达98%);三维定速定时精度高;快速、省时、高效率;应用广泛、多功能;可移动定位;不同于双星定位系统,使用过程中接收机不需要发出任何信号,从而增加了隐蔽性,提高了其军事应用效能。

10.3.3 "伽利略"导航卫星定位系统

"伽利略"导航卫星定位系统的建立于2007年底完成,2008年投入使用,总共发射30颗卫星,其中27颗卫星为工作卫星,3颗为候补卫星。卫星高度为24 126千米,位于3个倾角为56°的轨道平面内。该系统除了30颗中高度圆轨道卫星外,还有2个地面控制中心。

"伽利略"系统将为欧盟成员国的公路、铁路、空中和海洋运输甚至徒步旅行者有保障地提供精度为1米的定位导航服务。

"伽利略"计划是欧洲自主、独立的全球多模式卫星定位导航系统,提供高精度高可靠性的定位服务,实现完全非军方控制的管理,可以进行覆盖全球的导航和定位功能。

"伽利略"系统可以发送实时的高精度定位信息,同时"伽利略"系统能够保证在许多特殊情况下提供服务,如果定位失败,也能在几秒钟内通知用户。

10.3.4 北斗导航卫星系统

中国北斗导航卫星系统(BeiDou navigation satellite system,BDS)是中国自行研制的全球导航卫星系统,是继美国全球定位系统(GPS)、俄罗斯格洛纳斯导航卫星系统(GLONASS)之后第三个成熟的导航卫星系统。北斗导航卫星系统(BDS)和美国GPS、俄罗斯GLONASS、欧盟Galileo,是联合国卫星导航委员会已认可的全球导航定位系统。

北斗导航卫星系统由空间段、地面段和用户段三部分组成,可在全球范围内全天候、全天时为各类用户提供高精度、高可靠定位及导航、授时服务,并具短报文通信能力,定位精度10米,测速精度0.2米/秒,授时精度20纳秒。

北斗导航卫星系统空间段已发射59颗卫星,包括静止轨道卫星、中圆地球轨道卫星、倾斜同步轨道卫星。静止轨道卫星定点位置为东经58.75°、80°、110.5°、

140°、160°，中圆地球轨道卫星运行在3个轨道面上，轨道面与面之间相隔120°。

10.4　摄影测量

10.4.1　摄影测量

摄影测量是利用光学摄影机获取的像片，经过处理以获取被摄物体的形状、大小、位置、特性及其相互关系。摄影测量的主要任务是用于测制各种比例尺的地形图，建立地形数据库，为各种地理信息系统、土地信息系统及各种工程应用提供空间基础数据，同时服务于非地形领域，如工业、建筑、生物、医学、考古等领域。

传统的摄影测量学是利用光学摄影机摄取像片，通过像片来研究和确定被摄物体的形状、大小、位置和相互关系的一门科学技术。它包括的内容有：获取被摄物体的影像，研究单张像片或多张像片影像的处理方法，包括理论、设备和技术，以及将所测得的结果以图解的形式或数字形式输出的方法和设备。

从1839年涅普斯和达盖尔发明摄影术算起，摄影测量已有180多年的历史。但将摄影术真正用于测量的是法国陆军上校洛瑟达(Laussedat)，他在1851—1859年提出和进行了交会摄影测量。由于当时飞机尚未发明，摄影测量的几何交会原理仅限于处理地面的正直摄影，主要是用来进行建筑物摄影测量，而不是用来进行地形测量。

从空中拍摄地面的照片，最早是1858年纳达尔在气球上拍摄的。1903年莱特兄弟发明飞机后，才使航空摄影测量成为可能，在第一次世界大战时期，第一台航空摄影机问世。由于航空摄影比地面摄影有明显的优越性(如视场开阔、无前景挡后景现象、可快速获得大面积地区的像片等)，航空摄影测量成为20世纪以来大面积测制地形图的最有效方法。1901年研制了立体坐标量测仪，1909年研制了1318立体自动测图仪，这些仪器主要用于地面摄影测量。从20世纪30年代到50年代末，各国主要测量仪器厂针对航空地形摄影测量研制和生产了各种类型的模拟测图仪器。这个时期是模拟航空摄影测量的黄金时期。在我国，模拟航空摄影测量一直延续到20世纪70年代末。

模拟航空摄影测量指的是用光学或机械方法模拟摄影过程，使两个投影器恢复摄影时的位置、姿态和相互关系，构成一个比实地缩小了的几何模型，即所谓摄影过程的几何反转，在此模型上的量测即相当于对实地的量测，量测的结果通过机械或齿轮传动等方法直接在绘图桌上绘出，如地形图或各种专题图。

由于计算机及计算技术的发展，人们开始使用计算机来完成摄影测量中复杂的几何解算和大量的数值计算。这便出现了始于20世纪50年代末的解析空中三角测量仪、解析测图仪与数控正射投影仪，开辟了解析摄影测量的新纪元。

1957年,海拉瓦博士提出了利用计算机进行解析测图的思想,限于当时计算机的发展水平,解析测图仪经历了近20年的研制和试用阶段。到了20世纪70年代中期,计算机技术的发展才使解析测图仪进入了商用阶段。

解析摄影测量的进一步发展是数字摄影测量。从广义上讲,数字摄影测量指的是从摄影测量和遥感所获取的数据中,采集数字化图形或数字化影像,在计算机中进行各种数值、图形和影像处理,研究目标的几何和物理特性,从而获得各种形式的数字产品和可视化产品。这里的数字产品包括数字地图、数字高程模型、数字正射影像、测量数据库、地理信息系统和土地信息系统等。这里的可视化产品包括地形图、专题图、纵横剖面图、透视图、正射影像图、电子地图、动向地图等。对数字或数字化影像在计算机中进行全自动化数字处理的方法称为全数字化摄影测量,它包括自动影像匹配与定位、自动影像判读两大部分。自动影像匹配与定位是对数字影像进行分析、处理、特征提取和影像匹配,然后进行空间几何定位,建立数字高程模型和获得数字正射影像。所获得的可视化产品则为等高线图和正射影像图等。由于自动影像匹配与定位能代替人眼立体观测的过程,故而是一种计算机视觉方法。自动影像判读是解决对数字影像的定性描述,并称为数字图像分类。数字图像低级的分类方法是基于灰度、特征和纹理等,多用统计分类方法;数字图像高级的分类则基于知识,构成分类专家系统。

数字摄影测量的发展还推动了实时摄影测量的问世。所谓实时摄影测量是用CCD多数字摄影机直接对目标进行数字影像获取,并直接输入计算机系统中,在实时软件作用下,立刻获得和提取需要的信息,并用来控制对目标的操作。这种实时摄影测量系统主要用于医学诊断、工业过程控制和机器人观察方面。在陆地车载或空中机载、星载系统中,利用卫星定位技术和CCD影像技术可以实时地直接为地理信息系统采集所需要的数据和信息,对军用和民用都有极大的意义。

综上所述,摄影测量经历了模拟法、解析法和数字化三个发展阶段。

摄影测量尽管有各种各样的分类,但它们的基本理论依据是共同的,就是摄影构像的数学模型。对单张像片而言,这个数学模型是基于摄影时物点、镜头中心和像点三个点位于同一直线上,由此建立的方程称为共线条件方程或构像方程。对于一个立体像对(由不同摄影站摄取的、具有一定影像重叠的两张像片),则又可引申出能够表明内部和外部几何关系的数学模型。具体到实际作业中,这些数学模型构成了单像摄影测量和双像(立体)摄影测量的理论基础。

采用摄影测量方法测制地形图,必须对测区进行有计划的空中摄影。将航摄仪安装在航摄飞机上,从空中一定的高度对地面物体进行摄影,取得航摄像片。运载航摄仪的飞机飞行的稳定性要好,在空中摄影过程中要能保持一定的飞行高度和航线飞行的直线性。

飞机的飞行航速不宜过快,续航的时间要长,实施飞行直至把整个航摄区域摄影完毕，经过室内摄影处理(显影、定影、水洗、晾干等)，从而得到覆盖整个航摄区域的航摄像片。目前所采用的像幅大小有两种：一种是 18 cm×18 cm 的像片，另一种是 23 cm×23 cm 的像片(也称大像幅的像片)。

以测绘地形为目的的空中摄影多采用竖直航空摄影方式，要求摄影机在曝光的瞬间物镜主光轴保持垂直于地面。实际上，由于飞机的稳定性和摄影操作的技能限制，航摄机主光轴在曝光时总会有微小的倾斜，按规定要求像片倾角应小于2°～3°，这种摄影方式称为竖直摄影。竖直航空摄影可分为面积航空摄影、条状地带航空摄影和独立地块航空摄影三种。面积航空摄影主要用于测绘地形图，或进行大面积资源调查；条状地带航空摄影主要用于公路、铁路、输电线路定线和江、河流域的规划与治理工程等，它与面积航空摄影的区别一般只有一条或少数几条航带；独立地块航空摄影主要用于大型工程建设和矿山勘探部门，只拍摄少数几张具有一定重叠度的像片。

摄影测量的主要特点为：

(1)不需要接触物体本身就可获得被摄物体信息。

(2)由二维影像重建三维目标。

(3)面采集数据方式。

(4)同时提取物体的几何与物理特性。

影像获取的设备有框幅式摄影机、光学机械扫描仪、全景摄影机、CCD 固态扫描仪、合成孔径侧视雷达等。

10.4.2 数字正射影像图

DOM，全称为 digital orthophoto map，即数字正射影像图，是参照地形图要求，对地表航空航天影像经垂直投影而生成的数字正射影像，按图幅范围进行裁切，配以图廓整饰制作而成。它具有像片的影像特征和地图的几何精度，是国家基础地理信息数字成果的主要组成部分。数字正射影像图信息丰富直观，具有良好的可判读性和可量测性，从中可直接提取自然地理和社会经济信息。数字正射影像图的生产主要包括资料准备、色彩调整、数字高程模型(DEM)采集、影像纠正(融合)、影像镶嵌、图幅裁切、质量检查、成果整理与提交等环节。

数字正射影像图主要应用在以下几个方面：洪水、河流变迁、旱情监测；农业估产(精准农业)；土地覆盖和土地利用资源的动态监测；荒漠化监测与森林监测(成林害虫)；海岸线保护；生态变化监测。

10.5 激光点云

三维点云数据可以清晰表达历史文化街区、历史地段的立体空间、整体风貌，以及历史文化建筑的每一个关键要素和整体结构，应用三维点云数据可以实现辅助规划行政审批，加强对历史街区风貌的有效保护。

在逆向工程中通过测量仪器得到的产品外观表面的点数据集合也称为点云，通常使用三维坐标测量机所得到的点数量比较少，点与点的间距也比较大，称作稀疏点云；而使用三维激光扫描仪或照相式扫描仪得到的点云，点数量比较多且比较密集，称作密集点云。点云是反映目标表面特性的海量点集合。

(1)根据激光测量原理得到的点云，包括三维坐标和激光反射强度。

(2)根据摄影测量原理得到的点云，包括三维坐标和颜色信息。

(3)结合激光测量和摄影测量原理得到点云，包括三维坐标、激光反射强度和颜色信息。

当一束激光照射到物体表面时，所反射的激光会携带方位、距离等信息。若将激光束按照某种轨迹进行扫描，便会边扫描边记录到反射的激光点信息。由于扫描极为精细，则能够得到大量的激光点，因而就可形成激光点云。点云的属性包括：空间分辨率、点位精度、表面法向量等。

点云(point cloud)的常见格式有：*.pts；*.asc；*.dat；*.stl；*.imw；*.xyz。

点云技术最初多应用于机械制造行业。随着近年来计算机能力的提升，不仅处理点的数量获得了增长，照点的设备价格也有所下降，曾经价值几十万美元的采集设备，现在只需几千美元，并且精度越来越高，能够照的地方也越来越多。现在已经可以直接应用到建筑等领域。点云的应用不仅可以节省掉传统的建模时间，也增加了模型的准确性。

点云数据的获取方式主要有车载激光、机载激光及地面激光扫描。地面激光扫描、机载激光扫描相对较成熟，车载激光扫描系统还在不断改进完善中。不同激光点云数据获取方式各有其优缺点。图 10.1 至图 10.4 为规划区内部分典型建筑的激光扫描图片。

图 10.1　沿街扫描数据

图 10.2　扫描屋顶数据

图 10.3　扫描屋顶数据(局部)

图 10.4　建筑内部结构

点云分类是扫描数据在实际应用中非常重要的工作。利用地面扫描仪对目标建筑物进行扫描,获取的激光点云数据包含建筑物、建筑物附带设施(如空调、电线等)、沿街植被、地面及其他杂点(如街面上摆放的垃圾桶、广告牌、杂物等),这些数据都在一个点云集合中。为方便目标建筑的量测和分析,以用于后期管理及数据应用，需要对原始数据进行详细分类分层，才能够更好地应用于实际工作当中。

在点云扫描过程中，由于现场环境和仪器本身的原因，会产生一些数据冗余，因此在现场扫描的点云数据密度可控制在 1 cm 左右。

10.6 数据库技术

10.6.1 数据库技术

数据库技术是研究数据库的结构、存储、设计、管理及应用的基本理论和实现方法，并利用这些理论和方法来实现对数据库中的数据进行处理、分析和理解的技术。数据库技术是研究、管理和应用数据库的一门软件科学。

数据库技术研究和管理的对象是数据，所以数据库技术所涉及的具体内容为：通过对数据的统一组织和管理，按照指定的结构建立相应的数据库和数据仓库；利用数据库管理系统和数据挖掘系统设计出能够实现对数据库中的数据进行添加、修改、删除、处理、分析、理解、报表和打印等多种功能的数据管理和数据挖掘应用系统；利用应用管理系统最终实现对数据的处理、分析和理解。

数据库技术是信息系统的一个核心技术，是一种计算机辅助管理数据的方法，它研究如何组织和存储数据，如何高效地获取和处理数据。

数据库技术是现代信息科学与技术的重要组成部分，它研究和解决了计算机信息处理过程中大量数据有效地组织和存储的问题，在数据库系统中减少数据存储冗余，实现数据共享，保障数据安全及高效地检索数据和处理数据。

10.6.2 元数据

元数据(metadata)是"关于数据的数据"或"关于信息的信息"，即关于数据的内容、质量、状况和其他特性的信息。随着技术的发展，管理和访问大型数据集的复杂性已成为数据生产和系统使用过程中共同面临的突出问题。一方面，海量的数据生产需要有效的办法来组织、管理和维护；另一方面，用户需要能够有效地发现、访问和获取自己所需的信息。所以，空间数据的内容、质量和状况等元数据信息就显得十分重要，通过建立空间数据的元数据库并进行有效的管理，已经成为信息资源实现有效管理和应用的重要手段。

1. 元数据的层次结构

按照国家基础地理信息系统(NFGIS)元数据标准的规定，元数据在层次结构上可分为元数据子集、元数据实体和元数据元素三层。元数据元素是元数据的最基本的信息单元，元数据实体是同类元数据元素的集合，元数据子集是相互关联的元数据实体和元素的集合。在同一个子集中，实体可以有两类，即简单实体和复合实体。简单实体只包含元素，复合实体既包含简单实体又包含元素，同时复合实体与简单实体及构成这两种实体的元素之间具有继承关系。在分级上可分为基本元数据和完全元数据。

2. 元数据性质

对于每一种元数据子集、元数据实体和元数据元素，在性质上可分为：

必选(mandatory)，即元数据的核心内容，适用于各种被描述对象，是元数据文件必须包含的子集、实体或元素；

一定条件下必选(conditional)，即针对不同的被描述对象，特征元数据文件所必须提供的子集、实体或元素；

可选(optional)，即该子集、实体或元素是可选的，由用户决定是否将其包含在元数据文件中。

3. 元数据分级

元数据可分为：基本元数据，即提供地理数据源基本文档所需要的最少的元数据元素集；完全元数据，即提供完整的地理数据源(单独的数据集、数据集系列、各种地理要素)文档所需要的必选和可选的元数据元素集。它完整地定义全部元数据，以便标识、评价、摘录、使用和管理地理信息。

4. 元数据内容

在昆明市历史文化名城保护规划地理信息系统中，应建立包括数字高程模型、数字正射影像图等各类地理信息的空间数据库。这些空间数据不仅数量巨大，而且数据中包含的信息量也十分丰富。通过建立起各类空间数据的元数据库，在实际应用时首先通过元数据来检索和访问空间数据库，便可以有效利用计算机的系统资源，更好地满足社会各行业用户对空间地理数据的需求。

在该系统中元数据包括与空间数据相关的很多有用信息，如数据属性全名、原始数据比例尺、定位精度、投影、坐标系、高程基准等。这些元数据基本上是对整个系统数据的一个基本说明，通过这些“关于数据的数据”大体可以了解系统的一些基本情况。

元数据主要包括下列内容：数据库的整体描述信息、作业人员、数据获取方法、数据来源、数据获取时间、比例尺、属性和空间信息描述、空间数据的精度、属性数据的可靠性、空间数据更新的方法、属性数据更新的方法、空间参考系描述、空间地理范围描述。

10.7　数据仓库

10.7.1　数据仓库

数据仓库是指面向主题的、集成的、稳定的、具有时间序列特征的数据集合，用以支持管理中的决策制定过程。数据仓库,能在系统中更好地组织与利用多源数据,将在地理上分布、管理上自治、模式上异构的数据源有机地集成在一起,使空间数据用户能透明地获取任何空间数据,以及处理空间数据的功能和方法,促进数据综合利用和数据共享。数据仓库的目标是为决策提供支持信息。数据可以来源于不同的数据库系统,甚至不同的操作系统。在把数据装载到数据仓库前,为保证数据准确、完整、没有重复,需要进行数据集成处理。

10.7.2 数据仓库的特点

1. 效率高

数据仓库的分析数据一般分为日、周、月、季、年等。可以看出,日为周期的数据要求的效率最高,要求 24 小时甚至 12 小时内,客户能看到昨天的数据分析。由于有的企业每日的数据量很大,设计不好的数据仓库经常会出问题,延迟 1～3 日才能给出数据,这显然是不行的。

2. 数据质量

数据仓库所提供的各种信息肯定是准确的数据,但由于数据仓库流程通常分为多个步骤,包括数据清洗、装载、查询、展现等,复杂的架构会有更多层次,那么由于数据源有“脏”数据或者代码不严谨,这都可以导致数据失真。用户看到错误的信息就可能导致错误的决策,造成损失,而不是创造效益。

3. 扩展性

之所以有的大型数据仓库系统架构设计复杂,是因为考虑到了未来 3～5 年的扩展性。这样的话,未来不用花钱去重建数据仓库系统,就能很稳定地运行。数据仓库方案中多出一些中间层,使海量数据流有足够的缓冲,不至于数据量增大很多时,系统就运行不起来了。

10.8 数据共享交换技术

WPF(windows presentation foundation)技术是微软推出的基于 Windows Vista 的用户界面框架,它提供了统一的编程模型、语言和框架,真正做到了分离界面设计人员与开发人员的工作,同时它提供了全新的多媒体交互用户图形界面。

Web Service 是一种构建应用程序的普遍模型,可以在任何支持网络通信的操作系统中实施运行;它是一种新的 Web 应用程序分支,是自包含、自描述、模块化的应用,可以发布、定位并通过 Web 调用。

WPF 为系统的界面交互体验增加了新的效果。系统内部之间可共享数据服务机制,在对外数据服务接口方面充分应用了 Web Service 技术,并通过 Web Service 实现了灵活的扩展性和丰富的对外服务接口。

随着信息时代的不断发展,不同部门、不同地区间的信息交流逐步增加,计算机网络技术的发展为信息传输提供了保障。当大量的空间数据出现在网络上,面对多种多样的数据格式,怎样才能有效地利用它们呢?这其实就是数据共享与数据转换的问题。简单地说,数据共享就是让在不同地方使用不同计算机、不同软件的用户能够读取他人数据并进行各种操作运算和分析。

实现数据共享,可以使更多的人更充分地使用已有数据资源,减少资料收集、数据采集等的重复劳动和相应费用,而把精力重点放在开发新的应用程序及系统集成上。由于不同用户提供的数据可能来自不同的途径,其数据内容、数据格式和数据质量千差万别,因而给数据共享带来了很大困难,有时甚至会遇到数据格式不能转换或数据格式转换后丢失信息的棘手问题,严重地阻碍了数据在各部门和各软件系统中的流动与共享。

数据共享的程度反映了一个地区、一个国家的信息发展水平,数据共享程度越高,信息发展水平越高。要实现数据共享,首先应建立一套统一的、法定的数据交换标准,规范数据格式,使用户尽可能采用规定的数据标准。如美国、加拿大等国家都有自己的空间数据交换标准,目前我国也已制定了相应的空间数据交换标准。其次,要建立相应的数据使用管理办法,制定出相应的数据版权保护、产权保护规定,各部门间签订数据使用协议,这样才能打破部门、地区间的信息保护,做到真正的信息共享。

10.9　大数据技术

在维克托·迈尔-舍恩伯格及肯尼斯·库克耶编写的《大数据时代》中,大数据指不用随机分析法(抽样调查)这样的捷径,而采用所有数据进行分析处理。IBM将大数据的特点描述为5V:volume(大量)、velocity(高速)、variety(多样)、value(低价值密度)、veracity(真实性)。

对于"大数据"(big data),研究机构Gartner给出了这样的定义:"大数据"是需要新处理模式才能具有更强的决策力、洞察发现力和流程优化能力来适应海量、高增长率和多样化的信息资产。麦肯锡全球研究所给出的定义是:一种规模大到在获取、存储、管理、分析方面大大超出了传统数据库软件工具能力范围的数据集合,具有海量的数据规模、快速的数据流转、多样的数据类型和价值密度低四大特征。

大数据技术的战略意义不在于掌握庞大的数据信息,而在于对这些含有意义的数据进行专业化处理。换而言之,如果把大数据比作一种产业,那么这种产业实现盈利的关键,在于提高对数据的"加工"能力,通过"加工"实现数据的"增值"。

从技术上看，大数据与云计算的关系就像一枚硬币的正反面一样密不可分。大数据必然无法用单台计算机进行处理，必须采用分布式架构。它的特色在于对海量数据进行分布式数据挖掘。但它必须依托云计算的分布式处理、分布式数据库和云存储、虚拟化技术。

随着云时代的来临，大数据也吸引了越来越多的关注。有人认为，大数据通常用来形容一个公司创造的大量非结构化数据和半结构化数据，这些数据在下载到关系型数据库用于分析时会花费过多的时间和金钱。大数据分析常和云计算联系到一起，因为实时的大型数据集分析需要像新的框架来向数十、数百甚至数千的计算机分配工作。

大数据需要特殊的处理技术，以在有限的时间内有效地处理大量的数据。适用于大数据的技术，包括大规模并行处理(MPP)数据库、数据挖掘、分布式文件系统、分布式数据库、云计算平台、互联网和可扩展的存储系统。

大数据包括结构化、半结构化和非结构化数据，非结构化数据越来越成为数据的主要部分。据国际数据公司(IDC)的调查报告显示：企业中80%的数据都是非结构化数据，这些数据每年都按指数增长60%。

10.9.1 大数据的特征

1. 数据体量巨大(volume)

大数据通常指10 TB(1 TB=1 024 GB，1 PB=1 024 TB)规模以上的数据量。之所以产生如此巨大的数据量，一是由于各种仪器的使用，使我们能够感知到更多的事物，这些事物的部分甚至全部数据都可以被存储；二是由于通信工具的使用，使人们能够全时段地相互联系，机器-机器(M2M)方式的出现，使得交流的数据量成倍增长；三是由于集成电路价格降低，使很多东西都有了智能的成分。

2. 数据种类繁多(variety)

随着传感器种类的增多，智能设备、社交网络等的流行，数据类型也变得更加复杂，不仅包括传统的关系数据类型，也包括以网页、视频、音频、电子邮件、文档等形式存在的未加工的、半结构化的和非结构化的数据。

3. 流动速度快(velocity)

通常理解的是数据的获取、存储及挖掘有效信息的速度，但现在处理的数据是PB级代替了TB级，而且数据是快速动态变化的。形成动态流式数据是大数据的重要特征，数据流动的速度快到难以用传统的系统去处理。

4. 价值密度低(value)

在数据量呈指数增长的同时，隐藏在海量数据中的有用信息却没有相应比例的增长，反而使获取有用信息的难度加大。以视频为例，连续的监控过程，可能有用的数据仅有一两秒。大数据的特征表明，其不仅仅是数据海量，对于大数据的分析将更加复杂，更追求速度，更注重实效。

10.9.2　大数据的发展趋势

1. 数据的资源化

数据的资源化，是指大数据成为企业和社会关注的重要战略资源，并已成为大家争相抢夺的新焦点。因而，很多企业提前制定大数据营销战略计划，抢占市场先机。

2. 与云计算的深度结合

大数据离不开云计算，云计算为大数据提供了弹性可拓展的基础设备，是产生大数据的平台之一。自2013年开始，大数据技术已开始和云计算技术紧密结合，预计未来两者关系将更为密切。除此之外，物联网、移动互联网等新兴计算形态，也将一齐助力大数据革命，让大数据发挥出更大的影响力。

3. 科学理论的突破

随着大数据的快速发展，就像计算机和互联网一样，大数据很有可能是新一轮的技术革命。随之兴起的数据挖掘、机器学习和人工智能等相关技术，可能会改变数据世界里的很多算法和基础理论，实现科学技术上的突破。

4. 数据科学和数据联盟的成立

未来，数据科学将成为一门专门的学科，被越来越多的人所认知。各大高校将设立专门的数据科学类专业，也会催生一批与之相关的新的就业岗位。与此同时，基于数据这个基础平台，也将建立起跨领域的数据共享平台，之后，数据共享将扩展到社会层面，并且成为未来产业的核心一环。

5. 数据泄露泛滥

未来几年数据泄露事件的增长率也许会达到100％，除非数据在其源头就能够得到安全保障。可以说，在未来，每个大企业都会面临数据攻击，无论他们是否已经做好安全防范。而所有企业，无论规模大小，都需要重新审视今天的安全定义。很多企业将会设置首席信息安全官这一职位。企业需要从新的角度来确保自身及客户的数据，所有数据在创建之初便需要获得安全保障，而并非在数据保存的最后一个环节，仅仅加强后者的安全措施已被证明于事无补。

6. 数据管理成为核心竞争力

数据管理成为核心竞争力，直接影响财务表现。当“数据资产是企业核心资产”的概念深入人心之后，企业对于数据管理便有了更清晰的界定，将数据管理作为企业核心竞争力，持续发展，战略性规划与运用数据资产成为企业数据管理的核心。数据资产管理效率与主营业务收入增长率、销售收入增长率显著正相关；此外，对于具有互联网思维的企业而言，数据资产竞争力所占比重越来越大，数据资产的管理效果将直接影响企业的财务表现。

7. 数据质量是商业智能成功的关键

采用自助式商业智能(BI)工具进行大数据处理的企业将会脱颖而出。其中要面临的一个挑战是,很多数据源会带来大量低质量数据。想要成功,企业需要理解原始数据与数据分析之间的差距,从而消除低质量数据并通过商业智能获得更佳决策。

8. 数据生态系统复合化程度加强

大数据的世界不只是一个单一的、巨大的计算机网络,而是一个由大量活动构件与多元参与者元素所构成的生态系统,是由终端设备提供商、基础设施提供商、网络服务提供商、网络接入服务提供商、数据服务使用者、数据服务提供商、触点服务商、数据服务零售商等一系列的参与者共同构建的生态系统。目前,这样一套数据生态系统的基本雏形已然形成,接下来的发展将趋向于系统内部角色的细分(也就是市场的细分)、系统机制的调整(也就是商业模式的创新)、系统结构的调整(也就是竞争环境的调整)等,从而使得数据生态系统复合化程度逐渐增强。

参考文献

程龙，周海渊，吴旭贤，等，2012. 航天测量船组合导航系统在某型号测控任务中的应用[J]. 科学技术与工程(12)：2902-2906.

范志坚，杜仕龙，付蓉，2010. 过渡期内现行四种常用大地坐标系的分析比较[J]. 测绘科学(S1)：25-27.

高翔，2007. GPS 技术在海关转关物流监控中的应用[J]. 物流科技(5)：20-22.

龚健雅，2018. 地理信息系统基础[M]. 北京：科学出版社.

蒋辉，夏勇，樊朝俊，2007. 北京 54 坐标系坐标转换的探讨[J]. 南京工业大学学报，29(4)：73-76.

孔凡合，何辉，陈颜，2012. 常用坐标系统及“54”与“80”间转换的探讨[J]. 测绘与空间地理信息(1)：203-204.

李德仁，王树根，周月琴，2008. 摄影测量与遥感概论[M]. 北京：测绘出版社.

李江卫，刘经南，肖建华，等，2010. 基于 VRS 系统的精密正常高实时测量[J]. 大地测量与地球动力学(6)：86-90.

李敏，2011. 多模 GNSS 融合精密定轨理论及其应用研究[D]. 武汉：武汉大学.

李泽球，邹晓军，2017. 全站仪测量技术[M]. 武汉：武汉理工大学出版社.

李战伟，丁明，段方东，2014. 高斯投影坐标计算的编程实现[J]. 科技风(18)：195-196.

李征航，黄劲松，2017. GPS 测量与数据处理[M]. 武汉：武汉大学出版社.

凌坤，2015. 大比例尺地形图测绘成果质量控制的几点思考[J]. 科技信息 (14)：495-496.

刘长建，黄献波，吴洪举，2011. GNSS 卫星三种站心极坐标的关系[J]. 全球定位系统(3)：1-4.

罗伟钊，2014. 基于抗病态和抗差的高精度坐标转换解算方法研究[D]. 长沙：中南大学.

施一民，李健，周拥军，等，2001. 地方独立坐标系的性质与区域性椭球面的确定[J]. 测绘通报(9)：4-5.

史永江，2013. 基于 VS2008 VB. NET 环境下七参数转换模型的实现[J]. 山西建筑(18)：209-210.

唐基文，何鹏，李太平，2012. 地方独立坐标系采用抵偿高程面的任意带高斯投影的分析[J]. 测绘与空间地理信息(8)：186-189.

陶志成，2011. 我国现行的坐标系统[J]. 大众科技(9)：83-85.

王兵刚，2015. 测量坐标转换模型研究与系统程序实现[D]. 南昌：东华理工大学.

王凯，梁鸿，宋世海，等，2012. 椭球膨胀法建立独立坐标系在公路工程中的应用[J]. 内蒙古农业大学学报(自然科学版)，33(3)：198-200.

王佩军，徐亚明，2016. 摄影测量学[M]. 武汉：武汉大学出版社.

王新春，王芳，商云涛，2014. BJS54、XAS80 测绘成果到 CGCS2000 的转换及图幅拼接方法研究[J]. 中国矿业(S2)：319-323.

谢宏全，谷风云，2017. 地面三维激光扫描技术与应用[M]. 武汉：武汉大学出版社.

谢新秀,2007.大地测量坐标系统转换问题的研究[J].西部探矿工程(8):93-97.

徐登云,郝丽娟,2012. 2000国家大地坐标系与GRS80及WGS84的比较[J].西部资源(2):152-154.

曾安敏,2008.基于拟合推估的1980西安坐标系到2000国家坐标系的变换[J].大地测量与地球动力学,28(5):125-128.

张会霞,朱文博,2012.三维激光扫描数据处理理论及应用[M].北京:电子工业出版社.

附录 A　服务器文件数据目录结构

文档	一级	二级	三级	四级
保护对象照片	程序根目录	Data	照片	对象编号
保护对象视频	程序根目录	Data	视频	对象编号
成果文档	程序根目录	Data	文档	文档分组
法律法规	程序根目录	Data	法律法规	文档分组
MXD 文件	程序根目录	MXD	—	—

附录B　历史文化名城名镇名村保护条例

（2008年4月2日国务院第3次常务会议通过，自2008年7月1日起施行）

第一章　总　则

第一条　为了加强历史文化名城、名镇、名村的保护与管理，继承中华民族优秀历史文化遗产，制定本条例。

第二条　历史文化名城、名镇、名村的申报、批准、规划、保护，适用本条例。

第三条　历史文化名城、名镇、名村的保护应当遵循科学规划、严格保护的原则，保持和延续其传统格局和历史风貌，维护历史文化遗产的真实性和完整性，继承和弘扬中华民族优秀传统文化，正确处理经济社会发展和历史文化遗产保护的关系。

第四条　国家对历史文化名城、名镇、名村的保护给予必要的资金支持。

历史文化名城、名镇、名村所在地的县级以上地方人民政府，根据本地实际情况安排保护资金，列入本级财政预算。

国家鼓励企业、事业单位、社会团体和个人参与历史文化名城、名镇、名村的保护。

第五条　国务院建设主管部门会同国务院文物主管部门负责全国历史文化名城、名镇、名村的保护和监督管理工作。

地方各级人民政府负责本行政区域历史文化名城、名镇、名村的保护和监督管理工作。

第六条　县级以上人民政府及其有关部门对在历史文化名城、名镇、名村保护工作中做出突出贡献的单位和个人，按照国家有关规定给予表彰和奖励。

第二章　申报与批准

第七条　具备下列条件的城市、镇、村庄，可以申报历史文化名城、名镇、名村：

（一）保存文物特别丰富；

（二）历史建筑集中成片；

（三）保留着传统格局和历史风貌；

（四）历史上曾经作为政治、经济、文化、交通中心或者军事要地，或者发生过重要历史事件，或者其传统产业、历史上建设的重大工程对本地区的发展产生过重要影响，或者能够集中反映本地区建筑的文化特色、民族特色。

申报历史文化名城的，在所申报的历史文化名城保护范围内还应当有2个以上的历史文化街区。

第八条　申报历史文化名城、名镇、名村，应当提交所申报的历史文化名城、名镇、名村的下列材料：

（一）历史沿革、地方特色和历史文化价值的说明；

（二）传统格局和历史风貌的现状；

（三）保护范围；

（四）不可移动文物、历史建筑、历史文化街区的清单；

（五）保护工作情况、保护目标和保护要求。

第九条　申报历史文化名城，由省、自治区、直辖市人民政府提出申请，经国务院建设主管部门会同国务院文物主管部门组织有关部门、专家进行论证，提出审查意见，报国务院批准公布。

申报历史文化名镇、名村，由所在地县级人民政府提出申请，经省、自治区、直辖市人民政府确定的保护主管部门会同同级文物主管部门组织有关部门、专家进行论证，提出审查意见，报省、自治区、直辖市人民政府批准公布。

第十条　对符合本条例第七条规定的条件而没有申报历史文化名城的城市，国务院建设主管部门会同国务院文物主管部门可以向该城市所在地的省、自治区人民政府提出申报建议；仍不申报的，可以直接向国务院提出确定该城市为历史文化名城的建议。

对符合本条例第七条规定的条件而没有申报历史文化名镇、名村的镇、村庄，省、自治区、直辖市人民政府确定的保护主管部门会同同级文物主管部门可以向该镇、村庄所在地的县级人民政府提出申报建议；仍不申报的，可以直接向省、自治区、直辖市人民政府提出确定该镇、村庄为历史文化名镇、名村的建议。

第十一条　国务院建设主管部门会同国务院文物主管部门可以在已批准公布的历史文化名镇、名村中，严格按照国家有关评价标准，选择具有重大历史、艺术、科学价值的历史文化名镇、名村，经专家论证，确定为中国历史文化名镇、名村。

第十二条　已批准公布的历史文化名城、名镇、名村，因保护不力使其历史文化价值受到严重影响的，批准机关应当将其列入濒危名单，予以公布，并责成所在地城市、县人民政府限期采取补救措施，防止情况继续恶化，并完善保护制度，加强保护工作。

第三章 保护规划

第十三条 历史文化名城批准公布后，历史文化名城人民政府应当组织编制历史文化名城保护规划。

历史文化名镇、名村批准公布后，所在地县级人民政府应当组织编制历史文化名镇、名村保护规划。

保护规划应当自历史文化名城、名镇、名村批准公布之日起1年内编制完成。

第十四条 保护规划应当包括下列内容：

（一）保护原则、保护内容和保护范围；

（二）保护措施、开发强度和建设控制要求；

（三）传统格局和历史风貌保护要求；

（四）历史文化街区、名镇、名村的核心保护范围和建设控制地带；

（五）保护规划分期实施方案。

第十五条 历史文化名城、名镇保护规划的规划期限应当与城市、镇总体规划的规划期限相一致；历史文化名村保护规划的规划期限应当与村庄规划的规划期限相一致。

第十六条 保护规划报送审批前，保护规划的组织编制机关应当广泛征求有关部门、专家和公众的意见；必要时，可以举行听证。

保护规划报送审批文件中应当附具意见采纳情况及理由；经听证的，还应当附具听证笔录。

第十七条 保护规划由省、自治区、直辖市人民政府审批。

保护规划的组织编制机关应当将经依法批准的历史文化名城保护规划和中国历史文化名镇、名村保护规划，报国务院建设主管部门和国务院文物主管部门备案。

第十八条 保护规划的组织编制机关应当及时公布经依法批准的保护规划。

第十九条 经依法批准的保护规划，不得擅自修改；确需修改的，保护规划的组织编制机关应当向原审批机关提出专题报告，经同意后，方可编制修改方案。修改后的保护规划，应当按照原审批程序报送审批。

第二十条 国务院建设主管部门会同国务院文物主管部门应当加强对保护规划实施情况的监督检查。

县级以上地方人民政府应当加强对本行政区域保护规划实施情况的监督检查，并对历史文化名城、名镇、名村保护状况进行评估；对发现的问题，应当及时纠正、处理。

第四章 保护措施

第二十一条 历史文化名城、名镇、名村应当整体保护，保持传统格局、历史风貌和空间尺度，不得改变与其相互依存的自然景观和环境。

第二十二条 历史文化名城、名镇、名村所在地县级以上地方人民政府应当根据当地经济社会发展水平，按照保护规划，控制历史文化名城、名镇、名村的人口数量，改善历史文化名城、名镇、名村的基础设施、公共服务设施和居住环境。

第二十三条 在历史文化名城、名镇、名村保护范围内从事建设活动，应当符合保护规划的要求，不得损害历史文化遗产的真实性和完整性，不得对其传统格局和历史风貌构成破坏性影响。

第二十四条 在历史文化名城、名镇、名村保护范围内禁止进行下列活动：

（一）开山、采石、开矿等破坏传统格局和历史风貌的活动；

（二）占用保护规划确定保留的园林绿地、河湖水系、道路等；

（三）修建生产、储存爆炸性、易燃性、放射性、毒害性、腐蚀性物品的工厂、仓库等；

（四）在历史建筑上刻划、涂污。

第二十五条 在历史文化名城、名镇、名村保护范围内进行下列活动，应当保护其传统格局、历史风貌和历史建筑；制订保护方案，经城市、县人民政府城乡规划主管部门会同同级文物主管部门批准，并依照有关法律、法规的规定办理相关手续：

（一）改变园林绿地、河湖水系等自然状态的活动；

（二）在核心保护范围内进行影视摄制、举办大型群众性活动；

（三）其他影响传统格局、历史风貌或者历史建筑的活动。

第二十六条 历史文化街区、名镇、名村建设控制地带内的新建建筑物、构筑物，应当符合保护规划确定的建设控制要求。

第二十七条 对历史文化街区、名镇、名村核心保护范围内的建筑物、构筑物，应当区分不同情况，采取相应措施，实行分类保护。

历史文化街区、名镇、名村核心保护范围内的历史建筑，应当保持原有的高度、体量、外观形象及色彩等。

第二十八条 在历史文化街区、名镇、名村核心保护范围内，不得进行新建、扩建活动。但是，新建、扩建必要的基础设施和公共服务设施除外。

在历史文化街区、名镇、名村核心保护范围内，新建、扩建必要的基础设施和公共服务设施的，城市、县人民政府城乡规划主管部门核发建设工程规划许可证、乡村建设规划许可证前，应当征求同级文物主管部门的意见。

在历史文化街区、名镇、名村核心保护范围内，拆除历史建筑以外的建筑物、构筑物或者其他设施的，应当经城市、县人民政府城乡规划主管部门会同同级文物主管部门批准。

第二十九条 审批本条例第二十八条规定的建设活动，审批机关应当组织专家论证，并将审批事项予以公示，征求公众意见，告知利害关系人有要求举行听证的权利。公示时间不得少于20日。

利害关系人要求听证的，应当在公示期间提出，审批机关应当在公示期满后及时举行听证。

第三十条 城市、县人民政府应当在历史文化街区、名镇、名村核心保护范围的主要出入口设置标志牌。

任何单位和个人不得擅自设置、移动、涂改或者损毁标志牌。

第三十一条 历史文化街区、名镇、名村核心保护范围内的消防设施、消防通道，应当按照有关的消防技术标准和规范设置。确因历史文化街区、名镇、名村的保护需要，无法按照标准和规范设置的，由城市、县人民政府公安机关消防机构会同同级城乡规划主管部门制订相应的防火安全保障方案。

第三十二条 城市、县人民政府应当对历史建筑设置保护标志，建立历史建筑档案。

历史建筑档案应当包括下列内容：

(一)建筑艺术特征、历史特征、建设年代及稀有程度；

(二)建筑的有关技术资料；

(三)建筑的使用现状和权属变化情况；

(四)建筑的修缮、装饰装修过程中形成的文字、图纸、图片、影像等资料；

(五)建筑的测绘信息记录和相关资料。

第三十三条 历史建筑的所有权人应当按照保护规划的要求，负责历史建筑的维护和修缮。

县级以上地方人民政府可以从保护资金中对历史建筑的维护和修缮给予补助。

历史建筑有损毁危险，所有权人不具备维护和修缮能力的，当地人民政府应当采取措施进行保护。

任何单位或者个人不得损坏或者擅自迁移、拆除历史建筑。

第三十四条 建设工程选址，应当尽可能避开历史建筑；因特殊情况不能避开的，应当尽可能实施原址保护。

对历史建筑实施原址保护的，建设单位应当事先确定保护措施，报城市、县人民政府城乡规划主管部门会同同级文物主管部门批准。

因公共利益需要进行建设活动，对历史建筑无法实施原址保护、必须迁移异地保护或者拆除的，应当由城市、县人民政府城乡规划主管部门会同同级文物主管部门，报省、自治区、直辖市人民政府确定的保护主管部门会同同级文物主管部门批准。

本条规定的历史建筑原址保护、迁移、拆除所需费用，由建设单位列入建设工程预算。

第三十五条 对历史建筑进行外部修缮装饰、添加设施以及改变历史建筑的结构或者使用性质的，应当经城市、县人民政府城乡规划主管部门会同同级文物主管部门批准，并依照有关法律、法规的规定办理相关手续。

第三十六条 在历史文化名城、名镇、名村保护范围内涉及文物保护的，应当执行文物保护法律、法规的规定。

第五章 法律责任

第三十七条 违反本条例规定，国务院建设主管部门、国务院文物主管部门和县级以上地方人民政府及其有关主管部门的工作人员，不履行监督管理职责，发现违法行为不予查处或者有其他滥用职权、玩忽职守、徇私舞弊行为，构成犯罪的，依法追究刑事责任；尚不构成犯罪的，依法给予处分。

第三十八条 违反本条例规定，地方人民政府有下列行为之一的，由上级人民政府责令改正，对直接负责的主管人员和其他直接责任人员，依法给予处分：

（一）未组织编制保护规划的；

（二）未按照法定程序组织编制保护规划的；

（三）擅自修改保护规划的；

（四）未将批准的保护规划予以公布的。

第三十九条 违反本条例规定，省、自治区、直辖市人民政府确定的保护主管部门或者城市、县人民政府城乡规划主管部门，未按照保护规划的要求或者未按照法定程序履行本条例第二十五条、第二十八条、第三十四条、第三十五条规定的审批职责的，由本级人民政府或者上级人民政府有关部门责令改正，通报批评；对直接负责的主管人员和其他直接责任人员，依法给予处分。

第四十条 违反本条例规定，城市、县人民政府因保护不力，导致已批准公布的历史文化名城、名镇、名村被列入濒危名单的，由上级人民政府通报批评；对直接负责的主管人员和其他直接责任人员，依法给予处分。

第四十一条 违反本条例规定，在历史文化名城、名镇、名村保护范围内有下列行为之一的，由城市、县人民政府城乡规划主管部门责令停止违法行为、限期恢复原状或者采取其他补救措施；有违法所得的，没收违法所得；逾期不恢复原状或者不采取其他补救措施的，城乡规划主管部门可以指定有能力的单位代为恢复原状或者采取其他补救措施，所需费用由违法者承担；造成严重后果的，对单位并处50万元以上100万元以下的罚款，对个人并处5万元以上10万元以下的罚款；造成损失的，依法承担赔偿责任：

（一）开山、采石、开矿等破坏传统格局和历史风貌的；

（二）占用保护规划确定保留的园林绿地、河湖水系、道路等的；

（三）修建生产、储存爆炸性、易燃性、放射性、毒害性、腐蚀性物品的工厂、仓库等的。

第四十二条 违反本条例规定，在历史建筑上刻划、涂污的，由城市、县人民政府城乡规划主管部门责令恢复原状或者采取其他补救措施，处50元的罚款。

第四十三条 违反本条例规定，未经城乡规划主管部门会同同级文物主管部门批准，有下列行为之一的，由城市、县人民政府城乡规划主管部门责令停止违法行为、限期恢复原状或者采取其他补救措施；有违法所得的，没收违法所得；逾期不恢复原状或者不采取其他补救措施的，城乡规划主管部门可以指定有能力的单位代为恢复原状或者采取其他补救措施，所需费用由违法者承担；造成严重后果的，对单位并处5万元以上10万元以下的罚款，对个人并处1万元以上5万元以下的罚款；造成损失的，依法承担赔偿责任：

（一）改变园林绿地、河湖水系等自然状态的；

（二）进行影视摄制、举办大型群众性活动的；

（三）拆除历史建筑以外的建筑物、构筑物或者其他设施的；

（四）对历史建筑进行外部修缮装饰、添加设施以及改变历史建筑的结构或者使用性质的；

（五）其他影响传统格局、历史风貌或者历史建筑的。

有关单位或者个人经批准进行上述活动，但是在活动过程中对传统格局、历史风貌或者历史建筑构成破坏性影响的，依照本条第一款规定予以处罚。

第四十四条 违反本条例规定，损坏或者擅自迁移、拆除历史建筑的，由城市、县人民政府城乡规划主管部门责令停止违法行为、限期恢复原状或者采取其他补救措施；有违法所得的，没收违法所得；逾期不恢复原状或者不采取其他补救措施的，城乡规划主管部门可以指定有能力的单位代为恢复原状或者采取其他补救措施，所需费用由违法者承担；造成严重后果的，对单位并处20万元以上50万元以下的罚款，对个人并处10万元以上20万元以下的罚款；造成损失的，依法承担赔偿责任。

第四十五条 违反本条例规定，擅自设置、移动、涂改或者损毁历史文化街区、名镇、名村标志牌的，由城市、县人民政府城乡规划主管部门责令限期改正；逾期不改正的，对单位处1万元以上5万元以下的罚款，对个人处1000元以上1万元以下的罚款。

第四十六条 违反本条例规定，对历史文化名城、名镇、名村中的文物造成损毁的，依照文物保护法律、法规的规定给予处罚；构成犯罪的，依法追究刑事责任。

第六章 附 则

第四十七条 本条例下列用语的含义：

（一）历史建筑，是指经城市、县人民政府确定公布的具有一定保护价值，能够反映历史风貌和地方特色，未公布为文物保护单位，也未登记为不可移动文物的建筑物、构筑物。

（二）历史文化街区，是指经省、自治区、直辖市人民政府核定公布的保存文物特别丰富、历史建筑集中成片、能够较完整和真实地体现传统格局和历史风貌，并具有一定规模的区域。

历史文化街区保护的具体实施办法，由国务院建设主管部门会同国务院文物主管部门制定。

第四十八条 本条例自2008年7月1日起施行。